Robert T. Kiyosaki



Rich Dad's

# Bevor du deinen Job kündigst…

10 praktische Lektionen für Gründer, um ein Millionen-Business aufzubauen

FBV

**Bibliografische Information der Deutschen Nationalbibliothek**
Die Deutsche Nationalbibliothek verzeichnet diese Publikation in der Deutschen Nationalbibliografie.
Detaillierte bibliografische Daten sind im Internet über **http://dnb.d-nb.de** abrufbar.

**Für Fragen und Anregungen:**
info@finanzbuchverlag.de

Taschenbuchausgabe, 3. Auflage 2023


Nymphenburger Straße 86
D-80636 München
Tel.: 089 651285-0
Fax: 089 652096


First german edition [04] 2016



Übersetzung: Dr. Monika Lubitz
Redaktion: Werner Wahls
Korrektorat: Sonja Rose
Umschlaggestaltung: Isabella Dorsch, München
Satz: inpunkt[w]o, Haiger
Druck: GGP Media GmbH, Pößneck
Printed in Germany

ISBN Print 978-3-95972-154-7
ISBN E-Book (PDF) 978-3-96092-284-1
ISBN E-Book (EPUB, Mobi) 978-3-96092-285-8

*Weitere Informationen zum Verlag finden Sie unter*

**www.finanzbuchverlag.de**

Beachten Sie auch unsere weiteren Verlage unter www.m-vg.de

# INHALT

# Danksagung

Entrepreneurship ist genauso eine Geisteshaltung wie es eine Berufung ist. Es ist ein Feuer, das tief im Inneren brennt, ein Feuer, das die Führungspersönlichkeiten unter uns antreibt, um den Hindernissen die Stirn zu bieten, fest an unsere Träume zu glauben und die Zukunft zu erfinden.

*»Bevor Du Deinen Job kündigst ...«* ist eine Hommage an die Entrepreneure in aller Welt, die sich weigern, ihre Träume aufzugeben. Ich bedanke mich bei all denjenigen, die mich inspiriert haben, niemals meine Leidenschaft aufzugeben, ließen, ein Katalysator der Veränderung zu sein, den Status Quo herauszufordern und auf Kurs zu bleiben.

Danke
Robert T. Kiyosaki

# Einleitung

## *Was macht Unternehmer anders?*

Einer der beängstigendsten Tage meines Lebens war der Tag, an dem ich meine Stelle aufgab und offiziell Unternehmer wurde. An diesem Tag wusste ich, dass es kein regelmäßiges Gehalt, keine Krankenversicherungs- oder Rentenbeiträge mehr geben würde. Keine Lohnfortzahlung im Krankheitsfall und auch keinen bezahlten Urlaub.

An diesem Tag sank mein Einkommen auf null. Die erschreckende Erkenntnis, kein regelmäßiges Gehalt mehr zu beziehen, war eine der beängstigendsten Erfahrungen meines Lebens. Das Schlimmste daran war, dass ich nicht wusste, wie lange es dauern würde bis ich wieder über ein halbwegs regelmäßiges Einkommen verfügen würde. Es könnte Jahre dauern. In dem Moment, als ich meine Stelle aufgab, erkannte ich den wahren Grund, warum viele Angestellte keine Unternehmer werden. Es ist die Angst, kein Geld zu haben, kein garantiertes Einkommen, kein regelmäßiges Gehalt. Nur sehr wenige Menschen sind ohne Geld über einen längeren Zeitraum handlungsfähig. Unternehmer sind da anders, denn einer der Unterschiede ist die Fähigkeit, ohne Geld vernünftig und intelligent handeln zu können.

Noch am selben Tag stiegen meine Ausgaben. Ich benötigte ein Büro samt Einrichtung, einen Parkplatz und ein Warenlager, hinzu kamen Reisekosten, Mahlzeiten, Kopien, Stifte, Papier, Heftklammern, Briefpapier, Schreibblöcke, Postgebühren, Broschüren, Produkte und der Kaffee für das Büro. Ich musste auch eine Sekretärin, einen Steuerberater, einen Rechtsanwalt, einen Buchhalter, einen Versicherungsmakler und sogar einen Hausmeister engagieren. Das waren alles Kosten, die vorher mein Arbeitgeber für mich übernommen hatte. Mir wurde plötzlich klar, wie teuer es gewesen sein musste, mich einzustellen. Ich erkannte, dass Angestellte viel mehr kosten als den Betrag, der auf ihrer Gehaltsabrechnung steht.

Das ist also ein weiterer Unterschied zwischen Angestellten und Unternehmern: Sie müssen wissen, wie man Geld ausgibt, selbst wenn kein Geld vorhanden ist.

## *Der Beginn eines neuen Lebens*

An dem Tag, an dem ich offiziell die Firma verließ, hielt ich mich in San Juan in Puerto Rico auf. Das war im Juni 1978. Ich nahm dort an der »Xerox Corporation's President's Club«-Feier teil, eine Firmenveranstaltung, bei der die erfolgreichsten Mitarbeiter der Firma belobigt wurden. Die Leute reisten aus der ganzen Welt an.

Es war eine großartige Veranstaltung, eine Gala, an die ich mich mein Leben lang erinnern werde. Ich konnte nicht glauben, wie viel Geld Xerox ausgab, nur um den besten Verkäufern der Firma ihre Anerkennung auszusprechen. Aber obwohl es etwas zu feiern gab, hatte ich überhaupt keinen Spaß. Während der dreitägigen Veranstaltung kreisten meine Gedanken nur um meine Kündigung, das regelmäßige Gehalt und die Sicherheit der Firma. Mir wurde bewusst, dass, sobald die Party in San Juan vorbei war, ich auf mich selbst gestellt sein würde. Ich würde nicht mehr in mein Büro zurückkehren.

Als ich abreiste, gab es im Flugzeug eine Art Notfall. Während des Landeanflugs in Miami ließ uns der Pilot die Hände hinter den Kopf nehmen und uns nach vorne beugen, um auf einen möglichen Absturz vorzubereiten. Ich fühlte mich schon schlecht genug, da dies mein erster Tag als Unternehmer war, aber jetzt musste ich mich sogar noch darauf vorbereiten zu sterben? Mein erster Tag als Unternehmer fing nicht gerade gut an.

Offensichtlich stürzte das Flugzeug nicht ab, und ich flog weiter nach Chicago, wo ich für meine Linie der Nylon-Surfergeldbeutel eine Verkaufspräsentation halten sollte.

Da sich der Flug verspätete, kam ich zu spät im Großhandelszentrum »Chicago Mercantile Mart« an. Ich hätte den Einkäufer einer großen Warenhauskette treffen sollen, aber der war schon weg. Wieder einmal dachte ich mir: »Das ist kein guter Start für meine neue Karriere als Unternehmer. Wenn ich dieses Geschäft nicht abschließe, macht das Unternehmen keinen Umsatz, es gibt kein Gehalt für mich und kein Essen auf dem Tisch.« Da ich gerne esse, störte mich am meisten Letzteres.

## *Sind manche Menschen geborene Unternehmer?*

»Sind Menschen geborene Unternehmer oder lernen sie Unternehmer zu werden?« Als ich meinen reichen Vater zu seiner Meinung über diese uralte Frage befragte, sagte er: »Die Frage, ob Menschen als Unternehmer geboren oder dazu ausgebildet werden, macht keinen Sinn. Es wäre genauso, als ob man fragt, ob Menschen geborene Angestellte sind oder ob sie erst lernen müssen, Angestellte zu sein.«

Er fügte hinzu: »Menschen können lernen. Man kann sie lehren, entweder Angestellte oder Unternehmer zu werden. Es gibt mehr Angestellte als Unternehmer ganz einfach, weil unsere Schulen junge Menschen zu Angestellten ausbilden. Deshalb sagen so viele Eltern zu ihrem Kind, ›Gehe zur Schule, damit du eine gute Arbeitsstelle bekommst.‹ Ich habe noch keine Eltern sagen gehört, ›Gehe in die Schule, damit du Unternehmer werden kannst.‹«

## *Angestellte sind ein neues Phänomen*

Der Angestellte ist ein eher neues Phänomen. Im Agrarzeitalter waren die meisten Menschen Unternehmer. Viele waren Bauern, die die Äcker des Königs bestellten. Sie haben kein Gehalt vom König erhalten. Tatsächlich war es anders herum. Der Landwirt bezahlte dem König eine Steuer für das Recht, das Land zu nutzen. Wer kein Landwirt war, arbeitete als Händler, also als Kleinunternehmer. Das waren Metzger, Bäcker, und Kerzenmacher. Ihre Nachnamen spiegelten oft ihren Beruf wider. Deshalb heißen heute viele Leute Schmidt, benannt nach dem Dorfschmied, Becker nach den Bäckereibesitzern und Bauer, weil ihr Familienunternehmen Landwirtschaft betrieb. Sie waren Unternehmer und keine Angestellte. Und die Kinder traten meist in ihre Fußstapfen und wurden ebenfalls Unternehmer. Wie bereits gesagt, ist es nur eine Frage der Ausbildung.

Erst im Industriezeitalter wuchs der Bedarf an Angestellten. Daraufhin übernahm die Regierung die Aufgabe, die Massen zu bilden, und orientierte sich dabei am preußischen Schulsystem, das den meisten westlichen Ländern als Vorbild diente. Wenn Sie die Philosophie hinter der preußischen Bildung recherchieren, werden Sie feststellen, dass es der spezifische Zweck war, Soldaten und Angestellte hervorzubringen, also Menschen, die Anordnungen befolgen und tun, was man ihnen sagt. Das preußische Bildungssystem ist ein großartiges System für die »Massenproduktion« von Angestellten.

## *Die berühmtesten Unternehmer*

Sie haben vielleicht auch bemerkt, dass viele unserer berühmtesten Unternehmer die Schule oder das Studium nicht abgeschlossen haben. Einige Beispiele: Thomas Edison (General Electric), Henry Ford, (Ford Motor Company), Bill Gates (Microsoft), Richard Branson (Virgin), Michael Dell (Dell Computers), Steve Jobs (Apple und Pixar), Ted Turner (CNN). Natürlich gibt es auch Unternehmer, die gut in der Schule waren, aber wenige sind so berühmt wie diese.

## *Der Übergang vom Angestellten zum Unternehmer*

Ich weiß, ich wurde nicht als Unternehmer geboren. Ich musste ausgebildet werden. Mein reicher Vater führte mich durch einen Prozess, in dem ich als Angestellter anfing und schließlich Unternehmer wurde. Es war nicht einfach. Es gab vieles, was ich mir zuerst abgewöhnen musste, bevor ich in der Lage war, seine Lektionen zu verstehen.

Es war schwierig anzunehmen, was mein reicher Vater zu sagen hatte, weil es das Gegenteil von dem war, was mir mein armer Vater versuchte beizubringen. Jedes Mal, wenn mein reicher Vater über Unternehmertum redete, sprach er von Freiheit. Immer, wenn mein armer Vater mit mir darüber redete, zur Schule zu gehen und eine Arbeit zu suchen, sprach er von Sicherheit. Der Zusammenstoß dieser beiden Weltbilder in meinem Kopf verwirrte mich sehr.

Schließlich fragte ich meinen reichen Vater nach dem Unterschied der Philosophien. Ich fragte: »Sind Sicherheit und Freiheit nicht das Gleiche?«

Lächelnd antwortete er: »Sicherheit und Freiheit sind nicht das Gleiche. Tatsächlich sind sie Gegensätze. Je mehr Sicherheit du suchst, desto weniger Freiheit hast du. Die Menschen mit der höchstmöglichen Sicherheit sitzen im Gefängnis. Deshalb wird das als ›maximale Sicherheit‹ bezeichnet.«

Er fügte hinzu: »Wenn du Freiheit willst, musst du die Sicherheit loslassen. Angestellte wünschen sich Sicherheit. Unternehmer streben nach Freiheit.«

Also lautet die Frage: Kann jeder ein Unternehmer werden? Meine Antwort lautet: »Ja. Es fängt mit einer Veränderung des eigenen Weltbildes an. Es beginnt mit dem Wunsch nach mehr Freiheit.«

## *Von der Raupe zum Schmetterling*

Wir alle wissen, dass eine Raupe einen Kokon spinnt und eines Tages schlüpft sie als Schmetterling. Diese so tiefgehende Veränderung wird auch als Metamorphose bezeichnet. Eine der Definitionen der Metamorphose ist »eine bemerkenswerte Veränderung des Wesens.«

Dieses Buch handelt von einer ähnlichen Metamorphose. Dieses Buch handelt von den Veränderungen, die ein Mensch beim Übergang vom Angestellten zum Unternehmer durchmacht. Obwohl viele Leute davon träumen, ihre Stelle aufzugeben und ihr eigenes Unternehmen zu gründen, tun es tatsächlich nur wenige. Und warum? Weil der Übergang vom Angestellten zum Unternehmer mehr ist, als die Stelle zu wechseln. Es ähnelt tatsächlich einer Metamorphose.

## *Bücher über das Unternehmertum, die von Nichtunternehmern geschrieben wurden*

Im Verlauf der Jahre habe ich viele Bücher über Unternehmer und Unternehmertum gelesen. Ich habe das Leben von Unternehmern wie Thomas Edison, Bill Gates, Richard Branson und Henry Ford studiert. Ich habe auch über diverse unternehmerische Philosophien gelesen und warum manche Unternehmer besser sind als andere. In jedem Buch, ob gut oder schlecht, fand ich ein Quäntchen unbezahlbarer Information und Weisheit, die mir bei meinem Bestreben, ein besserer Unternehmer zu werden, geholfen haben.

Man kann diese Bücher in zwei Grundkategorien einteilen:
die einen wurden von Unternehmern geschrieben, die anderen von Nichtunternehmern. Die meisten Bücher gehören zur zweiten Kategorie – sie stammen aus der Feder von professionellen Autoren, Journalisten oder Professoren.

Obwohl ich aus jedem Buch etwas Wichtiges lernen konnte, unabhängig davon wer es geschrieben hatte, fehlte mir etwas. Was mir fehlte, waren die Horrorgeschichten aus den Zeiten in der Gosse und von den schreckenerregenden Fehlern, die fast jeder Unternehmer macht. Die meisten Bücher zeichnen den Unternehmer als eine brillante, freundliche und coole Geschäftsperson, die jede Herausforderung mit Leichtigkeit meistert. Die Bücher über großartige Unternehmer lassen es oft so erscheinen, als ob sie dafür geboren waren, und zugegeben, viele waren es tatsächlich. Genauso wie es unter den Athleten Naturtalente gibt, finden sie sich auch unter den Unternehmern, und die meisten Bücher wurden über diese Leute geschrieben.

Bücher über das Unternehmertum, die von Professoren geschrieben wurden, haben eine andere Qualität. Sie neigen eher dazu, das Thema bis auf das Skelett, auf die statistischen Daten und Erkenntnisse herunterzubrechen. Ich finde es schwierig, solche wissenschaftlich korrekten Bücher zu lesen, weil sie oft langweilig sind. Es bleibt kein Fleisch übrig, nichts Saftiges – nur die Knochen.

## *Warum dieses Buch anders ist*

Dieses Buch wurde von einem Unternehmer geschrieben, der die Höhen und Tiefen, die Erfolge und Misserfolge in der realen Geschäftswelt erlebt hat.

Heute ist die Rich Dad Company ein internationales Unternehmen mit Produkten in 42 Sprachen und sie macht Geschäfte in über 55 Ländern. Aber alles begann als ein Unternehmen, das meine Frau Kim und ich im Jahre 1997 gründeten. Unsere Anfangsinvestition waren 1.500 Dollar. Mein erstes Buch *Rich Dad Poor Dad* stand länger als viereinhalb Jahre auf der New York Times-Bestsellerliste, eine Leistung die nur drei andere Bücher ebenfalls geschafft haben. Vielleicht steht es immer noch drauf, wenn Sie dieses Buch lesen.

Anstatt Ihnen zu erzählen, was für ein kluger Geschäftsmann ich bin – was auch gar nicht stimmt –, dachte ich, es wäre besser, eine andere Art von Buch über das Unternehmertum zu schreiben. Anstatt Ihnen zu erzählen wie toll ich über die höchsten Gipfel segelte und Millionen verdient habe, dachte ich, dass Sie vielleicht mehr daraus lernen, wenn Sie erfahren, wie viele tiefe Löcher ich grub, nur um in sie hineinzufallen und mich dann mühsam wieder herauszubuddeln. Anstatt Ihnen von meinen Erfolgen zu erzählen, glaube ich, dass Sie mehr aus meinen Fehlern lernen werden.

## *Warum über Fehler schreiben?*

Viele Menschen werden keine Unternehmer, weil sie Angst vor dem Scheitern haben. Indem ich über die Dinge schreibe, vor denen viele Menschen Angst haben, hoffe ich Ihnen dabei zu helfen, für sich selbst besser erkennen zu können, ob das Unternehmertum etwas für Sie ist. Ich will Sie nicht verschrecken, ich möchte Ihnen einen kleinen Einblick in die reale Welt geben, in die Höhen und Tiefen des Lernprozesses eines Unternehmers.

Ein weiterer Grund, über Misserfolge zu schreiben, ist, dass der Mensch lernt, indem er Fehler macht. Wir lernen zu laufen, indem wir zuerst hinfallen und es dann erneut versuchen. Wir lernen Fahrradfahren, indem wir herunterfallen und es dann wieder versuchen. Wenn wir es nie riskiert hätten zu fallen, würden wir kriechend durch das Leben gehen so wie Raupen. Bei den meisten Büchern über das Unternehmertum, vor allem bei den von Professoren, fehlte mir das Eingehen auf die emotionalen Probleme und Sorgen. Sie erörtern nicht, was auf der emotionalen Ebene in dem Menschen vorgeht, wenn das Unternehmen scheitert, das Geld ausgeht, Mitarbeitern gekündigt werden muss oder Investoren und Gläubiger hinter ihm her sind. Woher soll ein Professor auch wissen, wie sich ein scheiternder Unternehmer fühlt? Woher – da ein regelmäßiges Gehalt, die Anstellung auf Lebenszeit, immer die richtigen Antworten zu wissen und nie Fehler zu machen in der akademischen Welt einen hohen Stellenwert besitzen? Wie bereits gesagt, es ist alles eine Frage der Ausbildung.

In den späten 1980ern wurde ich eingeladen, an der Columbia-Universität über Unternehmertum zu sprechen. Anstatt einen Vortrag über meine Erfolge zu halten, sprach ich von meinen Misserfolgen und wie viel ich aus meinen Fehlern gelernt hatte. Das junge Publikum stellte viele Fragen und schien wirklich an den Höhen und Tiefen im Entwicklungsprozess eines Unternehmers interessiert zu sein. Ich sprach über die Ängste, denen wir alle uns bei der Gründung eines Unternehmens stellen müssen, und wie ich diesen Ängsten begegnet bin. Ich erzählte ihnen von einigen der dümmeren Fehler, die ich gemacht habe, und wie aus diesen Fehlern später wertvolle Lektionen erwuchsen, die ich nie gelernt hätte, wenn ich die Fehler nicht gemacht hätte. Ich redete über die schmerzvolle Erfahrung, wegen meiner Inkompetenz ein Unternehmen schließen und Mitarbeiter entlassen zu müssen. Ich erzählte ihnen auch, wie mich alle meine Fehler schließlich zu einem besseren Unternehmer, sehr reich und – was am wichtigsten ist – finanziell unabhängig gemacht hatten, sodass ich nie wieder eine Arbeitsstelle brauche. Im Großen und Ganzen dachte ich, dass es eine objektive und realistische Rede über den Lernprozess eines Unternehmers war.

Einige Wochen erfuhr ich, dass das Fakultätsmitglied, das mich eingeladen hatte, in das Büro des Dekans gerufen und zurechtgewiesen wurde. Seine abschließenden Worte zu ihr waren: »Wir erlauben keinen Versagern, an Columbia eine Rede zu halten.«

## *Was ist ein Unternehmer?*

Aber wir wollen den Professoren auch ein wenig Anerkennung zollen. Eine sehr gute Definition des Unternehmers stammt von Howard H. Stevenson, einem Professor an der Harvard University: »Unternehmertum ist ein Managementansatz, den wir wie folgt definieren: Das Streben nach Gelegenheit ungeachtet der derzeit kontrollierten Ressourcen.« Das ist in der Tat die Wahrheit!

## *Die Macht der Ausreden*

Viele Menschen möchten Unternehmer werden, haben aber immer einige Ausreden, warum sie ihre Stelle nicht aufgeben können, wie zum Beispiel:

- »Ich habe nicht genug Geld.«
- »Ich kann meine Stelle nicht aufgeben, weil ich Kinder ernähren muss.«
- »Ich habe keine Kontakte.«
- »Ich bin nicht klug genug.«
- »Ich habe keine Zeit dafür. Ich bin zu beschäftigt.«
- »Ich finde niemanden, der mir helfen will.«
- »Es dauert zu lange, ein Unternehmen aufzubauen.«
- »Ich habe Angst. Ein Unternehmen aufzubauen, ist mir zu riskant.«
- »Ich möchte mich nicht um Angestellte kümmern müssen.«
- »Ich bin zu alt dafür.«

Der Freund, der mir diesen Artikel von Professor Stevenson gab, sagte: »Jeder Zweijährige ist ein Experte im Erfinden von Ausreden. Die meisten

Menschen, die mit dem Gedanken spielen, Unternehmer zu werden, bleiben Arbeitnehmer, weil sie immer wieder »gute Gründe« finden, die sie davon abhalten, ihre Stelle aufzugeben und den entscheidenden Schritt zu tun. Für viele Menschen ist die Macht ihrer Ausreden stärker als ihre Träume.«

## *Unternehmer sind anders*

Herr Stevenson hatte viele andere unverhüllte Prachtstücke in seinem Artikel, besonders als er Katalysatoren (Unternehmer) mit Verwaltern (Angestellten) verglich, wie er sie bezeichnet. Einige dieser Perlen des Vergleichs sind:

- **Im Bereich der strategischen Ausrichtung**
  *Katalysatoren:* Geführt von der Wahrnehmung der Gelegenheit
  *Verwalter:* Geführt von der Wahrnehmung der Ressourcenkontrolle

Mit anderen Worten suchen Unternehmer immer nach der Gelegenheit, ohne darauf zu achten, ob sie über die erforderlichen Ressourcen verfügen. Menschen vom Typ der Angestellten konzentrieren sich darauf, welche Ressourcen sie haben oder nicht haben, und deshalb sagen so viele Leute, sie könnten kein Unternehmen gründen, weil sie kein Geld dafür hätten. Ein Unternehmer würde sagen: »Mach den Deal und dann werden wir das Geld dafür auftreiben.« Dies ist ein sehr großer Unterschied in der Denkweise.

Aus dem gleichen Grund sagte mein armer Vater oft, er könne sich das oder jenes nicht leisten. Als Angestellter schaute er auf die Ressourcen. Wer meine anderen Bücher gelesen hat, weiß, dass mein reicher Vater seinem Sohn und mir verbot, jemals zu sagen, »Ich kann es mir nicht leisten.« Stattdessen brachte er uns bei, die Gelegenheiten zu betrachten und zu fragen: »Wie kann ich es mir leisten?« Er war ein Unternehmer.

- **Im Bereich der Führungsstruktur**
  *Katalysator:* Flach, mit mehreren informellen Netzwerken
  *Verwalter:* Formale Hierarchie mit mehreren Ebenen

Mit anderen Worten, ein Unternehmer will die Organisation klein und schlank halten und nutzt kooperative Beziehungen mit strategischen Partnern, um zu expandieren. Angestellte wollen eine Hierarchie aufbauen, was bedeutet, eine Befehlskette an deren Spitze sie selbst stehen. Das ist ihre Auffassung davon, wie man ein Imperium aufbaut. Ein Unternehmer will die Organisation horizontal expandieren, was eher »Outsourcing« bedeutet anstatt sich mehr Arbeit ins Haus zu holen. Ein Angestellter will die Organisation vertikal expandieren, was bedeutet, dass man zusätzliche Mitarbeiter einstellt. Formale Unternehmensstrukturen sind den Angestellten auf der Karriereleiter sehr wichtig.

In diesem Buch werden Sie erfahren, wie die *Rich Dad Company* klein geblieben und dennoch groß geworden ist, indem sie starke strategische Partnerschaften und große Verlage überall auf der Welt nutzt. Wir hatten uns entschieden, auf diese Weise zu wachsen, weil es uns weniger Zeit, Personal und Geld kostete. Wir konnten schneller wachsen, größer und sehr profitabel werden, eine weltweite Präsenz erreichen und dennoch klein bleiben. Wir haben das Geld und die Ressourcen anderer Leute eingesetzt, um das Unternehmen zu expandieren. Dieses Buch wird erklären, wie und warum wir das so gemacht haben.

- Im Bereich der Entlohnungsphilosophie
  *Katalysator*: wertorientiert, leistungsabhängig, teamorientiert
  *Verwalter*: sicherheitsorientiert, ressourcenbasiert, beförderungsorientiert

Einfach ausgedrückt, Arbeitnehmer wollen Arbeitsplatzsicherheit bei einem starken Unternehmen, ein regelmäßiges Gehalt und die Möglichkeit, befördert zu werden – die Chance, die Karriereleiter nach oben zu klettern. Viele Arbeitnehmer betrachten eine Beförderung und einen Titel als wichtiger als Geld. Ich weiß, dass dies bei meinem armen Vater so war. Er liebte seinen Titel »Leiter der öffentlichen Bildungsinstitutionen«, obwohl er nicht gut bezahlt wurde.

Der Unternehmer will die Karriereleiter nicht hinaufsteigen. Er will sie besitzen. Ein Unternehmer wird nicht durch ein Gehalt angetrieben, sondern durch die Ergebnisse des Teams. Viele Unternehmer gründen eine Firma unter anderem – wie Howard Stevenson erklärt –, weil sie sehr starke Werte haben, die ihnen wichtiger sind als einfach »nur« Arbeitsplatzsicherheit und ein regelmäßiges Gehalt. Vielen Unternehmern sind ihre Werte wichtiger als Geld.

Sie gehen ihrer Arbeit und ihrer Mission mit Leidenschaft nach und lieben, was sie tun. Viele Unternehmer werden ihre Arbeit machen, auch wenn es kein Geld gibt. Mein reicher Vater sagte: »Viele Arbeitnehmer üben ihre Arbeit mit Leidenschaft aus, aber nur solange es ein Gehalt gibt.«

In diesem Buch werden Sie auch die drei verschiedenen Arten von Geld kennenlernen: kompetitives Geld, kooperatives Geld und spirituelles Geld.

1. *Kompetitives Geld* ist die Art von Geld, für das die meisten Menschen arbeiten. Sie konkurrieren um Arbeitsplätze, Beförderungen, Gehaltserhöhungen und gegen ihre geschäftliche Konkurrenz.

2. *Kooperatives Geld* wird durch Netzwerken verdient, anstatt zu konkurrieren. In diesem Buch werden Sie herausfinden, wie die Rich Dad Company mit wenig Geld schnell expandierte, indem sie einfach für kooperatives Geld arbeitete.

3. Ein großer Teil dieses Buches ist der *Mission* eines Unternehmens gewidmet, den Werten. Obwohl wir alle wissen, dass es viele opportunistische Unternehmer gibt, die nur für kompetitives Geld arbeiten, gibt es doch genug andere, die ein Unternehmen auf der Basis einer starken Mission aufbauen und für spirituelles Geld arbeiten – das beste Geld von allem.

## *Unterschiedliche Managementstile*

Es gibt zwei weitere Punkte in dem Artikel, die erfrischend zu lesen sind. Howard Stevenson bestätigt, dass viele Leute sagen, dass Unternehmer keine guten Manager seien. Anstatt dieser allgemein akzeptierten Sichtweise zuzustimmen, schreibt er:

> *Der Unternehmer gilt meist als egozentrisch und eigenwillig und soll somit nicht in der Lage sein, andere zu führen. Doch obwohl die Führungsaufgaben für einen Unternehmer ganz andere sind, sind seine Managementfähigkeiten trotzdem ein wesentliches Element.*

Ganz richtig, Howard. Mit anderen Worten, Unternehmer managen ebenfalls Menschen, nur anders. Im nächsten Abschnitt möchte ich erklären, warum es zwischen Unternehmern und Angestellten Unterschiede im Führungsstil gibt.

## *Wissen, wie man die Ressourcen anderer Leute nutzt*

Das nächste Argument von Stevenson korreliert sehr stark mit seiner schon erwähnten Definition eines Unternehmers: »Unternehmertum ist ein Managementansatz, den wir wie folgt definieren: Das Streben nach Gelegenheit ungeachtet der derzeit kontrollierten Ressourcen.« Er erklärt: »Unternehmer lernen die Ressourcen anderer Leute geschickt zu nutzen.« Hier ist auch der Unterschied im Führungsstil zu suchen. Angestellte wollen Menschen einstellen, damit sie sie anleiten können. Dadurch erlangen sie die direkte Kontrolle über die anderen. Diese müssen tun, was man ihnen sagt, oder sie werden entlassen. Deshalb möchte der Angestellten-Typ vertikale Hierarchien aufbauen. Er favorisiert den preußischen Managementstil, will, dass die Leute springen, wenn er sagt: »Spring!«

Da Unternehmer nicht unbedingt Arbeitnehmer führen, müssen sie Menschen auf eine andere Weise managen. Ganz einfach gesagt, Unternehmer müssen wissen, wie man andere Unternehmer führt. Wenn Sie zu einem Unternehmer sagen: »Spring!«, antwortet dieser normalerweise darauf mit irgendeinem unhöflichen Kommentar oder einer unhöflichen Geste. Also sind Unternehmer nicht so schlechte Manager, wie viele Leute glauben. Sie haben einfach einen völlig anderen Führungsstil, weil sie Menschen managen, denen sie nicht sagen können, was sie zu tun haben oder die sie feuern können. Das erklärt auch, warum Angestellten-Typen für kompetitives Geld arbeiten, und Unternehmer dazu neigen, für kooperatives Geld zu arbeiten.

## *Unternehmer suchen Mitarbeiter*

Einige der häufigeren Beschwerden, die man von Jungunternehmern hört sind: »Ich kann keine guten Mitarbeiter finden,« oder »Angestellte wollen einfach nicht arbeiten,« oder »Angestellte wollen immer nur mehr Geld.« Das ist nur ein Problem für einen Jungunternehmer ohne einen klaren Führungsstil. Der Führungsstil ist eine Frage der Übung. Wie bereits gesagt, ein Kompliment an Professor Howard Stevenson für seine klare Definition der Unterschiede zwischen Unternehmern und Angestellten.

## *Warten Sie nicht, bis alle Ampeln grün sind*

Ein weiterer Grund, warum viele Leute nicht so erfolgreich sind, wie sie es gerne wären, ist Angst – meist ist es die Angst, Fehler zu machen oder zu versagen.

Es gibt noch einen anderen Grund, auch eine Art von Angst, die aber in einer etwas anderen Form auftritt. Diese Menschen verbergen ihre Ängste hinter ihrem Perfektionismus. Sie warten auf den perfekten Moment, bevor sie ihr Unternehmen gründen. Sie wollen, dass alle Ampeln grün sind, bevor sie auf die Straße gehen. Wenn es um das Unternehmertum geht, bleiben viele dieser Leute in der Auffahrt mit dem Motor im Leerlauf stehen.

## *Drei Teile eines Business Deals*

Einer der besten Unternehmer, die ich kenne, ist ein Freund und ein Geschäftspartner von mir. Ich habe mehrere Unternehmen mit ihm gemeinsam gegründet – drei davon haben wir an die Börse gebracht und dadurch Millionen verdient. Er sagt, dass ein Business Deal aus drei Teilen besteht:

1. Die richtigen Leute finden

2. Die richtige Gelegenheit finden

3. Das Geld auftreiben

Aber, so sagt er: »Selten kommen alle drei Teile zur gleichen Zeit zusammen. Manchmal hast du die Leute, aber den Deal nicht oder kein Geld. Manchmal hast du das Geld, aber keinen Deal oder keine Leute.« Er sagt auch: »Die wichtigste Arbeit eines Unternehmers ist es, einen Teil zu ergreifen und sich dann um die anderen zwei Teile zu kümmern. Das kann eine Woche dauern oder auch Jahre, aber wenn du einen Teil hast, hast du wenigstens angefangen.«

Es ist einem Unternehmer also egal, ob zwei von drei Ampeln auf Rot stehen. Tatsächlich ist es ihm auch egal, ob alle drei Ampeln rot sind. Rote Ampeln halten einen Unternehmer nicht davon ab, Unternehmer zu sein.

## *Alles, das wert ist, getan zu werden, ist es wert, schlecht getan zu werden*

Haben Sie jemals bemerkt, dass Software, wie Microsoft Windows, in verschiedenen Versionen erhältlich ist? Das bedeutet, dass sie ihr Produkt verbessert haben und jetzt möchten, dass Sie die bessere Version kaufen. Mit anderen Worten, das erste Produkt, das sie Ihnen verkauft haben, war nicht perfekt. Sie haben es Ihnen vielleicht sogar in dem Wissen verkauft, dass es Fehler und Macken hat und verbessert werden muss.

Viele Menschen versäumen es, ihr Produkt auf den Markt zu bringen, weil sie es ständig perfektionieren. So wie der Mensch, der darauf wartet, dass alle Ampeln grün sind, kommen manche Unternehmer nie auf den Markt, weil sie nach dem perfekten Produkt suchen oder daran arbeiten, ihr Produkt zu perfektionieren, oder an dem perfekten Businessplan feilen. Mein reicher Vater sagte oft: »Alles, das wert ist, getan zu werden, ist es wert, schlecht getan zu werden.« Henry Ford sagte: »Ich danke Gott für meine Kunden. Sie kaufen meine Produkte, bevor sie perfekt sind.« Mit anderen Worten, Unternehmer beginnen und verbessern sich, ihre Unternehmen und ihre Produkte immer weiter. Viele Menschen fangen nicht an, bevor nicht alles perfekt ist. Deshalb fangen viele von ihnen niemals an.

Zu wissen, wann man ein Produkt auf den Markt bringt, ist ebenso Kunst wie Wissenschaft. Sie sollten nicht warten, bis ein Produkt perfekt ist. Das wird es vielleicht niemals sein. Es muss nur gut genug sein. Es muss gut genug funktionieren, um auf dem Markt akzeptiert zu werden.

Ist das Produkt jedoch so mangelhaft, dass es seinen vorgesehenen Zweck nicht erfüllt oder die Erwartungen des Marktes anderweitig nicht befriedigt oder Probleme verursacht, kann es sehr schwer sein, Glaubwürdigkeit und Reputation wieder herzustellen.

Ein erfolgreicher Unternehmer muss in der Lage sein, die Erwartungen des Marktes zu bewerten und zu wissen, wann man mit der Entwicklung aufhört und mit der Vermarktung beginnt. Wenn das Produkt ein bisschen zu früh auf den Markt kommt, kann der Unternehmer es verbessern und viele Schritte unternehmen, um Geschäfts- oder Firmenwerte auf dem Markt aufrechtzuerhalten. Verzögert er die Einführung jedoch zu sehr, kann das bedeuten, dass Gelegenheiten unwiederbringlich verloren sind, ein »Fenster der Möglichkeit« verpasst wird.

Wer sich an die frühen Windows-Versionen erinnert, wird sich auch daran erinnern, wie oft der Computer abgestürzt ist. (Es hieß sogar, dass Windows so voller Fehler – engl. Bugs = Insekten – war, dass man eine Dose Insektenvernichtungsmittel hätte mitliefern müssen.) Hätte ein Auto so häufig eine Panne gehabt, wäre es auf dem Markt nie akzeptiert worden. Tatsächlich wäre das Auto der letzte Müll gewesen, und der Hersteller wäre gezwungen worden, es zu ersetzen. Windows jedoch war trotz der Fehler extrem erfolgreich. Und warum? Es erfüllte ein Bedürfnis und enttäuschte die Erwartungen des Marktes nicht. Microsoft erkannte das »Fenster der Gelegenheit« und begann rechtzeitig mit der Vermarktung. Wenn Microsoft gewartet hätte, bis Windows perfekt gewesen wäre, wäre es auch heute noch nicht auf dem Markt.

## *»Straße« versus »Schule«*

In der Kampfkunst gibt es ein Sprichwort, das besagt: »Ein voller Becher, ist nutzlos. Nur wenn der Becher leer ist, ist er brauchbar.« Das gilt genauso für den Unternehmer.

Wir haben alle schon Menschen sagen hören: »Oh, das weiß ich alles!« So etwas sagen die Menschen, deren Becher voll ist. Diese Worte kommen von jemandem, der glaubt, er kenne bereits alle Antworten. Ein Unternehmer kann es sich nicht leisten, alle Antworten zu kennen. Unternehmer wissen, dass sie nie alle Antworten wissen werden. Sie wissen, eine Voraussetzung für ihren Erfolg ist, dass ihr Becher immer leer ist.

Um als Angestellte erfolgreich zu sein, müssen die Menschen die richtigen Antworten kennen. Wenn sie sie nicht kennen, werden sie vielleicht entlassen oder nicht befördert. Unternehmer müssen nicht alle Antworten kennen. Sie müssen nur wissen, wen Sie anrufen müssen. Dafür sind ihre Berater da.

Angestellte werden oft zu Experten ausgebildet. Einfach gesagt, ist ein Experte jemand, der viel über einen kleinen Bereich weiß. Sein Becher muss voll sein.

Unternehmer sind Generalisten. Sie wissen ein bisschen über vieles. Ihre Becher sind leer.

Viele Menschen lassen sich an Schulen und Universitäten zum Experten ausbilden. Dort werden sie Buchhalter, Rechtsanwalt, Sekretärin, Krankenschwester, Arzt, Ingenieur oder Programmierer. Das sind Menschen, die viel über einen kleinen Bereich wissen. Je spezialisierter sie sind, desto mehr Geld verdienen sie – oder zumindest hoffen sie, dass es so sein wird.

Was einen Unternehmer davon unterscheidet ist, dass er ein bisschen über Buchhaltung, die Gesetze, technische Systeme, Geschäftssysteme, Versicherung, Produktdesign, Finanzen, Investieren, Menschen, Verkauf, Marketing, öffentliches Reden, Kapitalbeschaffung und Umgang mit unterschiedlichen Menschen, die in unterschiedlichen Fachgebieten ausgebildet sind, wissen muss. Echte Unternehmer wissen, dass es so viel zu wissen gibt, und so vieles, das sie nicht wissen, dass sie sich den Luxus der Spezialisierung nicht leisten können. Darum muss ihr Becher immer leer sein. Sie müssen immer bereit sein, dazuzulernen.

## *Kein Ende der Lernphase*

Das bedeutet, dass der Unternehmer ein sehr proaktiver Lerner sein muss. Als ich den Graben vom Angestellten zum Unternehmer übersprang, begann meine eigentliche Ausbildung. Bald las ich jedes Buch über Business, das ich in die Finger bekommen konnte, las Finanzzeitungen und besuchte Seminare. Ich wusste, dass ich nicht alle Antworten kannte. Ich wusste, dass ich viel und schnell lernen musste. Bis heute hat sich daran nichts geändert. Ich weiß, dass meine Ausbildung zum Unternehmer nie beendet sein wird. Ich werde immer weiterlernen. Mit anderen Worten, wenn ich nicht arbeite, lese ich oder studiere, und dann wende ich im Unternehmen an, was ich gelernt habe.

Im Lauf der Jahre wurden dieses ständige Lernen und daraus resultierende Anwenden im Unternehmen eine meiner wichtigsten Erfolgsgarantien. Wie ich bereits sagte, ich war kein geborener Unternehmer, wie es einige meiner Freunde waren. Aber wie in dem Rennen zwischen der Schildkröte und dem Hasen, holte ich langsam aber sicher auf und überholte einige meiner Freunde, deren Becher sich füllten, als sie Erfolge erzielten. Für einen wahren Unternehmer gibt es keinen Graduation Day.

## *Überspezialisiert*

Das folgende Diagramm stammt aus dem *Rich Dad's CASHFLOW Quadrant,* dem zweiten Buch in der »Rich Dad«-Reihe.

**E:** **Angestellter**
**S:** **Selbstständiger, Kleinunternehmer, Spezialist**
**B:** **Großunternehmer**
**I:** **Investor**

Einer der Gründe, warum so viele Unternehmer im S-Quadrant sind statt im B-Quadrant, ist, dass sie allzu spezialisiert sind. So sind zum Beispiel privat praktizierende Ärzte vom Prinzip her Unternehmer, aber viele tun sich schwer, vom S- zum B-Quadrant überzugehen, weil ihre Ausbildung zu spezialisiert ist. Ihr Becher ist voll. Damit man vom S zum B wechseln kann, braucht man eine größere Allgemeinbildung und muss immer einen leeren Becher haben.

Dazu eine Randbemerkung zu dem CASHFLOW-Quadrant. Einer der Gründe, warum mein reicher Vater mir empfahl, Unternehmer in den B- und I-Quadranten zu werden, war, dass die Steuergesetze in diesen Quadranten am günstigsten sind. Für die Angestellten oder Selbstständigen in den E- und S-Quadranten sind sie nicht so günstig. Die Steuergesetze bieten größere Anreize oder Schlupflöcher für diejenigen, die entweder im B-Quadrant viele Menschen einstellen oder in Projekte investieren, in denen die Regierung Wachstum fördern möchte, z. B. im sozialen Wohnungsbau. Jedenfalls zahlen die Menschen in den verschiedenen Quadranten unterschiedlich hohe Steuern.

Dieses Buch wird auf die Unterschiede zwischen den Quadranten eingehen und aufzeigen, wie ein Unternehmer von einem Quadrant zu einem anderen wechseln kann, besonders vom S- zum B-Quadrant.

## *Eine Liste von Unterschieden*

Bevor jemand seine Stelle aufgibt, muss er entscheiden, ob er den Übergang vom Angestellten zum Unternehmer wagen möchte. Der Übergang – die Metamorphose! – erfordert Änderungen in einigen der folgenden Punkte:

- Ein Weltbild der Freiheit anstatt der Sicherheit.
- Die Fähigkeit, ohne Geld zu arbeiten.
- Die Fähigkeit, ohne Sicherheit zu arbeiten.
- Ein Fokus auf die Gelegenheit statt auf Ressourcen.
- Unterschiedliche Managementstile, um unterschiedliche Menschen zu führen.
- Die Fähigkeit, Menschen und Ressourcen zu führen, die sie nicht kontrollieren.
- Ein Fokus auf Team und Werte anstatt auf Bezahlung oder Beförderung.
- Ein aktiv Lernender – kein Ende der Ausbildung.
- Allgemeinbildung anstatt Spezialisierung.
- Mut, für das ganze Unternehmen verantwortlich zu sein.

Es ist Ihnen vielleicht aufgefallen, dass Bauern, möglicherweise unsere frühesten Unternehmer, die meisten dieser Eigenschaften entwickeln mussten, um zu überleben. Die meisten mussten im Frühling pflanzen, um im Herbst ernten zu können. Sie mussten beten, dass das Wetter zu ihren Gunsten ausfiel und dass all die Schädlinge, Krankheiten und Insekten genug für ihre Familie zum Leben übrig lassen würden, um durch einen langen harten Winter zu kommen. Mein reicher Vater sagte immer: »Wenn du die Denkweise und Zähigkeit eines Bauern hast, wirst du ein großartiger Unternehmer sein.«

## *Ein Topf voller Gold am Ende des Regenbogens*

Obwohl dieses Buch mit der Erklärung beginnt, dass der Lernprozess eines Unternehmers ein schmerzvoller und zeitaufwendiger Prozess ist, sollen Sie wissen, dass es einen Topf voller Gold am Ende des Regenbogens gibt. Wie mit jedem Lernprozess, sogar beim Laufen oder Fahrradfahren lernen, ist der Anfang immer am schwierigsten. Sie erinnern sich vielleicht, dass mein erster offizieller Tag als Unternehmer kein guter Tag war. Aber wenn Sie am Lernprozess festhalten, wird sich Ihre Welt verändern, genauso wie sich Ihre Welt änderte, als Sie schließlich gelernt haben zu laufen oder Fahrrad zu fahren. Das Gleiche gilt für das Unternehmertum.

Für mich war der Topf voller Gold am Ende des Regenbogens größer als in meinen wildesten Träumen. Der Lernprozess zum Unternehmer hat mich weitaus reicher gemacht, als ich es als Angestellter hätte werden können. Außerdem verschaffte er mir weltweit ein bisschen Ruhm und Anerkennung. Ich zweifle, ob ich als Angestellter berühmt geworden wäre. Am wichtigsten ist aber, dass unsere Produkte Menschen weltweit erreicht und in gewisser Weise geholfen haben, ihr Leben etwas besser zu machen. Das Beste am Dasein eines ständig dazulernenden Unternehmers ist, dass man mehr und mehr Menschen dienen kann. Mehr und mehr Menschen dienen zu können, war mein wichtigster Grund, Unternehmer zu werden.

## *Das Weltbild eines Unternehmers*

Unternehmer zu werden, begann mit einer Veränderung des Weltbildes. Der Tag in Puerto Rico, an dem ich Xerox verließ, war der Tag, an dem sich mein Weltbild von demjenigen meines armen Vaters zu demjenigen meines reichen Vaters wandelte.

Die Verwandlung sah folgendermaßen aus:

- Vom Wunsch nach Sicherheit zum Wunsch nach Freiheit.
- Vom Wunsch nach einem regelmäßigen Gehalt zum Wunsch nach großem Wohlstand.
- Vom Glauben an den Wert der Abhängigkeit zum Glauben an den Wert der Unabhängigkeit.
- Meine eigenen Regeln aufzustellen, anstatt die Regeln Anderer zu befolgen.
- Der Wunsch, Anweisungen zu geben, anstatt Anweisungen entgegenzunehmen.
- Die Bereitschaft, in vollem Maß verantwortlich zu sein, anstatt zu sagen: »Das ist nicht meine Aufgabe.«

- Die Kultur einer Firma zu bestimmen, anstatt zu versuchen, sich der Kultur einer Firma anzupassen.
- Etwas in dieser Welt zu bewirken, anstatt mich über die Probleme der Welt zu beschweren.
- Ein Problem zu finden und es in eine Geschäftsgelegenheit umzuwandeln.
- Sich zu entscheiden, ein Unternehmer statt ein Angestellter zu sein.

## *Die neuen Superunternehmer*

Im Jahre 1989 machte die Welt vielleicht den größten Wandel in der Geschichte durch. Die Berliner Mauer fiel und das Internet ging online. Der Kalte Krieg ging zu Ende und die Globalisierung begann sich zu beschleunigen. Die Welt wandelte sich, aus Mauern wurden Netze, aus Spaltung Integration. In seinem Bestseller aus dem Jahr 2005, Die Welt ist flach. Eine kurze Geschichte des 21. Jahrhunderts, machte Thomas L. Friedman die Bemerkung, dass, als die Mauer fiel und das Netz online ging, die Welt sich auf eine Supermacht (die Vereinigten Staaten), globale Supermärkte und Superindividuen fokussierte.

Meine Vorhersage ist, dass es bald neue Superunternehmer geben wird, deren Wohlstand den Wohlstand der heutigen Mega-Reichen in den Schatten stellen wird. In den 1980ern waren Bill Gates und Michael Dell die heißen, jungen Milliardär-Unternehmer. Dann kamen Sergei Brin und Larry Page, die Gründer von Google, und Mark Zuckerberg von Facebook. Meine Vorhersage ist, dass die nächsten Superunternehmer nicht aus den Vereinigten Staaten kommen werden. Und warum? Wie bereits gesagt, die Antwort ist, dass Mauern sich in Netze verwandelt haben.

Im Jahr 1996 brachte die Reform der Telekommunikationsgesetze und Geld von der Wall Street Firmen wie Global Crossing hervor, eine Firma, die zwar bankrottging, aber eine wichtige Aufgabe verrichtet hat: Sie vernetzte die Welt mit Glasfaserkabeln. Sobald dieses Netzwerk geschaffen war, musste die Intelligenzija aus Ländern wie Indien nicht nach Silicon Valley auswandern, um Arbeit zu finden. Sie konnte nun von Zuhause aus für viel niedrigere Löhne arbeiten.

Durch die Macht des Glasfaserkabels und des Internets wird der nächste Bill Gates oder Sergei Brin meines Erachtens von außerhalb der Vereinigten Staaten kommen, möglicherweise aus Indien, China, Singapur, Irland,

Neuseeland oder Osteuropa. Intelligenz, Innovation, Technologie und Zugang zu den Supermärkten der Welt werden den nächsten jugendlichen Multimilliardär schaffen.

Heute geraten viele Amerikaner in Panik bei der Vorstellung, dass unsere gut bezahlten Arbeitsstellen ausgegliedert werden – nicht nur nach Indien, sondern in alle Welt. Heute können sogar Aufgaben von Buchhaltern, Rechtsanwälten, Börsenmaklern und Reiseverkehrskaufleuten von Menschen anderswo auf der Welt zu einem niedrigeren Preis übernommen werden.

## *Keine hoch bezahlten Arbeitsplätze mehr*

Und was hat das für Auswirkungen auf die Ratschläge aus dem Industriezeitalter: »Geh' zur Schule und lerne tüchtig, damit du einen sicheren und gut bezahlten Arbeitsplatz bekommst!« oder »Arbeite hart und steige auf der Karriereleiter nach oben!«? Meiner Meinung nach haben sich diese Ratschläge erledigt. Für die vielen Arbeitnehmer gibt es immer weniger Stellenangebote, weil sie mit Menschen konkurrieren müssen, die Tausende Kilometer weit weg wohnen. In vielen Branchen sind die Löhne kaum gestiegen. Wieso auch, wenn jemand anderes bereit ist, für so viel weniger zu arbeiten?

Ein großer Unterschied zwischen einem Unternehmer und einem Angestellten ist, dass ein Unternehmer sich über die Veränderungen freut, die die Verlagerung von der Mauer zum Netz mit sich bringen. Viele Angestellte haben jedoch Angst vor diesen Veränderungen.

## *Ein letzter Unterschied*

Der letzte Unterschied, den ich erwähnen möchte, ist der Unterschied in der Bezahlung. Einige der berühmtesten CEOs, wie Steve Jobs und Warren Buffett, haben die niedrigsten Gehälter. Könnte es sein, dass angestellte Geschäftsführer für ein Gehalt arbeiten, Unternehmer-CEOs jedoch für eine andere Art von Bezahlung?

## *Sind Sie ein Unternehmer?*

Wie Sie sehen, gibt es einige Unterschiede zwischen Angestellten und Unternehmern. Der Zweck dieses Buches ist es, genauer auf diese Unterschiede einzugehen, damit Sie sich, bevor Sie Ihre Stelle aufgeben, entscheiden können, ob es der richtige Weg für Sie ist.

## *Zu guter Letzt*

Meiner Meinung nach findet sich der größte Unterschied zwischen einem Unternehmer und einem Angestellten in der Diskrepanz zwischen dem Wunsch nach Sicherheit und dem Wunsch nach Freiheit. Mein reicher Vater sagte einmal: »Wenn du ein erfolgreicher Unternehmer wirst, wirst du eine Freiheit erfahren, die nur wenige Menschen jemals kennenlernen werden. Es geht nicht einfach darum, viel Geld zu besitzen oder Freizeit zu haben. Es ist die Freiheit von der Furcht vor der Angst selbst.«

»Freiheit von der Furcht vor der Angst?«, fragte ich.

Nickend fuhr er fort: »Wenn du hinter die Bedeutung des Wortes Sicherheit schaust, findest du dort die Angst versteckt. Das ist der Grund, warum die meisten Menschen sagen, ›Mach eine gute Ausbildung.‹ Es ist nicht aus Liebe zum Lernen oder der Wissenschaft. Es ist aus Angst – der Angst, dass du keine gute Stelle bekommst oder kein Geld verdienst. Schau, wie ein Schullehrer seine Schüler motiviert. Es ist Motivation durch Angst. Er sagt: ›Wenn du nicht lernst, wirst du scheitern.‹ Sie benutzen die Angst vor dem Versagen, um die Schüler zu motivieren. Und wenn der Schüler seinen Schulabschluss macht und eine Arbeit bekommt, ist die Motivation wieder Angst. Arbeitgeber vermitteln ihm, verbal oder nonverbal: ›Wenn du deine Arbeit nicht machst, wirst du gefeuert.‹ Der Arbeitnehmer arbeitet härter aus Angst – der Angst, kein Essen auf den Tisch stellen zu können oder kein Geld für die Hypothekenzahlungen zu haben. Der Grund, warum Menschen sich nach Sicherheit sehnen, ist Angst. Das Problem mit der Sicherheit ist, dass sie die Angst nicht heilt. Sie verdeckt die Angst einfach nur, aber die Angst ist immer noch da, wie der kleine ›schwarze Mann‹, der kichernd unterm Bett sitzt.«

Da ich zu der Zeit auf der Highschool war, konnte ich das Konzept, aus Angst zu lernen, gut nachvollziehen. »In der Schule lerne ich nur, weil ich Angst davor habe zu versagen. Ich lerne nicht, weil ich lernen will. Ich habe so viel Angst vor dem Scheitern, dass ich für Fächer lerne, von denen ich weiß, dass ich sie nie brauchen werde.«

Nickend erwiderte mein reicher Vater: »Für Sicherheit zu lernen, ist nicht das Gleiche wie für deine Freiheit zu lernen. Menschen, die für

Freiheit lernen, lernen für andere Fächer, als Menschen, die für Sicherheit lernen.«

»Warum bieten sie keine Auswahl dieser Fächer in der Schule an?«, fragte ich.

»Ich weiß es nicht,« sagte mein reicher Vater. »Das Problem mit dem Lernen für Sicherheit ist, dass die Angst immer da ist. Und wenn die Angst immer da ist, dann fühlst du dich selten sicher, also kaufst du mehr Versicherungen und überlegst dir Möglichkeiten, um dich zu schützen. Im Stillen hast du immer Sorgen, sogar wenn du so tust, als ob du erfolgreich bist und es nichts gibt, worüber du dir Sorgen machen müsstest. Das Schlimmste an einem Leben in Sicherheit ist, dass man dann oft eine Art Doppelleben führt – das Leben, das du lebst und das ungelebte Leben, von dem du weißt, du könntest es leben. Dies sind einige der Probleme mit dem Lernen für Sicherheit, aber das größte Problem ist, dass die Angst noch da ist.«

»Also bedeutet Unternehmer zu werden, dass du keine Angst mehr haben wirst?«, fragte ich.

»Natürlich nicht!«, lächelte mein reicher Vater. »Nur Narren glauben, dass sie keine Angst haben. Angst ist immer präsent. Jeder, der behauptet, er habe keine Angst, ist realitätsfremd. Ich habe nicht umsonst gesagt: ›Freiheit von der Furcht vor der Angst.‹ Mit anderen Worten, du musst vor der Angst keine Angst haben. Du musst kein Gefangener der Angst sein. Angst wird deine Welt nicht definieren, wie sie es im Weltbild der meisten Menschen tut. Anstatt Angst vor der Angst zu haben, wirst du lernen, dich deinen Ängsten zu stellen und sie zu deinem Vorteil zu nutzen. Anstatt aufzugeben, weil dein Unternehmen kein Geld mehr hat und du Angst hast, deine Rechnungen nicht mehr bezahlen zu können, wird eine solche Situation dir als wahrer Unternehmer den Mut geben, vorwärts zu gehen, klar zu denken, zu lernen, zu lesen, mit Menschen zu reden, neue Ideen zu bekommen und frisch ans Werk zu gehen. Der Wunsch nach Freiheit kann dir den Mut verleihen, jahrelang ohne eine sichere Arbeitsstelle oder ein regelmäßiges Gehalt zu arbeiten. Das ist die Art von Freiheit, von der ich spreche. Das ist die Freiheit von der Furcht vor der Angst. Wir haben alle Angst. Die Frage ist, ob die Angst uns dazu bringt, Sicherheit zu suchen oder Freiheit. Ein Arbeitnehmer wird die Sicherheit suchen, ein Unternehmer die Freiheit.«

»Also wenn Sicherheit das Resultat von Angst ist, was ist dann die treibende Kraft hinter der Freiheit?«, fragte ich.

»Mut oder Courage«, lächelte mein reicher Vater. »Das Wort Courage stammt aus dem Französischen, le Coeur – das Herz.« Er hielt einen Augenblick inne und beendete dann das Gespräch mit den Worten: »Die Antwort auf die Frage, ob du Unternehmer oder Arbeitnehmer sein willst, findest du in deinem Herzen.«

## *Freiheit ist wichtiger als das Leben*

Einer meiner Lieblingsfilme ist Easy Rider, der Kultfilm aus dem Jahr 1969 mit Peter Fonda, Dennis Hopper und Jack Nicholson. In einer der Szenen, kurz bevor Jack Nicholson umgebracht wird, unterhält er sich mit Dennis Hopper über Freiheit. Ich glaube, es ist angemessen, die Einleitung mit diesen Zeilen zu beenden, denn sie beschreiben, warum ich Unternehmer sein will. Ich will frei sein. Für mich ist Freiheit wichtiger als das Leben selbst.

In dieser Szene zelten die drei in einem sumpfigen Gebiet, nachdem sie von einem Haufen engstirniger Kerle geärgert, bedroht und aus der Stadt gejagt worden sind.

> Dennis Hopper: *Mann, haben die Angst.*
> Jack Nicholson: *Oh, sie haben keine Angst vor dir. Sie haben Angst vor dem, was du darstellst.*
> DH: *Alles, was wir für die darstellen, ist jemand, der einen Haarschnitt braucht.*
> JN: *Oh, nein. Was du für sie darstellst, ist Freiheit.*
> DH: *Was zur Hölle ist falsch an der Freiheit, Mann? Darum geht es doch (letztendlich).*
> JN: *Oh ja. Das stimmt. Darum geht es, genau. Aber darüber zu reden und es zu leben – das sind zwei Paar Schuhe. Ich meine, es ist sehr schwer, frei zu sein, wenn du auf dem Markt gekauft und verkauft wirst. Natürlich, sage niemals jemandem, dass sie nicht frei sind, weil sie werden fleißig töten und verstümmeln, um dir zu beweisen, dass sie es sind. Oh ja, sie werden mit dir reden und reden und reden über die individuelle Freiheit. Aber wenn sie einen freien Menschen sehen, wird es ihnen Angst einjagen.*
> DH: *Nun, das bringt sie nicht dazu, vor Angst wegzurennen.*
> JN: *Nein. Es macht sie gefährlich.*

Nach dieser Szene werden die drei aus dem Hinterhalt von diesen Kerlen überfallen und zusammengeschlagen. Der junge Mann, der von Nicholson gespielt wird, stirbt und Fonda und Hopper fahren los, werden aber schließlich auch getötet, von anderen Kerlen, die aber dieselbe Weltanschauung teilen.

Der Film vermittelt sicher unterschiedliche Botschaften für unterschiedliche Menschen. Für mich geht es vor allem um den Mut, den es braucht, um frei zu sein – die Freiheit, »man selbst zu sein«, ganz gleich, ob man Unternehmer oder Angestellter ist.

Der Rest dieses Buches ist Ihrer Freiheit gewidmet.

## RICH DAD'S LEKTION NR. 1 FÜR UNTERNEHMER

# Ein erfolgreiches Unternehmen wird vor der Gründung kreiert

Erstes Kapitel

# Was ist der Unterschied zwischen einem Angestellten und einem Unternehmer?

## *Es fängt alles mit der richtigen Einstellung an.*

In meiner Jugend sagte mein armer Vater oft zu mir: »Geh zur Schule und schreibe gute Noten, damit du eine gute Stelle mit exzellenten Zusatzleistungen findest.«

Er ermutigte mich, Angestellter zu werden.

Mein reicher Vater sagte oft: »Lerne, dir dein eigenes Geschäft aufzubauen, und stelle gute Leute ein.« Er ermutigte mich, Unternehmer zu werden.

Eines Tages fragte ich meinen reichen Vater, was der Unterschied zwischen einem Angestellten und einem Unternehmer sei. Seine Antwort lautete: »Angestellte suchen eine Arbeit, nachdem das Unternehmen gegründet wurde. Die Arbeit eines Unternehmers beginnt vor der Gründung.«

## *99 % Misserfolgsquote*

Statistiken zeigen, dass 90 % aller Unternehmensgründungen innerhalb von fünf Jahren scheitern. Die Statistiken belegen auch, dass es 90 % der 10 %, die die ersten fünf Jahre überleben, vor Ablauf des zehnten Jahres ebenfalls erwischt. Mit anderen Worten, ca. 99 % aller Neugründungen scheitern innerhalb von zehn Jahren. Warum ist das so? Es gibt viele Gründe dafür und die folgenden sind einige der ausschlaggebenden:

- Unsere Schulen lehren die Schüler, Angestellte zu werden, die nach Arbeit suchen, anstatt Unternehmer auszubilden, die Unternehmen gründen und Arbeitsplätze schaffen.
- Die Fähigkeiten eines guten Angestellten sind nicht dieselben, die ein guter Unternehmer braucht.
- Viele Unternehmer schaffen es nicht, ein Geschäft aufzubauen. Stattdessen arbeiten sie hart daran, eine Arbeitsstelle für sich selbst zu kreieren. Sie machen sich selbstständig anstatt ein Unternehmen aufzubauen.
- Viele Jungunternehmer arbeiten länger für weniger Lohn als ihre Angestellten. Deshalb hören viele aufgrund von Erschöpfung wieder auf.
- Viele Jungunternehmer beginnen ohne ausreichend Lebenserfahrung und Kapital.
- Viele Unternehmer verfügen über ein tolles Produkt oder eine Dienstleistung, aber ihnen fehlen die unternehmerischen Fähigkeiten, um ein erfolgreiches Geschäft um das Produkt oder den Service herum aufzubauen.

## *Den Fallschirm bauen*

Mein reicher Vater sagte: »Ein Unternehmen zu gründen ist, als ob man ohne Fallschirm aus dem Flugzeug springt. Mitten im freien Fall beginnt der Unternehmer einen Fallschirm zusammenzubasteln und hofft, dass er sich öffnet, bevor er auf der Erde aufschlägt.« Er fügte noch hinzu: »Wenn der Unternehmer am Boden aufschlägt, bevor der Fallschirm fertig ist, wird es sehr schwierig, wieder in das Flugzeug zu klettern und es noch einmal zu versuchen.«

Wer die Rich-Dad-Bücher kennt, weiß, dass ich sehr oft aus dem Flugzeug gesprungen bin und es nicht geschafft habe, den Fallschirm rechtzeitig fertigzustellen.

Glücklicherweise bin ich zwar auf dem Boden aufgeschlagen, aber sofort wieder aufgestanden. In diesem Buch werde ich Ihnen von einigen meiner Sprünge, meinem Fallen und dem Wiederaufstehen erzählen.

Viele meiner Misserfolge und Abstürze waren nur kleine, sodass der Aufprall nicht so schmerzvoll war – jedenfalls bis ich mein Geldbeutel-Unternehmen gründete. Ich werde später detaillierter darüber berichten, weil ich viele Fehler gemacht und aus Ihnen gelernt habe. Das Unternehmen war ein Riesenerfolg und dementsprechend tief war auch der Absturz.

Ich brauchte über ein Jahr, um mich von diesem kolossalen Fehlschlag zu erholen. Das Gute daran ist, dass ich hier die beste Erfahrung meines Lebens in der Geschäftswelt gemacht habe. Beim Wiederaufbau des Unternehmens habe ich viel über Business und über mich selbst gelernt.

## *Der Riss im Damm*

Einer der Gründe, warum ich mit dem Geldbeutel-Geschäft so hart abgestürzt bin, war, dass ich nicht auf die Kleinigkeiten geachtet hatte. Es steckt ein Stückchen Wahrheit in dem uralten Spruch: »Je höher du steigst, desto tiefer kannst du auch fallen.« Mein kleines Surfergeldbeutel-Unternehmen war so schnell gewachsen, dass es die Fähigkeiten der drei Unternehmer überstieg, die es zusammen gegründet hatten. Anstatt eines Unternehmens hatten wir Dr. Frankensteins Monster geschaffen und es nicht einmal bemerkt. Mit anderen Worten, unser plötzlicher Erfolg beschleunigte unseren Absturz. Das wahre Problem war jedoch, dass wir nicht mal ahnten, dass wir im Begriff waren zu scheitern. Wir dachten, wir wären erfolgreich. Wir dachten, wir seien reich. Wir hielten uns für genial. Obwohl wir bei Experten (wie z.B. Patentanwälten) Rat einholten, hörten wir nicht auf sie.

Wir, drei erfolgreiche Unternehmer zwischen Ende 20 und Anfang 30, ließen unsere Gedanken nicht um das Unternehmen kreisen, sondern feierten bis in die Puppen. Wir glaubten, wir hätten erfolgreich ein Unternehmen aufgebaut und seien nun Entrepreneure. Wir glaubten an unsere eigene Erfolgsgeschichte. Wir begannen anzugeben und der Champagner floss in Strömen. Es dauerte nicht lange, und jeder von uns hatte einen schnellen Sportwagen und wir gingen mit rassigen Frauen aus. Erfolg und Geld hatte uns geblendet. Wir bemerkten nicht, wie sich Risse in der Wand des Dammes bildeten. Schließlich brach er und das Kartenhaus fing an um uns herum zusammenzufallen. Unser Fallschirm öffnete sich nicht.

## *Zu viel Erfolg*

Ich berichte über meine unternehmerischen Dummheiten, weil viele Leute meinen, dass fehlender Erfolg ein Unternehmen kaputt macht. In vielen Fällen trifft das zu. Der Misserfolg meines Geldbeutel-Geschäfts war jedoch eine wertvolle Erfahrung, weil ich früh in meiner Karriere lernte, dass zu viel Erfolg ein Unternehmen auch zugrunde richten kann. Wichtig ist, dass ein zu wenig durchdachtes Geschäftsmodell scheitern kann, egal ob es ursprünglich erfolgreich war oder nicht.

Harte Arbeit macht schlechte Planung wett.

Ein schlecht geplantes Unternehmen kann überleben, solange der Unternehmer hart arbeitet und es mit schierer Entschlossenheit am Leben hält. Mit anderen Worten, harte Arbeit kann ein schlecht geplantes Unternehmen vor dem Scheitern bewahren. Millionen von Kleinunternehmern in aller Welt halten ihr schlecht geplantes Unternehmen mit harter Arbeit, purer Willenskraft, Tesafilm und Draht am Laufen. Das Problem ist nur, wenn sie aufhören zu arbeiten, bricht das Unternehmen auseinander und geht unter.

In der ganzen Welt geben Unternehmer jeden Tag ihren Familien einen Abschiedskuss und machen sich auf zu ihrer eigenen Firma, ihrer einsamen Insel. Viele von ihnen denken, dass sie mit härterer und längerer Arbeit ihre Probleme lösen können, die da wären: ungenügender Umsatz, unglückliche Angestellte, inkompetente Berater, zu wenig Cashflow, um expandieren zu können, Preiserhöhungen der Lieferanten, steigende Versicherungsbeiträge, steigende Mietpreise, Änderungen der Gesetze, Wirtschaftsprüfer, Steuernachforderungen, unzufriedene Kunden, Kunden, die nicht bezahlen, und zu wenig Zeit, um sich um all diese Probleme zu kümmern. Viele Unternehmer merken nicht, dass ein Großteil dieser Probleme schon lange vor der Gründung existierte.

Ein wesentlicher Grund für die hohe Insolvenzquote ist schiere Erschöpfung. Es ist schwierig, Gewinne zu erzielen und am Ball zu bleiben, wenn so viel Zeit an Aktivitäten gebunden ist, die kein Geld einbringen oder Geld kosten, ohne Einkommen zu erzielen. Bevor Sie Ihre Arbeitsstelle kündigen, um eine Firma zu gründen, sollten Sie sich mit einigen Unternehmern darüber unterhalten, wie viel Zeit mit Aktivitäten verloren geht, die kein Einkommen erzeugen, und wie Sie diese Herausforderung meistern. Wie einer meiner Freunde einmal sagte: »Ich bin so beschäftigt, mich um mein Unternehmen zu kümmern, dass ich keine Zeit habe, Geld zu verdienen.«

## *Garantieren viele Arbeitsstunden und harte Arbeit den Erfolg?*

Einer meiner Freunde kündigte seine sehr gut bezahlte Stelle bei einer großen Bank in Honolulu und eröffnete ein kleines Lunch-Restaurant im Industriegebiet der Stadt. Er wollte schon immer sein eigener Chef sein. Als Kreditsachbearbeiter hatte er gesehen, dass die reichsten Kunden Unternehmer waren, und er wollte auch ein Stück vom Kuchen erhalten.

Nun standen seine Mutter und er jeden Tag um vier Uhr morgens auf, um sich auf den Ansturm von hungrigen Menschen zur Mittagszeit vorzubereiten. Die beiden arbeiteten hart und sparten, wo es nur ging, um zu niedrigen Preisen in großzügigen Portionen sehr leckeres Mittagessen anzubieten.

Jahrelang schaute ich dort vorbei, um zu Mittag zu essen und herauszufinden, wie es ihnen ging. Sie schienen sehr glücklich zu sein und Spaß an ihren Kunden und ihrer Arbeit zu haben. »Eines Tages werden wir expandieren«, sagte mein Freund. »Eines Tages werden wir Personal einstellen, damit wir die harte Arbeit nicht mehr machen müssen.« Das Problem war, dass »eines Tages« nie kam. Die Mutter starb und mein Freund musste das Restaurant schließen und eine Stelle als Manager bei einem Fastfood-Franchise-Restaurant annehmen. Er wurde wieder Arbeitnehmer. Bei unserem letzten Treffen sagte er: »Die Bezahlung ist nicht sehr gut, aber wenigstens sind die Arbeitszeiten besser.« In diesem Fall öffnete sich sein Fallschirm nicht. Er erreichte den Boden, bevor er sein Unternehmen wirklich aufgebaut hatte.

Jetzt kann ich förmlich hören, wie einige von Ihnen sagen, er habe es wenigstens probiert oder es sei nur Pech gewesen. Wäre seine Mutter noch am Leben, hätten sie vielleicht expandiert und viel Geld verdient. Und überhaupt, wie könne ich so hart arbeitende Leute kritisieren? Meine Absicht ist nicht, sie schlecht zu machen. Obwohl ich nicht mit ihnen verwandt bin, liebte ich die beiden innig. Ich wusste, dass sie glücklich waren, doch tat es mir weh zu sehen, wie sie jeden Tag schufteten und dennoch nicht vorankamen.

Ich erzähle die Geschichte nur, um noch einmal darauf hinzuweisen, dass das Unternehmen zu scheitern begann, bevor es überhaupt gegründet war. Es war nicht gut geplant.

## *Sind Sie dafür geschaffen, Unternehmer zu sein?*

Wenn Ihnen diese Geschichten über lange Arbeitszeiten, das Scheitern wegen Erfolglosigkeit oder sogar wegen des Gegenteils oder die Vorstellung, ohne Fallschirm aus einem Flugzeug zu springen und aufzuprallen,

Angst macht, kann es sein, dass ein Dasein als Unternehmer nichts für Sie ist.

Aber wenn die Geschichten Sie faszinieren oder herausfordern, dann lesen Sie bitte weiter. Am Ende werden Sie eine bessere Vorstellung davon haben, was Unternehmer wissen müssen, um erfolgreich zu sein. Sie werden auch besser verstehen, wie man ein Unternehmen kreiert, plant und aufbaut, das mit oder ohne Sie wächst und Sie möglicherweise reich machen kann, weit über Ihre kühnsten Träume hinaus. Denn wenn Sie schon ohne Fallschirm aus dem Flugzeug springen, sollten Sie – falls Sie denn gewinnen – wenigstens richtig viel gewinnen.

## *Die Aufgaben eines Unternehmers*

Die wichtigste Aufgabe eines Unternehmers beginnt vor der Gründung des Unternehmens oder der Anstellung von Personal: Er muss ein Unternehmen planen, das Folgendes kann:

- wachsen,
- viele Leute beschäftigen,
- Mehrwert für seine Kunden schaffen,
- soziale Verantwortung übernehmen,
- Wohlstand all denen bringen, die am Unternehmen beteiligt sind,
- wohltätig sein,
- letztendlich den Unternehmer nicht mehr braucht.

Bevor das Unternehmen gegründet wird, macht sich ein erfolgreicher Unternehmer Gedanken, wie ein solches Unternehmen aussehen könnte. Laut meinem reichen Vater ist das die Aufgabe eines echten Unternehmers.

## *Misserfolg führt zu Erfolg*

Nach einem meiner entmutigenden Misserfolge ging ich zu meinem reichen Vater und fragte ihn: »Also, was habe ich falsch gemacht? Ich dachte, ich hätte es gut geplant.«

»Offensichtlich nicht«, sagte mein reicher Vater mit einem Grinsen. »Wie oft muss ich das wiederholen? Ich bin der größte Versager, den ich kenne.«

Mein reicher Vater antwortete: »Verlierer geben auf, wenn sie versagen. Gewinner verlieren so lange, bis sie Erfolg haben.« Einen Augenblick lang schob er die Papiere auf seinem Schreibtisch hin und her, dann schaute er zu mir auf und sagte: »Die Welt ist voller Möchtegernunternehmer. Sie sitzen hinter ihren Schreibtischen, haben hochtrabende Titel wie zum Beispiel Vize-Präsident, Niederlassungsleiter oder Abteilungsleiter, und einige nehmen sich sogar ein ordentliches Gehalt. Diese Möchtegernunternehmer träumen davon, eines Tages ihr eigenes Imperium aufzubauen. Vielleicht werden es einige von ihnen eines Tages tatsächlich tun. Dennoch glaube ich, dass die meisten den Sprung nie wagen werden. Sie werden irgendeine Ausrede haben, etwas logisch Klingendes wie »Wenn die Kinder groß sind« oder »Ich werde zuerst, eine Fortbildung machen« oder »Wenn ich genug Geld gespart habe«.

»Aber sie springen nie aus dem Flugzeug«, führte ich seinen Gedankengang fort.

Mein reicher Vater nickte.

## *Was für ein Unternehmer wollen Sie sein?*

Mein reicher Vater erklärte des Weiteren, dass es verschiedene Arten von Unternehmern gibt. Es gibt Groß- und Kleinunternehmer, reiche und arme, ehrliche und betrügerische, gewinnorientierte und gemeinnützige, Heilige und Sünder, lokal und international operierende, erfolgreiche und weniger erfolgreiche. Das Wort Unternehmer hat eine breit gefächerte Bedeutung, und verschiedene Menschen messen ihm eine unterschiedliche Bedeutung zu.

## *Der CASHFLOW-Quadrant*

Wie in der Einleitung erwähnt, zeigt der CASHFLOW-Quadrant die vier verschiedenen Arten von Menschen, aus denen die Geschäftswelt besteht. Sie können fachlich, emotional und mental gesehen sehr unterschiedlich sein.

E: **Angestellter**
S: **Selbstständiger, Kleinunternehmer**
B: **Großunternehmer**
I: **Investor**

Angestellte zum Beispiel werden immer die gleichen Worte benutzen, egal ob es sich um den Geschäftsführer oder um den Hausmeister handelt. Ein Angestellter sagt immer: »Ich suche eine sichere Stelle mit Zusatzleistungen.« Der wichtigste Begriff ist »sicher«. Mit anderen Worten, das Gefühl der Angst hält sie oft gefangen in diesem Quadrant. Wenn sie den Quadrant wechseln wollen, müssen sie nicht nur Fähigkeiten und Techniken erlernen, sondern in vielen Fällen auch emotionale Barrieren überwinden.

Eine Person im S-Quadrant könnte sagen: »Wenn du willst, dass es richtig gemacht wird, dann mache es selbst.« In vielen Fällen ist es für diese Person eine Herausforderung zu lernen, anderen Menschen zu vertrauen, dass sie die Arbeit besser machen können als sie selbst. Dieser Mangel an Vertrauen hält das Unternehmen klein, da es schwer ist zu expandieren, ohne anderen Menschen zu vertrauen. Wenn Personen im S-Quadrant wachsen, tun sie das oft in Partnerschaft mit einer Gruppe von Personen, die das Gleiche anbieten.

Menschen im B-Quadrant suchen immer nach guten Leuten und Geschäftssystemen. Sie möchten nicht unbedingt die Arbeit selbst machen. Sie wollen ein Unternehmen aufbauen, in dem die Arbeit gemacht wird. Ein echter B-Quadrant-Unternehmer kann sein eigenes Unternehmen global expandieren lassen. Ein Unternehmer im S-Quadrant beschränkt sich oft auf ein kleines Gebiet, eines, das persönlich kontrollierbar ist. Natürlich gibt es immer Ausnahmen.

Menschen im I-Quadrant, Investoren, suchen nach schlauen Menschen im S- oder B-Quadrant, die sich um ihr Geld kümmern und es vermehren.

Mein reicher Vater lehrte seinen Sohn und mich, zuerst ein erfolgreiches Unternehmen im S-Quadrant aufzubauen, das dann in den B-Quadrant hineinwachsen und erfolgreich sein konnte. Das ist auch das Thema dieses Buches.

## *Was für eine Art von Unternehmen wollen Sie aufbauen?*

Als Teil meiner Ausbildung zum Unternehmer ermutigte mein reicher Vater seinen Sohn und mich, hinauszugehen und so viele Geschäftsmodelle zu studieren wie möglich. Er sagte: »Wie kannst du ein Unternehmen aufbauen, wenn du nicht über die unterschiedlichen Arten von Geschäftsmodellen und Unternehmern Bescheid weißt?«

## *Selbstständige Unternehmer*

Mein reicher Vater erklärte mit Nachdruck, dass viele Unternehmer keine Unternehmensinhaber sind, sondern selbstständige Unternehmer, die eine Arbeitsstelle besitzen und keine Firma. Er sagte, »Du bist wahrscheinlich selbstständig, wenn der Name des Unternehmens auch dein Name ist, wenn du kein Einkommen mehr hast, sobald du aufhörst zu arbeiten, wenn Kunden kommen, um dich zu sehen, oder deine Angestellten dich anrufen, sobald es ein Problem gibt. Du bist wahrscheinlich auch selbstständig, wenn du die schlauste, talentierteste Person oder diejenige mit dem höchsten Abschluss in deinem Unternehmen bist.«

Er hatte nichts gegen selbstständige Unternehmer. Er wollte nur, dass wir den Unterschied zwischen Unternehmern, die eine Firma besitzen, und denjenigen, die eine Arbeitsstelle haben, kannten. Fachberater, Musiker, Schauspieler, Reinigungsdienste, Restaurantbesitzer, Inhaber von Tante-Emma-Läden und die meisten Kleinunternehmer gehören in den S-Quadrant; sie haben eine Arbeitsstelle, kein Unternehmen.

Was mein reicher Vater vor allem über den Unterschied zwischen einem selbstständigen Unternehmer und einem Großunternehmer aussagen wollte, ist, dass viele selbstständige Unternehmer Schwierigkeiten haben, sich zu einem Großunternehmen zu entwickeln. Mit anderen Worten, es ist für sie eine echte Herausforderung, vom S-Quadrant zum B-Quadrant zu wechseln. Und warum ist das so?

Ich wiederhole: Das liegt daran, dass das Unternehmen im Vorfeld der Gründung schlecht geplant wurde. Es war zum Scheitern verurteilt, bevor es überhaupt an den Start ging.

Mein reicher Vater hatte als Selbstständiger im S-Quadrant angefangen. Dennoch entwarf er im Geiste ein sehr großes Unternehmen, das von Menschen geführt wurde, die viel schlauer und fähiger waren als er. Bevor er sein Unternehmen gründete, strukturierte er sein Geschäft im S-Quadrant so, dass es in den B-Quadrant hineinwachsen konnte.

## *Experten und Handwerker*

Experten wie Ärzte, Rechtsanwälte, Buchhalter, Architekten, Klempner und Elektriker machen sich auf der Basis eines erlernten Berufes oder eines Handwerks selbstständig. Viele dieser Berufe und handwerklichen Unternehmen benötigen eine staatliche Genehmigung, um arbeiten zu dürfen. In diese Kategorie gehören auch professionelle Verkäufer, von denen viele unabhängige, amtlich zugelassene Berater sind, wie zum Beispiel Immobilien- und Versicherungsmakler oder Broker. Viele dieser Leute sind im Prinzip selbstständige Unternehmer, auch bekannt als unabhängiger Auftragnehmer.

Das Problem mit dieser Art von Unternehmen ist, dass sie nicht wirklich verkauft werden können, weil es nicht wirklich ein vom jeweiligen Inhaber getrenntes Unternehmen gibt. In vielen Fällen gibt es eigentlich keinen Vermögenswert. Der Geschäftsinhaber ist der Vermögenswert. Wenn das Unternehmen verkauft werden soll, wird es normalerweise nicht den hohen Erlös erzielen, den ein Unternehmen im B-Quadrant fordern kann. Zusätzlich muss der Inhaber eventuell bereit sein, im Unternehmen zu bleiben, um den anhaltenden Erfolg zu gewährleisten. Dann wird aus dem Inhaber ein Angestellter des Käufers.

Für meinen reichen Vater machte es keinen Sinn, hart zu arbeiten und kein Vermögen aufzubauen. Darum riet er seinem Sohn und mir ab, jemals Arbeitnehmer werden zu wollen. Er sagte: »Warum soll man hart arbeiten, ohne etwas aufzubauen?«

Später in diesem Buch gehen wir auf einige Möglichkeiten ein, wie diese Art von Unternehmer ein Unternehmen als Vermögenswert aufbauen kann – einen Vermögenswert, der vielleicht eines Tages verkauft werden kann.

## *Familienbetrieb*

Eine sehr große Kategorie von Unternehmen wird oft als Familienbetrieb bezeichnet. Das liegt an der Tatsache, dass viele kleine Unternehmen von einer Familie geführt werden. Die Mutter meiner Mutter hatte zum Beispiel einen Tante-Emma-Laden, in dem sich die Familie mit der Arbeit abwechselte. Für das Wachstum eines Tante-Emma-Ladens lautet die Herausforderung: Überwindung der Vetternwirtschaft. Meist wird die Verantwortung für den Familienbetrieb an die Kinder weitergegeben, auch wenn diese vielleicht inkompetent sind. Oft teilen die Kinder nicht die Leidenschaft ihrer Eltern für das Unternehmen oder sie haben nicht die unternehmerischen Ambitionen, die Firma zu führen.

## *Franchising*

Ein Franchise-Unternehmen, wie zum Beispiel McDonald's, ist theoretisch ein schlüsselfertiger Betrieb. Der Unternehmer verkauft ein betriebsbereites Unternehmen an eine Person, die nicht die kreative Entwicklungsphase beim Start eines Unternehmens durchmachen will. Es ist als ob man Instant-Unternehmer ist. Der Vorteil ist, dass Banken in einem solchen Fall eher Geld geben, als wenn man ein Unternehmen von Anfang an aufbauen möchte.

Eines der größten Probleme mit den wohlbekannten Ketten im Franchisingbereich ist, dass es in der Regel teurer ist, dort einzusteigen, und einem wenig Flexibilität geboten wird. Bei Franchise-Unternehmen treten oft rechtliche Probleme auf, die dann vor Gericht landen. Diese Auseinandersetzungen sind mit die schlimmsten der Geschäftswelt. Einer der Hauptgründe für solche Auseinandersetzungen ist, dass ein Franchisenehmer das Geschäft nicht so führen will, wie es der Franchisegeber möchte. Wenn außerdem das Unternehmen finanziell gesehen nicht so gut läuft, schiebt der Franchisenehmer gerne dem Franchisegeber die Schuld am fehlenden Geschäftserfolg in die Schuhe. Wenn Sie die Anweisungen des Franchisegebers nicht bis aufs i-Tüpfelchen befolgen wollen, gründen Sie lieber Ihr eigenes Unternehmen.

## *Networkmarketing und Direktvertrieb*

Networkmarketing und Direktvertrieb werden heute von vielen als die am schnellsten wachsende Unternehmensform der Welt anerkannt. Viele Leute reagieren immer noch negativ und behaupten, dass viele Networkmarketing-Organisationen nichts anderes als ein Schneeballsystem sind. Das größte Schneeballsystem der Welt ist jedoch ein traditionelles Großunternehmen mit einer Person an der Spitze und den vielen Arbeitnehmern darunter.

Jeder, der Unternehmer werden will, sollte sich einmal ein Networkmarketing-Geschäft ansehen. Einige der größten Fortune-500-Unternehmen vertreiben ihre Produkte durch Networkmarketing oder ein Direktverkaufssystem. Wer Unternehmer werden will, sollte vor der Kündigung den Einstieg in eines dieser Unternehmen in Betracht ziehen. Denn viele dieser Firmen bieten grundlegendes Verkaufstraining an sowie ansonsten kaum zu findende Möglichkeiten zur Ausbildung von Führungsqualitäten und zum Erwerb von Kenntnissen rund um den Aufbau eines Unternehmens. Eines der wertvollsten Vorzüge der Zugehörigkeit zu einer der namhaften Organisationen ist, dass man die für einen Unternehmer notwendige Denkweise und den Mut lernen kann. Die Kosten für den Einstieg sind in der Regel ziemlich günstig und die Ausbildung kann von unschätzbarem Wert sein. (Weitere Erklärungen zum Wert der Ausbildung in einem solchen Unternehmen finden Sie auf unserer Webseite, richdad.com, wo es zwei Bücher zu diesem Thema gibt: The Business School for People Who Like Helping People und The Business of the 21st Century.)

Müsste ich meine unternehmerische Karriere von Neuem beginnen, würde ich mit einem Networkmarketing oder Direktvertrieb anfangen, nicht aus finanziellen Gründen, sondern wegen der praktischen Unternehmensschulung, die ich bekommen würde – ein Training, das demjenigen von meinem reichen Vater ähnlich ist.

## *Legaler Diebstahl*

Eine interessante Diskussion zwischen Mike und mir und unserem reichen Vater drehte sich um den Diebstahl zwischen Unternehmern. Mein reicher Vater nahm einen Buchhalter, der für eine Buchhaltungsfirma arbeitete, als Beispiel. Eines Tages kündigte der Buchhalter seine Stelle und gründete sein eigenes Unternehmen mit Klienten, die er während seiner Zeit als Arbeitnehmer kennengelernt hatte. Mit anderen Worten, der

Buchhalter verließ die Firma, nahm aber die Kunden mit. Mein reicher Vater sagte, »Obwohl das nicht illegal ist, ist es dennoch Diebstahl.« Auf diese Art sollten wir sicher kein Unternehmen gründen.

## *Kreative Unternehmer*

Er wollte, dass wir kreative Unternehmer würden wie Thomas Edison, Walt Disney oder Steve Jobs. Mein reicher Vater sagte: »Als Kleinunternehmer, zum Beispiel als Besitzer eines Tante-Emma-Ladens, hat man es recht einfach. Auch als Unternehmer in einem Handwerk oder freien Beruf, wie zum Beispiel Klempner oder Zahnarzt, hat man es relativ einfach. Und es ist auch nicht schwer, ein Konkurrenzunternehmen aufzubauen – eine gute Idee zu entdecken, diese zu kopieren und dann gegen das Unternehmen zu konkurrieren, das die Idee zuerst umgesetzt hat.« Das ist mir als Vorreiter im Nylon- und Klettband-Geschäft passiert. Sobald wir einen Markt geschaffen hatten und die Bekanntheit dieser neuen Produktlinie stieg, erschienen die Mitbewerber wie aus dem Nichts und mein kleines Geschäft wurde vom Markt verdrängt. Natürlich kann ich ihnen dafür nicht die Schuld in die Schuhe schieben. Ich bin selbst schuld, weil ich – wie bereits erwähnt – das Unternehmen schon vor der Gründung schlecht geplant hatte. Aber trotzdem war mein reicher Vater glücklich, dass ich auf dem Weg war, ein kreativer Unternehmer zu werden und kein Nachahmer. Er sagte: »Einige Unternehmer gewinnen durch die Schaffung von Neuem. Andere, indem sie Ideen kopieren und in Konkurrenz treten. Der kreative Unternehmer, der Erfinder, ist der riskanteste Typ.«

»Warum ist der kreative Unternehmer der riskanteste Typ?«, fragte ich.

»Weil kreativ sein bedeutet, dass du oft ein Pionier bist. Es ist einfach und mit weniger Risiko behaftet, ein erfolgreiches und bewährtes Produkt zu kopieren. Wenn du lernst, innovativ zu sein, etwas Neues zu erschaffen, deinen Weg zum Erfolg zu ›erfinden‹, wirst du ein Unternehmer, der neue Werte schafft anstatt jemand, der durch Kopieren gewinnt.«

## *Öffentlich oder privat*

Die meisten Unternehmen sind in Privatbesitz. Ein großes, privates Unternehmen wird oft als »Familienunternehmen« bezeichnet. Das bedeutet, dass die Firma nur einigen wenigen Besitzern gehört, und der Besitz von Anteilen an großen und kleinen Unternehmen ist im Allgemeinen der Öffentlichkeit nicht zugänglich.

Ein öffentliches Unternehmen veräußert seine Unternehmensanteile im Allgemeinen über die Börse an die Öffentlichkeit, meist durch Börsenmakler und andere zugelassene Wertpapierhändler. Ein solches Unternehmen arbeitet unter viel strengeren Vorschriften als ein privates.

Mein reicher Vater hat nie ein Unternehmen an die Börse gebracht, jedoch empfahl er, dass Mike und ich als Teil unserer Entwicklung als Unternehmer diesen Schritt gingen. Im Jahre 1996, zur gleichen Zeit, als wir die »Rich Dad Company« gründeten, war ich auch Investor und am Börsengang dreier Firmen beteiligt. Die eine Firma wurde gegründet, um nach Öl zu suchen, eine weitere suchte nach Gold und die dritte nach Silber. Die Ölfirma scheiterte, obwohl sie auf Öl gestoßen war, was aber eine andere Geschichte ist. Die beiden anderen Firmen fanden erhebliche Mengen an Gold und Silber und brachten den Investoren viel Geld ein.

An der Entwicklung einer börsennotierten Firma zu arbeiten, war eine sehr interessante Erfahrung. Wie mein reicher Vater prognostiziert hatte, lernte ich viel dabei und wurde ein besserer Unternehmer. Ein börsennotiertes Unternehmen besteht eigentlich aus zwei unterschiedlichen Firmen mit zwei unterschiedlichen Zielgruppen – den echten Kunden und den Investoren. Es dient auch zwei Vorgesetzten – dem Verwaltungsrat und der staatlichen Behörde für Wertpapierhandel, wie zum Beispiel der SEC, der »Securities Exchange Commission«. Deshalb gibt es strengere Normen für die Buchhaltung und Berichterstattung.

Als ich als Unternehmer anfing, sagte mein reicher Vater: »Der Traum vieler Unternehmer ist es, ihre Firma an die Börse zu bringen.« Doch, nach den Skandalen von Enron, Arthur Andersen, Worldcom und Martha Stewart wurden die Regeln verschärft, die gesetzlichen Anforderungen viel komplizierter, und die Umsetzung wurde teurer.

Die Regierung schaute den börsennotierten Unternehmen genau auf die Finger. Es machte nicht so viel Spaß, eine börsennotierte Firma zu gründen, wie ich geglaubt hatte. Obwohl ich viel gelernt habe, das Ganze mir und den Investoren gutes Geld eingebracht hat, und ich alles in allem froh war, durch diesen Lernprozess durchgegangen zu sein, bezweifle ich, dass ich jemals wieder eine Firma an die Börse bringen werde. Diese Art von Unternehmen passt besser zu einer anderen Art von Unternehmer.

Ich kann in kleinen, privatgeführten Familienunternehmen mehr Geld verdienen und mehr Spaß haben.

## *Kann jeder Unternehmer werden?*

Mein reicher Vater wollte, dass sein Sohn und ich verstehen, dass jeder, der es will, Unternehmer werden kann. Ein Unternehmer zu werden, ist gar nichts Besonderes. Er wollte nicht, dass wir dadurch arrogant würden. Er wollte nicht, dass wir auf andere herunterschauten oder dass wir dachten, wir seien besser als andere, sollten wir tatsächlich erfolgreich sein. Er sagte: »Jeder kann Unternehmer werden. Der Babysitter in deiner Nachbarschaft ist genauso ein Unternehmer wie Henry Ford. Jeder, der ein bisschen Initiative zeigt, kann Unternehmer sein. Also denkt nicht, dass Unternehmer besondere oder gar bessere Menschen sind.

Eure Aufgabe ist es zu entscheiden, welchen Unternehmer ihr euch am liebsten als Vorbild nehmen wollt – den Babysitter oder Henry Ford. Beide bieten sie ein wertvolles Produkt beziehungsweise einen tollen Service an. Beide sind wichtig für ihre Kunden. Doch sie operieren auf völlig unterschiedlichen Ebenen. Es ist wie der Unterschied zwischen dem Bolzplatz, der Schüler- oder Studentenliga und der professionellen Football-Liga.«

Dieses Beispiel half mir zu verstehen, was mein reicher Vater zum Ausdruck bringen wollte. Als ich am College in New York Football spielte, hatte unser Team die Gelegenheit, mit ein paar Profis der New York Jets zu spielen. Es war eine sehr demütigende Erfahrung. Es war uns allen bald klar, dass wir zwar das gleiche Spiel wie die Profis spielten, uns aber auf einem komplett anderen Level befanden. Mein Versuch, als Linebacker einen der New York Jets anzugreifen, führte zu einem unangenehmen Erwachen. Ich bezweifle, dass er überhaupt merkte, dass ich ihn getroffen hatte. Er überrannte mich einfach. Ich hatte den Eindruck, als ob ich versuchte, ein stürmendes Nashorn aufzuhalten. Der Unterschied war nicht unbedingt körperlicher Natur. Er lag im Bewusstsein. Er hatte den Mut, den brennenden Wunsch und ein natürliches Talent, ein großartiger Spieler zu sein.

Meine Lektion aus dieser Erfahrung war, dass wir beide zwar das gleiche Spiel spielten, aber auf unterschiedlichen Niveaus. Das gleiche gilt in der Geschäftswelt. Wir können alle Unternehmer sein. Unternehmer zu sein, ist keine so großartige Sache. Wichtiger ist es, sich beim Planen eines Unternehmens zu fragen: »In welcher Liga will ich mitspielen?«

Heute bin ich älter und schlauer und bilde mir nicht ein, dass ich jemals so ein großartiger Unternehmer wie Thomas Edison, Henry Ford, Steve Jobs oder Walt Disney sein werde. Dennoch kann ich von ihnen lernen und sie mir zum Vorbild nehmen.

Und hier ist Lektion Nr. 1 meines reichen Vaters: »Ein erfolgreiches Unternehmen wird im Vorfeld der Gründung geschaffen.«

Die wichtigste Aufgabe eines Unternehmers ist es, das Unternehmen im Vorfeld der Gründung zu planen.

## *Gestalte Dein Unternehmen*

Die meisten Jungunternehmer begeistern sich für ein neues Produkt oder eine Möglichkeit, mit denen sie glauben, reich werden zu können. Leider konzentrieren sich viele von ihnen auf das Produkt oder die Möglichkeit, anstatt sich die Zeit zu nehmen, das Unternehmen um das Produkt herum oder um die Möglichkeit herum zu gestalten.

Bevor Sie kündigen, wäre es sinnvoll, das Leben verschiedener Unternehmer und die verschieden Arten von Unternehmen zu studieren, die sie kreiert haben. Vielleicht sollten Sie sich auch einen Mentor suchen, der selbst schon Unternehmen gegründet hat. Allzu oft bittet man in Geschäftsangelegenheiten Leute um Rat, die gar keine Unternehmer sind, sondern nur Erfahrung als Angestellte haben.

Später in diesem Buch werden wir das B-I-Dreieck vorstellen, in dem die für die Gründung jedes x-beliebigen Unternehmens notwendigen Komponenten vorgestellt werden, egal ob groß oder klein, Franchise- oder Einzelunternehmen, Tante-Emma-Laden oder börsennotiert. Sobald man die unterschiedlichen Komponenten, die ein Unternehmen ausmachen, versteht, wird es viel einfacher, sowohl Unternehmen zu kreieren als auch gute und schlechte zu beurteilen.

Ich empfehle Ihnen, Ihre Stelle zu behalten, während Sie in Teilzeit ein Unternehmen aufbauen – nicht des Geldes wegen, sondern um Erfahrung zu sammeln. Das bedeutet, dass Sie, auch wenn Ihr Teilzeit-Unternehmen kein Geld einbringt, doch etwas viel Wichtigeres als Geld gewinnen – praktische Lebenserfahrung. Sie werden nicht nur etwas über die Geschäftswelt lernen, sondern auch viel über sich selbst.

# RICH DAD'S LEKTION NR. 2 FÜR UNTERNEHMER

# Wie man Pech in Glück verwandelt

Zweites Kapitel

# Dumm & Dümmer werden reicher und reicher

## *Mein erstes Unternehmen*

Mein erstes Unternehmen scheiterte im Jahre 1956. Ich war neun Jahre alt. Mein zweites aber war noch im selben Jahr erfolgreich. Ich war noch immer neun Jahre alt und hatte aus dem Scheitern gelernt.

## *Scheitern als Strategie*

Es war eine prägende Erfahrung, früh im Leben als Unternehmer zu scheitern. Es war maßgebend für die Entwicklung einer Erfolgsstrategie für meine Zukunft. Mit neun Jahren merkte ich, dass Fehler machen die beste Art für mich war, etwas über Unternehmensführung zu lernen. Obwohl ich nicht viel Geld verdiente, wurde mir klar, dass je schlauer ich aus den Fehlern wurde, umso reicher würde ich später werden. Heute mache ich bei der Unternehmensführung oft etwas im Bewusstsein, dass ich damit scheitern könnte. Und warum tue ich so etwas? Weil ich mit neun Jahren lernte, dass Scheitern wesentlich für den späteren Erfolg ist.

Es gibt hauptsächlich zwei Gründe, warum Unternehmer scheitern. Einer davon ist, dass die angehenden Unternehmer Angst haben zu versagen, dass sie erstarren und dann nichts tun. Sie stehen auf und gehen zur Arbeit – immer mit einer Entschuldigung, warum sie nicht bereit sind, ihre Stelle zu kündigen und anzufangen, ihre Unternehmen aufzubauen. Die üblichen Ausreden schließen Folgendes ein: sie haben nicht genug

Geld, es ist zu riskant, es ist der falsche Zeitpunkt, die Kinder müssen erst mal groß werden und so weiter.

Der zweite Grund, warum Unternehmer scheitern, ist, dass sie nicht oft genug scheitern. Viele Kleinunternehmer und Selbstständige haben bis zu einem gewissen Grad Erfolg und dann hören Sie auf zu wachsen. Das Unternehmen bleibt auf hohem Niveau bestehen oder beginnt abzusterben. Erneut muss der Unternehmer riskieren, dass es schief geht, bevor das Unternehmen wieder anfangen kann zu wachsen.

Die Angst vor dem Versagen ist der hauptsächliche Grund, warum so viele Leute im Leben nicht erfolgreich sind oder nicht so erfolgreich sind, wie sie es gerne wären beziehungsweise sein könnten. Das passiert nicht nur in der Geschäftswelt, sondern in allen Bereichen des Lebens. Ich erinnere mich, dass ich in der Highschool nie mit Mädchen ausgegangen bin, weil ich so viel Angst hatte, abgelehnt zu werden. Schließlich, kurz vor meinem Abschluss, fragte ich doch noch eine schöne Klassenkameradin, ob sie mit mir zum Abschlussball gehen würde. Zu meiner Überraschung sagte sie »Ja«. Wir hatten eine furchtbare Zeit miteinander, aber wenigstens machte ich Fortschritte.

## *Noch ein Unterschied zwischen Angestellten und Unternehmern*

Eine Radiomoderatorin nannte meinen Lebensstil neulich während eines Radiointerviews risikoreich. Ich antwortete: »In der heutigen sich rasch wandelnden Welt sind die Leute, die kein Risiko eingehen, diejenigen, die risikoreich leben. Menschen, die Risiken scheuen, können nicht Schritt halten«.

In der Radiosendung wurden jeweils eine halbe Stunde lang verschiedene Leute aus verschiedenen Branchen interviewt. Die Sendung hätte genauso »Das Geheimnis meines Erfolgs« heißen können. Als mich die Moderatorin nach meinem Geheimnis fragte, erzählte ich ihr von meinem ersten unternehmerischen Misserfolg mit neun Jahren und wie diese Niederlage zu meinem Erfolg in meinem zweiten Unternehmen beitrug. »Ich begriff, dass Scheitern der Weg zum Erfolg ist«, sagte ich.

»Und Sie haben das mit neun Jahren gelernt?«, fragte die Moderatorin.

»Genau«, antwortete ich. »Wie die meisten Menschen, scheitere ich nicht gerne. Ich hasse es sogar. Dennoch ließ mich dieses unternehmerische Scheitern einen Blick in die Zukunft erhaschen. Ich sah meinen Weg zum Erfolg. Manche Menschen kommen voran, indem Sie immer die richtigen Antworten kennen. Diese Leute sind üblicherweise gute Schüler. So hat es bei mir aber nicht funktioniert. Ich komme voran, indem ich scheitere. Deshalb habe ich so viele verschiedene Unternehmen gegründet, von denen dann mehr als die Hälfte gescheitert sind. Doch die erfolgreichen waren dann auch ziemlich große Erfolge, wie meine Immobilienfirma, die beiden börsennotierten Gold- und Silber-Bergbaufirmen, die ich mitgegründet habe, und die Rich Dad Company. Ich habe in meiner frühen Karriere als Unternehmer auch nicht viel Geld verdient, dafür aber jetzt.«

»Also ist das Geheimnis zu Ihrem Geschäftserfolg bereit zu sein, Fehler zu machen und aus diesen zu lernen.«

»Ja, das ist meine Aufgabe als Unternehmer. Meine Aufgabe ist es, neue Ziele zu setzen, einen Plan zu entwickeln, Fehler zu machen und Gefahr zu laufen zu scheitern. Je mehr Fehler ich mache, desto schlauer werde ich. Hoffentlich wächst die Firma und profitiert von den gelernten Lektionen.«

»Ich würde gefeuert werden, wenn ich bei meiner Arbeit zu viele Fehler machen würde«. antwortete die Moderatorin. »Für mich bedeutet es, Fehler zu machen und zu versagen, zu scheitern. Ich tue alles, was ich kann, um keine Fehler zu machen. Ich hasse es, Fehler zu machen. Ich hasse das Gefühl, dumm zu sein. Ich muss die Antworten kennen. Ich habe das Gefühl, es ist wichtig, dass ich alles richtig mache, so wie die Firma mir sagt, dass ich es tun soll.«

»Und deshalb sind Sie eine gute Angestellte«, antwortete ich freundlich.

»Angestellte werden eingestellt, um keine Fehler zu machen. Es ist die Aufgabe eines Angestellten, die Regeln zu befolgen, das zu tun, was man ihnen sagt, und ihre Arbeit richtig zu machen. Wenn Angestellte die Arbeit auf ihre eigene Weise machen wollen oder nicht die Regeln befolgen oder zu viele Fehler machen, werden sie entlassen, weil sie dafür nicht eingestellt wurden.«

»Also ist meine Aufgabe als Angestellte, kein Risiko einzugehen, und Ihre Aufgabe als Unternehmer ist es, Risiken einzugehen, Fehler zu machen und manchmal zu scheitern?«

»In der Tat, das ist der Hauptunterschied.«

»Also, Sie nehmen Risiken auf sich. Ist es das, was Sie als Unternehmer tun?«

»Nein, das stimmt so nicht ganz« sagte ich schmunzelnd. »Ich nehme nicht wahllos irgendwelche Risiken auf mich. Zuerst einmal musste ich lernen, aus Fehlern zu lernen. Dann musste ich lernen, wie ich die Risiken auswähle, die ich auf mich nehme. Je besser meine Fähigkeiten als Unternehmer wurden, desto besser wurde meine Risikoeinschätzung. Heute sehe ich das Eingehen von Risiken als Teil meiner Arbeit an. Scheitern ist notwendig, um Fortschritte zu machen.«

»Also scheitern Sie gerne?« fragte die Moderatorin.

»Nein, im Gegenteil. Ich hasse es genauso sehr wie jeder andere auch. Der Unterschied ist, dass ich weiß, dass Scheitern ein Teil des Prozesses auf dem Weg zum Geschäftserfolg ist. In dem Moment, in dem ich scheitere, weiß ich, dass ich dabei bin, einen Durchbruch im Lernen zu erzielen. Es ist der Punkt, an dem das neue Ich hervorkommt.«

»Das neue Ich?«, fragte die Moderatorin ratlos.

»Nun«, antwortete ich langsam, »wir haben alle die Erfahrung des ›neuen Ich‹ gemacht. Zum Beispiel, als wir Babys waren und nicht laufen konnten. Wir standen auf und fielen hin, standen wieder auf und fielen wieder hin. Dann, eines Tages fielen wir nicht mehr hin und fingen an zu laufen. Sobald wir laufen konnten, waren wir keine Babys mehr. Die Leute nannten uns Kinder. Als wir lernten, Auto zu fahren, waren wir junge Erwachsene. Jedes Mal, wenn wir eine neue Fähigkeit erworben haben, kam eine neue Person zum Vorschein, und unsere Welt hat sich verändert. Wir sind eine neue Person, weil wir neue Fähigkeiten haben und einer neuen Welt besser begegnen können.

»Und deshalb gibt es einen Riesenunterschied zwischen einem Angestellten und einem Unternehmer?«

»Oh, durchaus« antwortete ich, und versuchte angestrengt, mich nicht von der Skepsis der Moderatorin verunsichern zu lassen. »Wir leben in sehr unterschiedlichen Welten, weil wir ganz unterschiedliche Menschen sind. Einer von uns lebt in einer Welt, die bei Risiko voll aufblüht. Der andere lebt in einer Welt, die Risiko vermeidet. Andere Welt, andere Menschen.«

Für einen Moment war es ganz still. Die Moderatorin schien ihre Gedanken zu sammeln. »Und deshalb schaffen es viele Angestellte nicht, als Unternehmer erfolgreich zu sein?«

»Es ist einer der Gründe, aber nicht der einzige Grund«, sagte ich ruhig. »Es ist nicht so einfach, von einer Welt der unbedingten Fehlervermeidung in eine Welt zu wechseln, in der man aktiv Fehler macht.«

»Aber bei Ihnen hört es sich so einfach an«, sagte die Moderatorin. »Ihnen scheint es gleichgültig zu sein, ob Sie Fehler machen.«

»Ich habe nie gesagt, dass es einfach ist, aber es wird einfacher. Schauen Sie, es geht darum, dass Unternehmer viel lernen müssen, und zwar schnell. Sie haben nicht den Luxus eines regelmäßigen Gehalts. Sie müssen Fehler machen und diese schnell korrigieren. Wenn Unternehmer es vermeiden, Fehler zu machen, oder – noch schlimmer – wenn sie so tun, als ob sie keinen Fehler gemacht haben, oder jemand anderem die Schuld für ihre Fehler in die Schuhe schieben, dann wird der Unternehmer vom Lernprozess überwältigt und das Unternehmen scheitert.«

»Man muss schnell lernen, weil man etwas aus dem Nichts erschafft«, fügte die Moderatorin hinzu. »Es gibt nichts, was einem Halt gibt.«

»Besonders am Anfang. Doch je besser man wird, desto schneller kann man aus dem Nichts etwas schaffen. Eines der großen Freuden eines Unternehmers ist die Fähigkeit, in kurzer Zeit eine Idee in ein erfolgreiches Unternehmen zu verwandeln. Vor vielen Jahrhunderten versuchten Alchemisten, Blei in Gold zu verwandeln. Die Aufgabe eines Unternehmers ist es, eine Idee in Gold zu verwandeln.«

»Es ist fast Geld aus dem Nichts«, sagte die Moderatorin.

»Fast« antwortete ich. »Wenn Sie das können, brauchen Sie niemals mehr eine feste Stelle. Sie können fast überall in der Welt reich werden. Ich mache Geschäfte in mehr als 80 Ländern. Eines meiner Bergbauunternehmen operiert in China und das andere in Südamerika. Der Geschäftsbereich eines Angestellten oder eines Selbstständigen ist oft beschränkt auf eine Stadt, ein Bundesland oder ein Land.«

»Deshalb ist es eine andere Welt«, stimmte die Moderatorin zu.

»Ja«, antwortete ich. »Das ist die Welt des Unternehmers. Wenn man gut ist, steht es einem frei, die Welt zu bereisen und überall Geschäfte zu machen. Die meisten Angestellten müssen ein Arbeitsvisum beantragen, bevor sie in einem anderen Land arbeiten dürfen. Ein Unternehmer kann in ein Land als Vertreter seines Unternehmen einreisen oder ein Joint-Venture-Unternehmen mit einem anderen Unternehmen in diesem Land gründen. Sich selbst zum Unternehmer auszubilden, bedeutet, sein Potenzial zu entwickeln, um Zugang zu einer Welt von fast uneingeschränktem Wohlstand zu bekommen.«

»Und um das zu tun, muss man lernen, seine Fehler in Erfolge umzuwandeln?«

»Exakt«, antwortete ich.

»Und was, wenn man scheitert und Geld verliert?«

»Das gehört dazu. Ich kenne keinen Unternehmer, die nicht irgendwann einmal Geld verloren hat.«

»Aber wenn ein Angestellter das Geld der Firma verliert, würde er gefeuert werden«, warf die Moderatorin mit einem Hauch von Ärger in ihrer Stimme ein.

»In vielen Firmen wäre das der Fall«, antwortete ich ruhig. »Meiner Ansicht nach ist es die Angst, Geld zu verlieren, die den Menschen das meiste Geld kostet. Sie haben so viel Angst davor zu verlieren, dass sie verlieren. Sie begnügen sich mit einem regelmäßigen Gehalt. Sie verlieren vielleicht nicht viel Geld im Leben, aber sie verlieren an Potenzial für großen Reichtum.«

## *Die Wahrheit in der Werbepause*

»Ich muss eine Werbepause machen« sagte die Moderatorin, während der Toningenieur übernahm und die Werbung der Sponsoren der Sendung abspielte.

»Seit Jahren will ich meine Arbeitsstelle kündigen«, verriet mir die Moderatorin in dem schalldichten Raum, wo sie sich sicherer fühlte und nicht auf Sendung war.

»Aber Sie bekommen zu viel Geld, um zu kündigen«, vervollständigte ich ihren Gedankengang.

Nickend erklärte sie: »Genau. Ich verdiene gar nicht so viel, gerade genug, damit ich nicht kündige und woanders hingehe. Ich brauche mein Gehalt. Mein Mann und ich, wir verdienen gut, aber mit vier Kindern in der Schule können wir auf keinen Fall tun, was Sie vorschlagen.«

Obwohl ich ihre Ansicht nicht teilte, verstand ich, wie sie sich fühlte.

»Was würden Sie mir raten? Wie schaffe ich den Ausbruch? Ich brauche das Gehalt. Ich brauche diese Arbeitsstelle, auch wenn sie nicht gut bezahlt ist. Ich fühle mich, als ob ich in einem immer enger werdenden Raum gefangen bin. Was kann ich tun?«

Einen Augenblick lang sortierte ich meine Gedanken, dann fragte ich: »Erinnern Sie sich an das Beispiel mit dem Baby, das laufen lernte?«

»Ja, ich erinnere mich«, sagte die Moderatorin. »Und wenn es einmal laufen kann, wird das Baby zum Kind. Und sobald es einmal Autofahren gelernt hat, wird aus dem Kind ein junger Erwachsener.«

»Und so lernen wir alles im Leben. Indem wir zuerst das Verlangen nach Veränderung haben. Wir wollen etwas Besseres. Sie haben sicherlich einmal Spaß an Ihrer Arbeit gehabt, aber jetzt wissen Sie, dass es Zeit ist für eine Veränderung. Es ist Zeit, weiter zu gehen, genau wie ein Baby irgendwann spürt, dass es Zeit ist für eine Veränderung. Es beginnt sich an etwas festzuklammern, zum Beispiel am Hosenbein der Eltern oder an einem Tischbein, und sich hochzuziehen. Das Baby tut es immer und immer wieder und eines Tages lässt es los und fällt hin. Das Baby scheitert. Aber anstatt aufzugeben, was viele Erwachsene tun würden, wiederholt es den Vorgang immer wieder. Und dann, eines Tages, sind Körper, Geist und Seele in Einklang miteinander und das Baby kann stehen. Bald nach dem Stehen lernt das Baby zu laufen. Aus dem Baby wird ein Kleinkind.«

»Dann kommen Fahrräder und dann Autos«, sagte die Moderatorin. »Aus Babys werden Kinder und aus Kindern werden Erwachsene.«

»Ja, und der Vorgang ähnelt dem Lernprozess eines Unternehmers. Ich habe mit neun Jahren angefangen, scheiterte mit neun, und hatte Erfolg mit neun. Sie können das Gleiche tun, wenn Sie bereit sind, sich durch den Lernprozess zu kämpfen.«

»Also vertrauen Sie Ihren Fähigkeiten als Unternehmer?«

»Nein, nicht wirklich. Ich vertraue meiner Fähigkeit, Fehler zu machen, sie zu korrigieren und mein Unternehmen damit zu verbessern. Ich bin heute ein besserer Unternehmer und ich hoffe, noch besser zu werden. Aber nein, ich bin mir meinen Fähigkeiten als Unternehmer nie völlig sicher, weil ich mich nicht auf meinen Lorbeeren ausruhen will. Ich bringe mich dauernd in Situationen, die meine Fähigkeiten übersteigen. Es ist eine Gratwanderung, immer vorsichtig vorantastend, immer mich selbst testend. Auf diese Weise werde ich immer besser.«

»Und deshalb gründen Sie immer neue Unternehmen auch dann, wenn sie scheitern?«

»Ich gründe neue Unternehmen auch dann, wenn ich Erfolg habe. Deshalb habe ich so viele Unternehmen, Unternehmen die ohne mich laufen. Das ist mein Geheimnis für großen Reichtum. Die meisten Angestellten haben eine Stelle. Als ein Unternehmer besitze ich mehrere Unternehmen.«

»Deshalb wollen Sie also nicht selbstständig sein oder die Unternehmen leiten.«

»Ja, und deshalb bin ich froh, dass ich mit neun Jahren scheiterte. Mit neun Jahren lernte ich, wie man Unternehmen aufbaut, die ohne einen laufen. Ich schrieb über diese Unternehmen in *Rich Dad Poor Dad*.«

»Ja, ich erinnere mich«, sagte die Moderatorin. »Ich habe nur die Bedeutung dieser Unternehmen anders eingeschätzt. Es war mir nicht bewusst, welch große Auswirkungen diese ganz kleinen Unternehmen auf Ihr Leben gehabt haben.«

Ich nickte. »In der Tat fand ich mit neun Jahren die Strategie für mein Leben.«

Der Tontechniker ließ uns wissen, dass die Werbepause zu Ende war und es an der Zeit war, das Gespräch fortzusetzen. Die Moderatorin schaltete ihr Mikrofon an und sagte: »Wir haben nur noch wenige Minuten übrig, deshalb kommen wir zum Schluss. Sie sagen uns, dass es die Aufgabe eines Unternehmers ist, Fehler zu machen, und die Aufgabe eines Angestellten, keine Fehler zu machen. Ist das Ihre Botschaft?«

»Ja, das ist sie. Zumindest sehe ich es so. Wenn ich keine kalkulierten Risiken eingehe, keine Fehler mache und das Unternehmen nicht ausbaue, sollte ich gefeuert werden. Wenn meine Angestellten zu viele Fehler machen, muss ich sie eventuell gehen lassen. Darum stelle ich schlaue Leute ein, die es hassen, Fehler zu machen. Sie machen ihre Arbeit und ich mache meine.«

»Darum sagen wir zu unseren Kindern, ›Gehe zur Schule, damit du einen guten Job findest‹«, sagte die Moderatorin. »Die Schulen bilden unsere Kinder aus, damit sie Angestellte werden.«

»Ja«, antwortete ich »Wenn man gut in der Schule ist, wird man wahrscheinlich auch als Angestellter in einer Firma oder als Beamter gut sein.«

»Sind Sie gern zur Schule gegangen?«, fragte die Moderatorin.

»Nicht wirklich«, antwortete ich. »Ich war nicht gut in der Schule, weil ich zu viele Fehler machte. Ich hatte hauptsächlich Dreier und Vierer und teilweise sogar Sechser. Daher fand ich in der Schule heraus, dass ich ein Spezialist im Fehler machen sein könnte, da ich sowieso schon gut darin war. Aus diesem Grund bin ich Unternehmer und kein Angestellter geworden. Ich bin akademisch gesehen nicht besonders schlau. Niemand würde mir eine gut bezahlte Arbeit anbieten. Ich folge nicht gerne Anordnungen, deshalb würde ich wahrscheinlich nie befördert werden. Ich ändere die Dinge gerne und mache alles lieber auf meine eigene Art, als einfach nur das zu tun, was man mir sagt.«

»Sie würden garantiert keine Stelle bei diesem Sender bekommen«, sagte die Moderatorin.

»Ich würde hier vielleicht keinen Job bekommen«, sagte ich lachend, »aber ich weiß, wie man einen solchen Sender kauft und Leute einstellt, die schlauer sind als ich, um ihn für mich zu leiten.«

»Okay, wir müssen zum Ende kommen«, sagte die Moderatorin. »Haben Sie irgendwelche anderen Beispiele, die zeigen, dass Fehler machen und scheitern notwendig sind, um unternehmerisch tätig zu sein? Gibt es noch jemanden anderen, der Ihrer Ansicht ist?«

»Oh, natürlich«, antwortete ich. »Thomas Edison wurde von der Schule verwiesen, weil sich die Lehrer beschwerten, er sei faul und verwirrt. Später im Leben wurde er kritisiert, weil er über tausendmal scheiterte, bevor er seine Version der elektrischen Glühbirne erfand. Als man ihn fragte, wie er sich dabei fühle, dass er mehr als 1000 Mal gescheitert sei, sagte er so etwas wie: ›Ich scheiterte in der Tat mehr als 1000 Mal. Ich glaube es waren 1014 Versuche, die fehlschlugen, bevor wir schließlich erfolgreich waren. Man benötigt mindestens 1000 Misserfolge, um qualifiziert zu sein, eine Glühbirne zu erfinden‹«.

»Was meint er damit?«, fragte die Moderatorin.

»Es bedeutet, wenn Sie oder ich heute eine Glühbirne erfinden wollten, anstatt einfach eine im Laden zu kaufen, würden wir wahrscheinlich mindestens 1000 Mal scheitern, bevor wir wüssten, wie man eine Glühbirne herstellt.«

»Er wurde also in der Schule als verwirrt abgestempelt und scheiterte 1000 Mal, bevor er die Glühbirne erfand«, resümierte die Moderatorin. »Das bedeutet, dass er ein Erfinder ist. Aber das macht aus ihm doch noch keinen Unternehmer.«

»Wissen Sie, welche Firma er gegründet hat?«, fragte ich. »Er gründete General Electric, eines der mächtigsten Unternehmen der Welt. Es war ursprünglich bekannt als Edison General Electric und eines der ursprünglichen zwölf Mitglieder des Dow Jones Industrial Indexes. Von den ursprünglichen zwölf hat nur GE bis heute überlebt. Nicht schlecht für einen verwirrten Spinner, der 1000 Mal gescheitert ist.«

Und damit endete das Interview.

## *Aus den eigenen Fehlern lernen*

Mein reicher Vater glaubte, dass man aus seinen Fehlern lernen kann. Er betrachtete Fehler nicht als schlecht, sondern einfach als Möglichkeit, etwas über die Geschäftswelt und sich selbst zu lernen. Er sagte: »Fehler sind wie Stopp-Schilder. Fehler sagen dir, ›Hey, bleib stehen ... nimm dir einen Moment ... da ist etwas, das du nicht weißt ... Es ist Zeit innezuhalten und nachzudenken.‹« Mein reicher Vater sagte auch: »Ein Fehler ist ein Signal, dass es Zeit ist, etwas Neues zu lernen, etwas, das du vorher nicht wusstest. Viele Menschen sind zu faul, um nachzudenken. Anstatt etwas Neues zu lernen, denken sie die gleichen Gedanken jeden Tag aufs Neue. Denken ist harte Arbeit. Wenn du gezwungen bist nachzudenken, erweiterst du deine mentalen Fähigkeiten. Wenn du deine mentalen Fähigkeiten erweiterst, wächst dein Vermögen. Also halte immer an, wenn du einen Fehler machst, und nutze die Gelegenheit, etwas Neues zu lernen, etwas was du offensichtlich lernen musst. Wenn etwas nicht so geht, wie du es willst, oder etwas schief läuft oder du scheiterst, nehme dir die Zeit zum Nachdenken. Wenn du die versteckte Lektion findest, wirst du für den Fehler dankbar sein. Wenn du dich aufregst, wütend bist, dich schämst, jemand anderen die Schuld gibst oder so tust, als ob du keinen Fehler gemacht hast, hast du nicht intensiv genug darüber nachgedacht. Deine mentalen Fähigkeiten wurden nicht genügend erweitert, du hast die Lektion nicht gelernt. Also denke weiterhin nach.«

## *Die Philosophie meines armen Vaters über Fehler*

Mein armer Vater, der Lehrer war, hatte eine andere Ansicht, was Fehler betrifft. Wenn du einen Fehler machst, bedeutete das für ihn ebenfalls, dass du etwas nicht weißt, aber außerdem, dass du dumm bist oder geistig minderbemittelt. Wenn mein armer Vater einen Fehler machte, tat er oft so, als ob er keinen gemacht hätte, leugnete es, oder beschuldigte jemand anderen für den Fehler. Er sah Fehler machen nicht als Möglichkeit, etwas zu lernen und die intellektuellen Fähigkeiten zu steigern. Er tat sein Bestes, Fehler zu vermeiden. Er betrachtete das Fehlermachen nicht als etwas Positives, wie mein reicher Vater.

## *Vom Pech zum Glück*

Die zweite Lektion, Pech in Glück zu verwandeln, kommt an dieser Stelle, weil ich in Bezug auf Fehler Unterschiede zwischen meinem reichen und meinem armen Vater bemerkte. Meiner Meinung nach war es ihre jeweilige persönliche Philosophie über das Thema »Fehler«, die ihren jeweiligen Erfolg im Leben bestimmte.

### *Sein erster großer Fehler*

In meinen früheren Büchern habe ich darüber geschrieben, wie ich aus dem Vietnamkrieg nach Hause kam und entscheiden musste, in wessen Fußstapfen ich treten sollte, die meines reichen Vaters oder die meines armen.

Ich war damals um die 25 und meine beiden Väter wurden gerade 50 Jahre alt. Mein armer Vater hatte gerade die Wahl zum Kandidaten der Republikaner für das Amt des Vizegouverneurs des Staates Hawaii verloren. Da er um dieses Amt gegen seinen Chef, den Gouverneur, kandidiert hätte, erhielt er ein Schreiben, in dem es hieß, er dürfe nie wieder für die Regierung des Bundesstaates arbeiten. Also wurde er im Alter von 50 Jahren arbeitslos.

Das Problem war, dass er nur das Bildungswesen kannte.

Mit fünf Jahren trat er in die akademische Welt ein und hatte sie bis dahin nicht verlassen. Ohne Arbeit musste er in Frührente gehen. Er ließ sich seine Rente ausbezahlen, wurde Unternehmer wider Willen und kaufte ein wohlbekanntes Eiscreme-Franchise-Unternehmen. Er entschied sich für dieses Unternehmen, weil er davon ausging, dass ein so bekannter Name nicht scheitern könne. In weniger als zwei Jahren scheiterte dieser bekannte Name und mein Vater war wieder ohne Arbeit und stand nun auch ohne Geld da.

### *Schuldzuweisungen anstatt zu lernen*

Mein armer Vater war wütend, depressiv, aufgebracht, und machte den Franchisegeber und seine Partner für das Scheitern verantwortlich. In dieser Zeit verstand ich plötzlich, warum mein reicher Vater immer betonte, wie wichtig es ist anzuhalten, nachzudenken, zu lernen und zu korrigieren. Der mentale und emotionale Zustand meines Vaters zeigte deutlich, dass er viele Stoppschilder nicht beachtet hatte. Er dachte weiterhin mit der geistigen Einstellung eines Angestellten, nicht derjenigen eines Unternehmers.

Denn wenige Monate nach Eröffnung seiner Eisdiele wusste mein Vater, dass das Unternehmen in Schwierigkeiten steckte. Als seine Freunde nicht mehr vorbeikamen, um eine Kugel Eis zu kaufen, war der Laden nahezu leer. Mein Vater saß dort stundenlang ganz alleine. Anstatt einen Moment innezuhalten, nachzudenken und sich Rat zu holen, kündigte er seinen Angestellten, um Geld zu sparen, arbeitete länger und härter, stritt mit seinen Partnern und dann gab er sein letztes Geld für einen Rechtsanwalt gegen den Franchisegeber aus. Er verbrauchte sein Geld, um den Franchisegeber für seine Probleme haftbar zu machen. Als das Geld ausging, gab er das Unternehmen schließlich auf. Es war offensichtlich, dass mein leiblicher Vater aus Pech kein Glück, sondern nur noch mehr Pech gemacht hatte. Anstatt innezuhalten, zu lernen und sich zu korrigieren, konnte er nicht zugeben, dass er Fehler gemacht hatte. Anstatt die Dinge besser zu machen, machte er sie schlimmer.

Nach der Schlappe seiner politischen Kampagne und dem Verlust seines ersten und einzigen Unternehmens, blieb er bis zu seinem Tod fast 20 Jahre später verärgert und geschlagen. Deshalb ist diese Lektion darüber, wie man aus Fehlern lernt und Pech in Glück verwandelt, so wichtig für mich.

## *Zeigen Sie mir einen glücklichen Verlierer*

Ich hörte einmal Vince Lombardi, den berühmten Coach des professionellen Footballteams Green Bay Packers, sagen: »Zeige mir einen glücklichen Verlierer, und ich zeige Dir einen Verlierer.« Über die Jahre nahm ich mir Zeit und habe mich näher mit den zahlreichen Bedeutungen dieser Aussage beschäftigt. Oberflächlich gesehen, schienen Vince Lombardis Worte zu bedeuten, dass Menschen, die das Verlieren auf die leichte Schulter nehmen, Verlierer sind. Ich war oft in meinem Leben dieser glückliche Verlierer und sagte Sachen wie, »Oh, es macht nichts. Gewinnen ist mir nicht so wichtig. Worauf es ankommt ist, wie ich das Spiel gespielt habe.« Oberflächlich gesehen, schien ich vielleicht gleichgültig zu sein oder glücklich darüber, zu verlieren, aber wirklich tief im Inneren meines Herzens hasste ich es, zu verlieren. Mit anderen Worten, wenn ich so tat, als ob es okay für mich sei zu verlieren, belog ich mich selbst.

Je mehr ich über das Zitat von Lombardi nachdachte, umso mehr Bedeutungen offenbarten sich mir. Einige weitere Dinge, die er vielleicht gemeint hatte sind:

- Niemand mag verlieren. Wir freuen uns nicht auf das Scheitern.
- Verlieren sollte dazu inspirieren, gewinnen zu wollen.
- Manche Menschen vermeiden es um jeden Preis zu scheitern, weil es so schmerzhaft ist.

Meiner Meinung nach ist es die dritte Bedeutung, die das Versagen meines armen Vaters als Unternehmer verursacht hatte. Jahrelang arbeitete er in seiner Angestelltenwelt, in der verlieren, Fehler machen und scheitern um jeden Preis zu vermeiden waren. Für viele Arbeitnehmer wie mein Vater ist Sicherheit viel wichtiger als Karrierechancen. Mit dieser persönlichen Philosophie werden es viele Angestellte um jeden Preis vermeiden, Fehler zu machen. Einer der Gründe, warum mein Vater scheiterte, war schlicht, dass er es zu lange vermieden hatte, Fehler zu machen, und es deshalb nie gelernt hatte, mit den eigenen Fehlern sinnvoll umzugehen.

## *Hochgeschwindigkeitslernen*

Im März 2005 meldete ich mich mit meiner Frau Kim zu einem viertägigen Kurs an der Bob Bondurant School of High Performance Driving in Phoenix, Arizona, an. Fragen Sie mich nicht, warum wir uns angemeldet hatten. Wir haben es einfach gemacht, weil es nach Spaß und Spannung klang. Wir sind keine Rennfahrer und haben nicht vor welche zu werden.

Aber ich liebte schon immer Filme über Autorennen. Ich beneidete Hollywoodstar Paul Newman um sein Hobby im Rennsport. Seit meinem allerersten Auto, einem Datsun 2000 Baujahr 1969, hatte ich fast immer leistungsstarke Autos. Nach dem Datsun kaufte ich eine Corvette, mehrere Porsches und einen Ferrari. Mein Problem war immer, dass die Autos mehr Leistung hatten, als ich Talent. Dieses Problem war einer der Gründe, warum Kim, die auch einen sehr schnellen Porsche besitzt, und ich uns entschlossen zu lernen, wie man derart schnelle Autos beherrscht.

Vom ersten Unterrichtstag an war uns klar, dass wir einen Fehler gemacht hatten. Es gab zwei Kurse: Einen fürs Grand-Prix-Fahren und einen fürs Hochleistungsfahren. Letzteren hätten wir belegen sollen, denn dort lernten Menschen wie du und ich, wie man sehr schnelle Alltagsautos fährt. Doch Kim und ich waren beim »Grand-Prix-Fahren« gelandet, wo professionelle und Amateur-Rennfahrer mit langjähriger Rennerfahrung am Werke waren. Kim und ich bemerkten nicht, dass wir im falschen Kurs waren, bis wir feststellten, dass die Teilnehmer des Hochleistungskurses Hochleistungs-Cadillacs fuhren, während wir in der Hochleistungs-Corvette fuhren. Zuerst wollten wir fragen, ob wir den Kurs wechseln könnten, doch dann entschlossen wir uns, bei den Profis zu bleiben, weil es uns eine gute Möglichkeit zu sein schien, viel schneller zu lernen. Gleichzeitig verspürte ich einen Krampf in der Magengegend. Ich wusste, dass ich mich einigen meiner größten Ängste würde stellen müssen.

Am Morgen des zweiten Tages war der Krampf in meiner Magengegend schlimmer geworden. Mein logischer Verstand ratterte und versuchte einen Ausweg zu finden, um in Würde aufgeben zu können. Im Schulungsraum kam mein Ausbilder zu mir und sagte freundlich: »Du fährst zu langsam. Du musst viel schneller fahren.« In diesem Moment war ich bereit aufzuhören und ich hätte es auch getan. Aber dann fügte der Ausbilder hinzu: »Deine Frau hat es kapiert. Sie fährt viel schneller als du.« Sofort fühlte ich mich in meinem männlichen Stolz gekränkt, der Verstand war außer Gefecht gesetzt und ich hatte keine Wahl. Wenn Kim schneller fuhr als ich, musste ich bleiben.

Übrigens: Kim war die einzige Frau in unserem Kurs mit zwölf Teilnehmern. Sie hatte viel Spaß daran, Männer zu überholen.

## *Die Angst auslöschen*

Drei lange Tage lang wurde der Krampf in meiner Magengegend immer schlimmer, während die Geschwindigkeit höher wurde, die Kurven schneller kamen und mein Verstand mit Reizen überflutet wurde von all dem, was ich lernen musste und bei hoher Geschwindigkeit zu tun hatte. Am dritten Tag fragte ich schließlich beim Mittagessen meinen Ausbilder, warum er darauf bestand, dass ich jeden Tag meine Geschwindigkeit erhöhte. Schließlich wollte ich langsam fahren, damit ich die Lektionen lernen konnte, bevor ich Geschwindigkeit hinzufügte. Er lächelte und sagte: »Ich will, dass du schnell fährst, weil Schnelligkeit die Angst in dir auslöschen wird. Deine Angst blockiert dich. Wenn die Angst dich überkommt, nimmst du den Fuß vom Gaspedal. Deine Angst fährt immer noch das Auto. Wenn dich die Angst einholt, will ich, dass du Vollgas gibst.«

Wieder wollte ich aufgeben. Wieder sagte mir jemand, dass ich nicht schnell genug war. Ich glaubte immer noch, dass man lernt, indem man bei langsamer Geschwindigkeit übt und nicht bei hoher. »Schau mal«, sagte Les, mein Ausbilder, »Du musst darauf vertrauen, dass ein Grand-Prix-Fahrer in dir steckt. Wenn du nicht schnell fährst, wirst du nie dem Fahrer begegnen, der in dir schlummert. Ich will, dass du dich überwindest, steige aufs Gaspedal, damit der Fahrer in dir zum Vorschein kommen und das Lenkrad übernehmen kann. Wenn ich dich langsam fahren lasse, fährt der Angsthase in dir immer noch das Auto. Es gibt nur einen Weg, den professionellen Fahrer in dir herauszulocken, und zwar, indem du fest aufs Gaspedal trittst. Wenn du Vollgas gibst, musst du vertrauen, dass der Profi-Rennfahrer in dir das Steuer übernimmt.«

Am vierten Tag war der Krampf in meiner Magengegend sogar noch schlimmer und mein Verstand erfand alle möglichen Gründe, warum ich diesen Kurs nicht machen musste. Am vierten Tag steigen die Kursteilnehmer von der Corvette auf Formel-1-Boliden um. An diesem Tag hatten wir rote Overalls und Helme an. Ich hatte Schwierigkeiten, in das Fahrzeug zu gleiten, da ich übergewichtig war. Ich fühlte mich, als ob ich in einen Sarg stieg. Ich konnte mich nicht bewegen. Wieder übernahm beinahe der Feigling in mir das Steuer. Ich wollte aufgeben. Ich hörte meinen Verstand sagen: »Du musst das nicht machen. Du musst nichts beweisen. Du wirst nie ein Rennfahrer sein. Warum tust du das? Das ist verrückt.«

Weniger als eine Stunde später war ich glücklicher, als ich es seit Jahren gewesen war.

Ich war in dem Auto zu Hause. Nach all den Ängsten und Frustrationen der letzten drei Tage machte es plötzlich »klick« und ich fuhr das Auto mit Vollgas. Statt Angst verspürte ich ein Hochgefühl. Der Fahrer in mir hat den Feigling zur Seite geschubst und das Steuer übernommen.

Als wir den Kurs spät am Nachmittag mit einem Hochgefühl verließen, kam einer der Schüler des Kurses »Hochleistungsfahren« zu uns und sagte: »Ich fand meinen Kurs spitze, aber ich wünschte, ich wäre in eurem Kurs gewesen.«

Ich antwortete: »Das ist lustig, weil ich mir noch bis heute Morgen gewünscht habe, in eurem Kurs zu sein.«

## *Zwei verschiedene Welten*

Ich erwähne diesen Rennfahrerkurs nicht, um mit meinen neuen Fahrfähigkeiten anzugeben. Ich erzähle das, weil es in diesem Kurs um einen Prozess geht, der demjenigen sehr ähnlich ist, den ein Angestellter durchmacht, der Unternehmer wird, ein Prozess, in dem man von einer Welt zu einer anderen überwechselt.

Eine meiner ersten Lektionen war, dass ich auf der Straße und der Autobahn das Gegenteil von dem auf der Rennbahn machen muss. Zum Beispiel, wenn man ein Wrack direkt vor sich auf der Autobahn sieht, tritt die Mehrheit der Menschen auf die Bremse. Im Rennfahrerkurs hat man uns beigebracht, auf das Gaspedal zu treten.

Wenn das Auto in der realen Welt ins Schleudern gerät, tritt die Mehrheit der Menschen auf die Bremse. Im Rennfahrerkurs lernten wir, wann man in einem solchen Fall auf die Bremse tritt und wann auf das Gaspedal. Denn je nachdem, wie man schleudert, gibt es unterschiedliche Reaktionen. Glauben Sie mir, auf die Bremse zu treten ist einfach. Im Schleudern auf das Gaspedal zu treten, ist schwierig. All mein Wissen wurde auf den Kopf gestellt. Um das zu tun, musste ich auf jeden Fall meine geistigen und körperlichen Fähigkeiten erhöhen. Im normalen Straßenverkehr sollen die meisten Menschen entweder bei erlaubter Höchstgeschwindigkeit oder gar langsamer fahren. Im Rennfahrerkurs brachte man uns bei, auf das Gaspedal zu treten und über unsere persönlichen Grenzen hinauszugehen. Geschwindigkeit und Angst haben auf jeden Fall meine Leistung erhöht.

## *Ein großartiger Lehrplan*

Meine vier Tage im Rennfahrerkurs an der Bob Bondurant School of High Performance Driving waren die vier Tage mit der steilsten Lernkurve, durch die ich jemals in meinem Leben gegangen bin. Sie waren sogar steiler als die Lernkurven in der Flugschule der Marine. Offensichtlich ist Bob Bondurant nicht nur ein großartiger Formel-1-Fahrer, sondern auch ein wunderbarer Trainer. Da ich ebenfalls Trainer bin, habe ich viel Zeit damit verbracht, seine Methodik zu studieren, obwohl ich die meiste Zeit verängstigt war. Der Lehrstoff im Seminarraum und auf der Rennbahn beeindruckte mich. Mit einem hohen Maß an Sicherheit durchschritten wir mit ihm und seinen Trainern vier Tage lang unsere Ängste und unsere mentalen und körperlichen Blockaden. Auf der Rennbahn hatte ich kaum Sorge um mein körperliches Wohlergehen. Es störte mich mehr, dass meine Frau mich mehrere Male überholte. Körperlich ging es mir gut, aber jedes Mal, wenn ihr Auto an meinem vorbeiraste, kratzte das ordentlich an meinem Ego.

## *Der unternehmerische Prozess*

Im Laufe des Prozesses vom Fahrer auf der Straße zum Rennfahrer musste ich viele Dinge verlernen. Mit anderen Worten, was auf der Straße richtig ist, bringt Sie auf der Rennstrecke um. Auch was auf der Straße gut ist, wie langsamer fahren, ist oft schlecht auf der Rennstrecke. Das gleiche gilt, wenn man vom Angestellten zum Unternehmer wechseln möchte. Es sind verschiedene Welten, und was in der einen Welt richtig ist, kann in der anderen durchaus falsch sein. Ich habe die Geschichte, wie mein armer Vater von der Welt der Beamten in die Welt der Unternehmer wechselte, erzählt, um das noch einmal deutlich zu machen.

Da ein Unternehmer etwas aus dem Nichts schafft, ist es naheliegend, dass er Fehler machen wird. Um erfolgreich zu sein, muss ein neuer Unternehmer so schnell wie möglich folgende Schritte durchlaufen:

1. Das Unternehmen gründen.
2. Scheitern und lernen.
3. Einen Mentor finden.
4. Scheitern und lernen.
5. Einige Unterrichtsstunden nehmen.
6. Weiterhin scheitern und lernen.
7. Bei Erfolg aufhören.
8. Feiern.
9. Das Geld zählen, die Gewinne und die Verluste verbuchen.
10. Den Prozess wiederholen.

## *Die gefürchtete Krankheit*

Meiner Einschätzung nach schaffen 90 % der Möchtegernunternehmer nicht einmal den ersten Schritt. Sie haben vielleicht einen Plan; sie haben vielleicht das perfekte Geschäft im Gedanken oder auf dem Papier entworfen, aber dann überkommt sie die gefürchtete Krankheit, bekannt als »übermäßiges Analysieren einer Situation«. Anstatt vorwärts zu gehen, habe ich gesehen, wie viele Möchtegernunternehmer ihren Plan immer und immer wieder überarbeiten. Oder sie finden Gründe, warum Zeitpunkt oder Plan nicht passen. Anstatt etwas zu tun und zu scheitern, arbeiten sie hart daran, nicht zu scheitern. Sie treten in die Falle des übermäßigen Analysierens.

Es ist unmöglich, Unternehmer zu werden, ohne ein Unternehmen zu gründen. Es wäre, als ob man lernen wollte, Fahrrad zu fahren, ohne ein Fahrrad zu besitzen, oder wie man Rennen fährt ohne Rennauto und Rennstrecke. Mein reicher Vater sagte: »Der Hauptgrund, ein Unternehmen zu gründen, ist ein Unternehmen zu besitzen, mit dem man üben kann. Wie kannst du Fahrrad fahren, wenn du kein Fahrrad hast, mit dem du üben kannst? Wenn du kein Unternehmen besitzt, mit dem du üben kannst, wie willst du lernen, Unternehmer zu werden?«

## *Unterschiedliche Schulen des Denkens*

In der Bob Bondurant School konzentrierte der Lehrplan sich nicht darauf, die Dinge richtig zu machen. Der Fokus des Kurses lag darauf, bei immer höherer Geschwindigkeit Fehler zu machen. Je besser wir darin wurden, Fehler zu machen und sie bei hoher Geschwindigkeit zu korrigieren, umso mehr stieg unser Selbstvertrauen. Am vierten Tag des Kurses konnte ich einen furchtbaren Fehler bei hoher Geschwindigkeit machen, die Kontrolle über das Auto in einer Kurve verlieren, die Kontrolle wiedergewinnen, das Auto zurück auf die Rennbahn bringen, wieder Vollgas geben und das Rennen fortsetzen. Wenn ich das am ersten Tag versucht hätte, wäre ich wohl im Krankenhaus gelandet.

Noch einmal: Ich erwähne die Fahrschule, weil dies den Gegensatz zwischen unterschiedlichen Denkweisen zeigt. Mein armer Vater kam aus der Denkschule, die den Fokus auf das Vermeiden von Fehlern legt. Deshalb war er ein guter Angestellter. Mein reicher Vater kam aus der Denkschule, in der man ermutigt wurde, Fehler zu machen. Deshalb war er ein guter Unternehmer.

## *Dumm & Dümmer*

Dieses Kapitel trägt den Titel »Dumm & Dümmer werden reicher und reicher« als Hommage an Jim Carrey und seinen Film Dumm & Dümmer. Wer jemals einen Jim-Carrey-Film gesehen hat, wird wahrscheinlich bemerkt haben, dass er desto reicher wurde, je dümmer er sich auf der Leinwand anstellte. Das gleiche gilt für das Unternehmertum. Wenn Sie immer gut dastehen möchten, sich schlau anhören möchten, nie einen Fehler machen und all die richtigen Antworten wissen möchten, dann könnte es besser für Sie sein, als Angestellter oder Selbstständiger zu arbeiten.

Als ich als Unternehmer anfing, war ich der größte Clown in der Stadt. Meine Unternehmen wurden erfolgreich und gingen dann pleite. Bald war mein Ruf als Unternehmer in der Geschäftswelt von Honolulu eine Lachnummer. Wenn mich mein reicher Vater nicht unterstützt und ermutigt hätte, aus meinen Fehlern zu lernen und hinauszugehen und noch mehr Fehler zu machen, hätte ich vielleicht aufgegeben. Es war mir peinlich, Jim Carreys Filmrollen im echten Leben zu spielen.

Doch im Laufe der Jahre wurden die Fehler zwar größer, waren aber nicht mehr so peinlich, einfach weil ich ein Spezialist wurde im Fehler machen. Anstatt fünf oder sechs Stoppschilder zu überfahren, lernte ich anzuhalten, nachzudenken, zu korrigieren und meine Fähigkeiten als Unternehmer zu erweitern, bevor ich weitermachte. Heute kann ich ganz ehrlich behaupten, dass ich reicher bin als viele in meiner Altersgruppe, viele, die gut in der Schule waren oder früh im Leben besser bezahlte Arbeitsstellen hatten, einfach weil ich bereit war, jahrelang dumm und dümmer zu sein. Das ist ein Teil des Preises, den man bezahlen muss, um Erfolg zu haben.

## *Pech in Glück umwandeln*

Bei der Einschulung in die Highschool brachte mein reicher Vater Mike und mir bei, wie man Pech in Glück verwandelt. Damals bekamen wir in unserem zweiten Schuljahr große Schwierigkeiten, weil wir den Englischkurs nicht bestanden hatten. Mike und ich waren nicht gut im Schreiben. Anstatt über uns verärgert zu sein, sagte er: »Nehmt diesen Rückschlag in der

Schule als Ansporn, nicht als Schlappe. Wenn ihr diese schlechte Erfahrung in eine gute verwandeln könnt, dann werdet ihr euren Klassenkameraden, die den Kurs bestanden haben, letztendlich etwas voraushaben.«

»Aber wir haben beide eine 6 in unserem Zeugnis,« protestierte Mike. »Dieser Eintrag verfolgt uns bis zum Collegeabschluss.«

»Ja, die Note verfolgt euch, aber das tun Lektionen des Lebens nun mal. Langfristig gesehen kann diese Lektion viel wichtiger sein als eure Noten, wenn ihr dieses negative Erlebnis nehmt und es in ein positives umwandelt.«

Mike und ich waren wirklich wütend auf unseren Englischlehrer. Wir waren deprimiert und fühlten uns wie Versager. Mein reicher Vater schaute uns an und sagte: »Euer Lehrer gewinnt. Ihr verliert, weil ihr euch wie Verlierer benehmt.«

»Was können wir denn tun?«, fragte ich. »Er hat die Macht. Er hat uns durchfallen lassen und die ganze Schule weiß es.«

»Er hat nur die Macht, euch durchfallen zu lassen«, schmunzelte der reiche Vater. »Ihr habt die Macht, eure Wut zu nehmen und etwas noch Dümmeres zu tun, wie zum Beispiel seine Autoreifen aufzuschlitzen – ich nehme an, dass euch das sogar in den Sinn kam –, oder ihr könnt etwas Gutes tun und euren Ärger nehmen und gut in der Schule werden oder gut im Fußball oder im Surfen. Nehmt eure Wut und macht daraus etwas Großartiges, dann werdet ihr gewinnen. Wenn ihr eure Wut nehmt und die Reifen seines Autos aufschlitzt, dann nehmt ihr eine schlechte Situation und macht sie noch schlimmer. Wahrscheinlich müsst ihr ins Gefängnis, wenn ihr das macht.«

## *Die Macht der Gefühle*

An diesem Tag brachte uns mein reicher Vater bei, dass wir Menschen vier Grundemotionen haben. Diese sind:

1. Freude

2. Zorn

3. Angst

4. Liebe

Er erklärte auch, dass es viele andere Emotionen gibt, aber das sind die wesentlichen. Viele der anderen Emotionen sind Kombinationen von zwei oder mehreren der Grundemotionen. Traurigkeit zum Beispiel ist oft eine Kombination von Zorn, Angst und Liebe und gelegentlich auch Freude.

Dann brachte er uns bei, dass jede Emotion grundsätzlich auf zwei Arten verwendet werden kann – zum Guten oder zum Schlechten. Zum Beispiel könnte ich Freude verspüren und die Freude nehmen, ausgehen und übermäßig viel Alkohol trinken, was ein schlechter Weg wäre, Freude auszudrücken. Ich könnte aber auch das Gefühl der Freude nehmen und Dankesschreiben an jeden schicken, der mir im Leben geholfen hat. Das Gleiche gilt für alle Grundemotionen, sogar für die Liebe.

Ich mag meinen Englischlehrer heute immer noch nicht, jedoch bin ich dankbar, dass er mich hat durchfallen lassen. Ohne diesen Sechser hätte ich wahrscheinlich nicht härter gelernt, um durch das College zu kommen, und dann wäre ich möglicherweise nie ein internationaler Bestsellerautor geworden. Anders ausgedrückt: Mit 15 Jahren diesen Sechser zu bekommen, in Kombination mit meinem ersten Scheitern als Unternehmer im Alter von neun Jahren, machte mich zum mehrfachen Millionär. Am allerbesten ist, dass ich nicht nur viele Lektionen gelernt habe über das Leben und mich selbst, sondern ich lernte auch meine Wut in Freude zu verwandeln. Und ich lernte, dass Dumm & Dümmer zu sein mich reicher und glücklicher machen kann.

Das ist einer der Schritte, um Pech in Glück zu verwandeln. Wie mein reicher Vater sagte: »Wenn du Pech in Glück verwandeln kannst, wirst du doppelt so viel Glück haben in der Liebe, dem Leben, mit der Gesundheit und dem Geld.

## RICH DAD'S LEKTION NR. 3 FÜR UNTERNEHMER

# Kennen Sie den Unterschied zwischen Ihrer Aufgabe und Ihrer Arbeit?

Drittes Kapitel

# Warum ohne Bezahlung arbeiten?

## *Der Unterschied zwischen einer Arbeit und einer Aufgabe*

»Kennst du den Unterschied zwischen deiner Aufgabe und deiner Arbeit?«, fragte mein reicher Vater eines Tages.

Verblüfft sagte ich: »Ist das nicht das Gleiche? Eine Aufgabe und eine Arbeit?«

Mein reicher Vater schüttelte den Kopf und sagte: »Wenn du im Leben erfolgreich sein willst, musst du den Unterschied kennen.«

»Was soll da schon dran sein?«, sagte Mike, während wir beide mit den Schultern zuckten und auf die Lektion warteten, von der wir wussten, dass sie nun kommt, ob wir es wollten oder nicht.

»Was sagt dein Vater immer zu dir wegen einer Anstellung?«, fragte mein reicher Vater.

Ich dachte einen Moment lang nach und antwortete: »Er sagt so was, wie ›Geh zur Schule und arbeite hart, damit du eine gute Stelle bekommst.‹«

»Sagt er, ›Mach deine Hausaufgaben, damit du eine gute Stelle bekommst‹?«

»Ja«, antwortete ich. »Er sagt so was.«

»Also was ist der Unterschied zwischen deiner Aufgabe und deiner Arbeit?«, fragte mein reiche Vater wieder.

»Ich weiß es nicht«, antwortete ich. »Es hört sich alles nach Arbeit an für mich.«

»Oh, ich verstehe was du meinst«, sagte Mike. »Eine Stelle ist etwas, wofür ich bezahlt werde. Ich werde nicht für solche Arbeit bezahlt wie meine

Hausaufgaben. Aufgaben sind etwas, das ich mache, um mich auf meine Stelle vorzubereiten.«

Mein reicher Vater nickte. »Das ist es. Das ist der Unterschied zwischen deiner Aufgabe und deiner Arbeit. Du wirst dafür bezahlt, deinen Job zu tun, aber nicht dafür, deine Aufgaben zu erledigen.« Er schaute mich an und fragte, »Wirst du dafür bezahlt, wenn du die Gartenarbeit zu Hause machst? Oder wird deine Mutter für ihre Hausarbeit bezahlt?«

»Nein«, antwortete ich. »Nicht in meiner Familie. Ich bekomme nicht einmal Taschengeld.«

»Wirst du bezahlt, wenn du deine Hausaufgaben machst?«, fragte mein reicher Vater. »Gibt dir dein Vater Geld fürs Bücherlesen?«

»Nein«, antwortete ich ein bisschen sarkastisch. »Meinst du denn, dass meine Hausaufgaben mich auf meine Stelle vorbereiten?«

»Ja, das meine ich«, lächelte mein reicher Vater. »Wenn es um Geld geht, verdienst du später in deinem Job umso mehr, je mehr Hausaufgaben du machst. Wer seine Hausaufgaben nicht macht, verdient weniger Geld, egal ob als Angestellter oder Unternehmer.«

Ich dachte eine ganze Weile darüber nach und fragte dann schließlich: »Stimmt es, dass ich keinen gut bezahlten Job bekomme, wenn ich meine Hausaufgaben in der Schule nicht mache?«

»Ja, das würde ich schon so sagen«, meinte mein reicher Vater. »Wenn du deine Hausaufgaben nicht machst, wirst du jedenfalls keinesfalls Arzt, Buchhalter oder Rechtsanwalt. Wenn du Angestellter bist, ist es schwierig, befördert zu werden und mehr Geld zu verdienen, wenn du keine Ausbildung oder einen Collegeabschluss hast.«

»Und wenn wir Unternehmer werden wollen, müssen wir dann eine andere Art von Hausaufgaben machen?«, fragte ich.

Mein reicher Vater nickte. »Viele Unternehmer kündigen ihren Job, ohne vorher ihre Hausaufgaben gemacht zu haben. Deshalb scheitern so viele Kleinunternehmer oder haben finanzielle Schwierigkeiten.«

»Also, lässt du uns unsere Hausaufgaben machen, damit wir Unternehmer werden.«

»Genau«, sagte mein reicher Vater. »Und deshalb bezahle ich euch nicht. Eure Hausaufgabe ist es, umsonst für mich zu arbeiten. Viele Angestellte verstehen nicht, warum man umsonst arbeiten sollte. Sie erwarten, dass man sie für alles, was sie tun, bezahlt. Darum scheitern sie. Sie denken weiterhin wie Angestellte. Sie wollen ihr regelmäßiges Gehalt bekommen.«

## *Viel Arbeit, aber keine Jobs*

»In vielen armen Teilen der Stadt gibt es sehr viel Arbeit, die gemacht werden müsste, aber es gibt keine Jobs«, setzte der reiche Vater das Gespräch fort.

Ich dachte für einen Augenblick darüber nach und wiederholte schließlich, was er gesagt hatte. »Es gibt viel Arbeit, aber keine Jobs?« Für mich war es verwirrend und ich musste länger darüber nachdenken.

»Warum ist das so?«, fragte Mike.

»Nun, das liegt zum einen daran, dass man uns in der Schule beibringt, einen Arbeitsplatz zu suchen. Wenn es keine Jobs gibt, sind die Menschen arbeitslos, auch dann, wenn es viel zu tun gibt. Wenn eine Fabrik schließt oder ins Ausland verlegt wird, bleiben für gewöhnlich viele arbeitslose Angestellte zurück.« Mein reicher Vater fügte hinzu: »Die Angestellten finden keine neuen Jobs, also machen sie dann nichts. Ein Unternehmer andererseits erkennt viele Gelegenheiten. Der Unternehmer weiß, dass die Arbeitsstellen kommen, wenn die Arbeit gemacht ist.«

»Also müssen sie umgeschult werden. Sie müssen ihre Hausaufgaben machen«, fügte ich hinzu. »Das ist die Arbeit, die gemacht werden muss.«

»Das ist ein Teil der Arbeit«, erklärte mein reicher Vater. »Schau, worauf ich hinaus will ist, dass zu viele Menschen Arbeit mit ihrer Aufgabe verwechseln. Zu viele Menschen glauben, dass sie die Ausbildung auf ihre Stelle hin umsonst bekommen. Selbst, wenn sie eine Stelle haben. Zu viele Angestellte erwarten von ihrem Arbeitgeber, dass er sie ausbildet und gleichzeitig auch bezahlt.«

»Sie wollen, dass die Firma für ihre Ausbildung bezahlt?«, fragte ich. Da ich ein Teenager war und noch nicht in einer großen Firma gearbeitet hatte, war für mich die Erwartung, für die Ausbildung bezahlt zu werden, ungewöhnlich.

»Viele Leute erwarten auch, dass die Regierung ihnen die Ausbildung auf einen Beruf hin umsonst ermöglicht«, fügte mein reicher Vater hinzu.

»Und darum sagst du, dass sie arme Leute sind«, sagte Mike. »Das gilt nicht nur in finanzieller Hinsicht. Es ist eine schlechte Einstellung im Hinblick auf den Wert der Bildung, der Ausbildung und des Erwerbs von Fähigkeiten, für welche Menschen bezahlen würden.«

Mein reicher Vater stimmte zu. »Ich habe Angestellte erlebt, die bei Schulungen pünktlich zu Feierabend aufsprangen und den Unterricht verließen, selbst wenn der Trainer noch nicht fertig war. Oder die draußen waren zum Rauchen oder Plaudern; oder an der Bar tranken und Sport im Fernsehen schauten; oder mit anderen Angestellten flirteten, anstatt den Unterricht zu besuchen, für dessen Teilnahme der Arbeitgeber sie bezahlt hatte. Deshalb kommen so viele Menschen finanziell nicht voran. Zu viele lernen nichts, selbst wenn es umsonst ist oder wenn sie sogar dafür bezahlt werden. Und das gilt sowohl für Angestellte als auch für Unternehmer.«

Da ich aus einer Familie von staatlichen Pädagogen kam, die glaubten, die Ausbildung solle kostenlos sein, bat ich meinen reichen Vater, die Beziehung zwischen der Arbeit einer Arbeitsstelle ein bisschen näher zu erklären.

## *Ärzte arbeiteten umsonst*

»Gerne«, sagte mein reicher Vater. »Ärzte geben viel Geld aus und verbringen viel Zeit im Medizinstudium, bevor sie als Arzt bezahlt werden. Deshalb verdienen sie mehr als die meisten Menschen.«

»Ärzte machen ihre Hausaufgaben, bevor sie bezahlt werden«, fügte Mike hinzu.

## *Profisportler arbeiten umsonst*

»Sicherlich taten sie das«, sagte der reiche Vater. »Aber schaut euch auch die großartigen Athleten an, die viel Geld verdienen. Ich kenne keinen einzigen großartigen Athleten, der für sein Training bezahlt wurde. Die meisten Profisportler haben jung angefangen und haben länger und härter trainiert als die durchschnittlichen Athleten. Die meisten von ihnen haben jahrelang viele Stunden investiert, bevor sie bezahlt wurden. Sie mussten vorher ihre Hausaufgaben machen.«

»Darum bezahlst du uns nicht«, sagte ich leise. »Wir arbeiten umsonst für dich.«

Mein reicher Vater lächelte. »Sogar die Beatles arbeiteten umsonst, bevor sie weltberühmt und reich wurden. Wie der Arzt oder der Profi, haben sie ihr Lehrgeld bezahlt. Sie haben ihre Hausaufgaben gemacht. Sie haben nicht um einen garantierten Plattenvertrag gebeten oder um ein regelmäßiges Gehalt oder medizinische Vorsorgeleistungen, bevor sie angefangen haben zu üben.«

»Ich habe viele Platten von ihnen« sagte Mike. »Ich habe ihnen geholfen reich zu werden.«

»Sie haben sich selbst reich gemacht«, sagte der reiche Vater mit einem Lächeln. »Deine Hausaufgaben zu machen, das gilt nicht nur für das Geld. Es gilt auch für deine Gesundheit. Viele Menschen leben ungesund, weil sie keinen Sport treiben.«

»Sie treiben keinen Sport«, sagte ich, »und sind gesundheitlich in einem schlechten Zustand.«

»Ist euch aufgefallen, wie eng die Wörter ›arm‹ und ›schlecht‹ zusammenhängen«, fragte mein reicher Vater. »Finanziell gesehen arm und eine schlechte Gesundheit. Menschen, die faul sind und keine Disziplin haben, sind oft die Menschen mit der schlechtesten Gesundheit und dem geringsten Wohlstand.«

»Also müssen wir unsere Hausaufgaben machen, wenn wir Unternehmer werden wollen«, fasste ich zusammen.

»Deshalb habt ihr beiden Jungs all die Jahre umsonst gearbeitet. Ihr habt eure Hausaufgaben gemacht, um Unternehmer zu werden. Wenn ich euch zu Angestellten ausgebildet hätte, würde ich euch einen Stundenlohn geben.«

»Darum wurde mein Vater, ein Lehrer an einer staatlichen Schule, so wütend, wenn ich für dich umsonst arbeitete«, fügte ich hinzu.

Wieder schmunzelte und nickte mein reicher Vater und sagte: »Dein Vater denkt wie ein Angestellter. Deshalb denkt er, dass ich dich bezahlen sollte. Er versteht nicht, warum man umsonst arbeiten sollte. Er versteht nicht, dass du eine unbezahlbare Ausbildung bekommst. Es ist nur keine Art von Ausbildung, wie er sie schätzt. Ein Angestellter braucht eine andere Art von Ausbildung als ein Unternehmer.«

»Darum denkt er, dass du uns betrügst«, sagte ich.

»Ich weiß«, lächelte mein reicher Vater. »Schaut mal, in einigen Jahren werdet ihr viel reicher sein, dank meines Unterrichts. Was ihr hier lernt, ist viel wertvoller als ein niedriges Gehalt.«

## *Warum ein Unternehmen zu kämpfen hat*

Bevor Sie Ihre Stelle kündigen, werden Sie herausfinden müssen, wie viele verschiedene Aufgaben es in einem Unternehmen gibt.

Mein reicher Vater sagte: »Selbst wenn jemand ein sehr erfolgreicher Angestellter ist – sagen wir im Verkauf –, heißt das nicht, dass er als Unternehmer erfolgreich sein wird.« Er sagte das, weil das Verkaufen nur eine von den vielen Aufgaben ist, die in einem Unternehmen erledigt werden müssen. Außerdem sagte er das, weil in einem Unternehmen, das zu kämpfen hat, eine oder mehrere Aufgaben gar nicht oder nicht gut gemacht werden. »Ein Unternehmer arbeitet vielleicht hart, aber jeweils nur an einer Aufgabe. Deshalb haben so viele selbstständige Unternehmer zu kämpfen oder erleiden schließlich wegen Überarbeitung einen Burn-out. Sie arbeiten vielleicht hart, aber sie erledigen nicht alle notwendigen Aufgaben.«

## *Die grundlegenden Aufgaben in einem Unternehmen*

Im dritten Buch der Rich-Dad-Reihe, *Rich Dad's Investmentguide: Wo und wie die Reichen wirklich investieren*, wird das B-I-Dreieck vorgestellt. B und I beziehen sich auf die Quadranten des Unternehmers (B) und des Investors (I) des CASHFLOW-Quadranten. Hier ist das B-I-Dreieck, das der reiche Vater für mich aufgezeichnet hatte.

Mein reicher Vater sagte zu mir: »Wenn du Unternehmer oder Investor werden willst, dann musst du das B-I-Dreieck durch und durch begriffen haben, um erfolgreich zu sein.« Als Teenager habe ich das nicht glauben wollen, inzwischen weiß ich, dass er recht hat.

## *Ein großartiges neues Produkt*

Oft sagen die Menschen: »Ich habe eine Idee für ein tolles neues Produkt.« Aber wie Sie aus dem B-I-Dreieck ersehen können, ist das Produkt nur die Spitze des Eisbergs.

## *Arbeitsplatzbeschreibungen für ein erfolgreiches Unternehmen*

Sie können sich jeden einzelnen Aspekt eines Unternehmens als eine Arbeitsplatzbeschreibung vorstellen. Um erfolgreich zu sein, braucht das Unternehmen für jede dieser Funktionen Menschen mit den entsprechenden Fähigkeiten, um sie auszufüllen. Angefangen mit der Produkt-Ebene, sehen Sie hier eine Liste der Aufgaben, die erfüllt werden müssen, um das Produkt auf den Markt zu bringen: Produkt, Recht, Systeme, Kommunikation und Cashflow sind die Elemente, die man benötigt, um erfolgreich zu sein. Wenn eines oder mehrere dieser Elemente fehlen oder schlecht gemacht sind, wird das Unternehmen zu kämpfen haben, und oft wird es scheitern.

Als mein Vater mit seiner Eisdiele zu scheitern begann, lag es nicht daran, dass er keine gute Eiscreme verkaufte. Tatsächlich war das Eis großartig. Meiner Meinung nach lag es daran, dass mein Vater kein guter Verkäufer war. Als Redner war er ein großartiger Kommunikator, doch er schaffte es nicht, die Arbeitsplatzbeschreibung für den Bereich Kommunikation auszufüllen. Er bemerkte nicht, dass Verkauf und Marketing mehr bedeuten, als einfach nur Werbung zu machen oder eine zusätzliche Kugel Eis an einen Kunden zu verkaufen. Seine Probleme fingen an, als er dachte, dass die Marke der Eiscreme alles war, was er für den Erfolg brauchte. Es ging schon damit los, dass er in einem abgelegenen, mittelmäßigen Einkaufszentrum einen billigen Standort mietete, versteckt in einer Ecke. Die Folge: es gab keine Laufkundschaft, auch Autos kamen an seinem Laden nicht vorbei. Niemand wusste, wo die Eisdiele lag. Er glaubte, dass der Markenname stark genug war, um Kunden anzulocken. Sein Unternehmen war vor vornherein zum Scheitern verurteilt.

## *Fast hätte er es geschafft*

Im Nachhinein hatte er das Produkt gut ausgewählt. Das Rechtliche war für das Franchise-Unternehmen ebenso gut gemacht. Das System, um die Eiscreme herzustellen, war ausgezeichnet. Der Franchisegeber stellte sicher, dass es als Teil des Unternehmens ein gutes Buchhaltungssystem gab, damit die Cashflow-Komponente abgesichert war. Es gab nur nicht genug Geld zum Zählen. Also hatte mein Vater gute Arbeit geleistet, um vier von den fünf Elementen abzudecken. Er hätte es fast geschafft.

Einzig im Kommunikationsbereich des B-I-Dreiecks hatte mein Vater schlechte Arbeit geleistet. Er hatte die Feinheiten des Verkaufs und Marketings nicht richtig verstanden. Als nichts mehr verkauft wurde, fing das ganze Unternehmen an unterzugehen. Anstatt seine Verluste zu beschränken und sofort einen besseren Standort zu mieten, tat mein Vater das, was viele Leute machen, wenn der Umsatz zurückgeht und das Geld knapp wird. Er sparte am Personal. Er sparte an der Werbung. Er wurde knauseriger, anstatt mehr Geld auszugeben.

Wenn er Geld ausgab, dann für einen Anwalt, denn er schob, wie schon erwähnt, dem Franchisegeber seine Probleme in die Schuhe. Es gibt kaum eine größere Geldverschwendung als Gerichtsverfahren. Doch genau das passiert, wenn man anderen die Schuld gibt, anstatt aus eigenen Fehlern zu lernen. Anstatt auf seine eigenen Handlungen zu schauen und persönlich Verantwortung dafür zu übernehmen, pochte mein Vater darauf, dass er recht hatte. Schließlich ging er pleite. Es gibt ein Gedicht, das Menschen beschreibt, die dafür sterben würden, recht zu haben.

Es geht wie folgt:

> Hier liegt Justin Grey.
> Er starb, als er sein Vorfahrtsrecht verteidigte.
> Er hatte recht.
> Seine Argumente waren überzeugend.
> Aber jetzt ist er genauso tot, als wenn er Unrecht gehabt hätte.[1]

Jedes Mal, wenn ich sehe, dass Menschen sich an einem Zebrastreifen Zeit lassen und erwarten, dass alle Autos anhalten, wenn sie eine verkehrsreiche Straße überqueren, denke ich an dieses Gedicht. Wenn ich Leute treffe, die recht haben müssen, die aus Gewohnheit andere Menschen beschuldigen, wenn die Dinge schief laufen, die lieber streiten als zuhören, die all die Antworten wissen oder die denken, dass sich die ganze Welt um sie dreht, denke ich an dieses Gedicht. Ich sage mir selbst auch immer das Gedicht vor, wenn ich Gefahr laufe, wie Justin Grey zu handeln.

## *Das Dreieck des finanziellen Erfolgs*

Das B-I-Dreieck gilt nicht nur für die B- und I-Quadranten.

Wenn Sie sich den folgenden CASHFLOW-Quadranten ansehen, erkennen Sie, dass es in jedem der vier Quadranten ein B-I-Dreieck gibt.

Nehmen wir als Beispiel eine Rezeptionistin in einem Unternehmen, dann ist das Produkt ihrer Arbeit das freundliche Annehmen eines Anrufes. Meiner Meinung nach hat die Rezeptionistin eine der wichtigsten Stellen in einer Firma inne. Macht sie ihre Arbeit gut, funktioniert das Unternehmen tatsächlich besser. Leistet sie schlechte Arbeit – wenn sie zum Beispiel am Telefon unfreundlich ist –, dann verliert sie an Wert für die Firma. In diesem Fall sollte sie ein Beratungsgespräch bekommen, eine Schulung, oder man muss ihr kündigen. Sicher haben wir alle schon einmal eine unfreundliche Rezeptionistin erlebt.

Die Rezeptionistin hat auch ihre Rechtsansprüche. Wenn die Firma diese Rechte verletzt, kann sie klagen. Sie ist ein wichtiges Element des gesamten Geschäftssystems. Zu Hause ist sie vielleicht die Managerin eines Systems, das Zuhause und Familie genannt wird. Wenn dort alles gut läuft, stehen die Chancen gut, dass sie auch bessere Arbeit leistet. Bricht das System zu Hause zusammen – wenn zum Beispiel die Heizung kaputt ist, es kein Wasser gibt, das Dach undicht ist oder Familienmitglieder Probleme machen –, könnte das beschädigte System Familie das System der Firma negativ beeinflussen.

Da die Rezeptionistin eine Schlüsselrolle im Kommunikationsprozess eines Unternehmens spielt, leidet wieder das ganze Unternehmen darunter, wenn ihre Kommunikationsfähigkeit beeinträchtigt ist. Dann heißt es Umschulung oder Entlassung. Herrscht zu Hause bei der Rezeptionistin ein liebevoller Umgangston, spiegelt sich das auch in ihrem Leben. Ist die Kommunikation zu Hause respektlos, kann dies ebenfalls ihre Arbeit stark beeinflussen.

Den Cashflow einer Familie zu verwalten ist sehr wichtig. Gibt die Rezeptionistin zu viel Geld aus, beeinflusst das nicht nur das Leben zu Hause, sondern es kann auch einen Einfluss auf ihre Einstellung bei der Arbeit haben. Der Hauptgrund für Streitigkeiten in einer Ehe ist das Geld. Leider werden viele Scheidungen durch Cashflow-Probleme verursacht.

### *Die Hausaufgaben eines Unternehmers*

Bevor sie ihren Job kündigen, sollten Unternehmer ihre Hausaufgaben mache. Das heißt, sie sollten dafür sorgen, dass die fünf Komponenten des B-I-Dreiecks für ihr neues Unternehmen abgedeckt sind.

1. Produkt
2. Recht
3. Systeme
4. Kommunikation
5. Cashflow

Ist der Unternehmer auch nur in einem der fünf Bereiche schwach, kann er scheitern, in finanzielle Schwierigkeiten geraten oder nicht wachsen. Deshalb heißt die erste Lektion in dem ersten Kapitel: Ein erfolgreiches Unternehmen wird im Vorfeld der Gründung geschaffen.

## *Eine einfache Checkliste*

Ein Unternehmen ist viel komplizierter als diese stark vereinfachte Liste der fünf Aufgaben. Nichtsdestotrotz hat mir diese Liste jahrelang gute Dienste geleistet. Ich benutze diese fünf Aufgaben oft als Checkliste. Immer wenn ein Unternehmen anfängt, Schwierigkeiten zu bekommen, kann diese Liste mit den fünf Aufgaben bei der Analyse helfen, um festzustellen, wo das Problem oder die Probleme liegen könnten.

Und immer wenn jemand sagt, er habe eine Superidee für ein neues Produkt, kann diese einfache Checkliste dabei helfen, das Ganze etwas realistischer zu betrachten und herauszufinden, was nötig sein könnte, um das Produkt auf den Markt zu bringen. In den meisten Fällen geben die Möchtegernunternehmer ihre Idee auf, weil sie nicht bereit sind, ihre Hausaufgaben zu machen. Sie realisieren nämlich schnell, dass ein neues Produkt nur die Spitze des Eisbergs ist, oder in diesem Fall die Spitze des B-I-Dreiecks.

## *Warum sie aufgeben*

So viele Möchtegernunternehmer geben auf, weil sie feststellen, dass sie nur für eine der fünf Ebenen ausgebildet sind. So hat vielleicht ein kreativer Künstler nur in der Produktgestaltung eine formale Ausbildung genossen, ein Rechtsanwalt ist wahrscheinlich nur für die justiziable Ebene eines Unternehmens geeignet, ein Ingenieur nur für Produkte oder Systeme, ein Verkaufs- und Marketing-Spezialist ist hauptsächlich auf der Kommunikationsebene gut und ein Buchhalter Spezialist für den Cashflow. Wenn Möchtegernunternehmer die fünf Ebenen anschauen, merken sie plötzlich, wie viele Hausaufgaben sie zu bewältigen haben, bevor ihr brandneues Produkt sie reich machen kann.

## *Selbstständige Experten*

Gut ausgebildetes Fachpersonal hat oft eine höhere Erfolgsquote, weil seine Ausbildung es oft auf mehr als ein Element vorbereitet. Betrachten Sie zum Beispiel einmal die Kanzlei eines Rechtsanwalts im Hinblick auf das B-I-Dreieck:

- Produkt: Der Anwalt ist das Produkt. Man beauftragt Anwälte mit den von ihnen erbrachten Dienstleistungen, für die sie ausgebildet sind.
- Recht: Anwälte besitzen eine Zulassung (was sie vor nicht zugelassenen Mitbewerbern schützt). Im Allgemeinen bestehen Vereinbarungen, in denen die Rechte und Pflichten der Partner in einer Kanzlei bestimmt werden. Zusätzlich schließen die meisten Anwälte Vereinbarungen (Mandantenverträge), um die Beziehung mit dem Mandanten zu definieren.
- Systeme: Rechtsanwälte sind darin ausgebildet, ein Unternehmenssystem für die Erbringung von Dienstleistungen aufzubauen, für die Rechnungsstellung und die Überwachung des Zahlungseingangs. Es gibt sogar bewährt Systeme für das wirksame Einsetzen des Fachwissens von Anwälten mit mehr Erfahrung. Zum Beispiel bei der Bereitstellung effizienter und wirtschaftlicher Recherche zu einem rechtlichen Problem übernehmen weniger erfahrene, günstigere Anwälte die ersten Untersuchungen, die dann an einen erfahreneren Anwalt zur Analyse weitergegeben werden. Oft werden kommerziell verfügbare Softwarepakete für die Fakturierung und das Forderungsmanagement eingesetzt.
- Kommunikation: Anwälte wissen, dass sie einen guten Ruf und gute Beziehungen mit ihren Klienten pflegen müssen, um erfolgreich zu sein. Die meisten Anwaltskanzleien vermarkten sich durch Mundpropaganda, obwohl manche mittlerweile auch auf Werbung zurückgreifen. Die meisten Menschen wissen, was ein Rechtsanwalt macht, was heißt, dass sie weniger kommunizieren und erklären müssen.
- Cashflow: Die Menschen gehen davon aus, dass sie für die Arbeit eines Anwalts bezahlen müssen. Das bedeutet jedoch nicht, dass ein Anwalt Probleme mit dem Cashflow ignorieren kann. Sehr oft wer-

den die Dienstleistungen bis zum Ende des Monats nicht berechnet und die Mandanten zögern oft die Bezahlung der Anwaltsgebühren hinaus. Es ist nicht unüblich, dass ab dem Versand der Rechnung bis zum Zahlungseingang bis zu vier Monate vergehen. In der Zwischenzeit, müssen aber Gehälter und Rechnungen bezahlt werden.

Wie bereits gesagt, ist das stark vereinfacht. Dennoch erklärt dies, warum Menschen wie Anwälte, Buchhalter, Ärzte, Zahnärzte, Klempner, Elektriker, Lkw-Fahrer, Taxifahrer und Babysitter es eventuell einfacher haben, ein Unternehmen zu gründen. Es gibt einen Markt, der ihre Dienstleistungen benötigt und bereit ist, dafür zu bezahlen.

Für Experten wie Lehrer oder Sozialarbeiter kann der Weg zum gut bezahlten selbstständigen Unternehmer ein bisschen schwieriger werden. Es ist traurige Realität, dass jemand eher einen Anwalt beauftragt und bezahlt als einen selbstständigen Lehrer.

Einer der Gründe warum sehr gut ausgebildete Menschen wie mein armer Vater, der Lehrer war, als Unternehmer Schwierigkeiten haben, ist, dass ihre Ausbildung sie nicht auf die Mehrschichtigkeit des B-I-Dreiecks vorbereitet hat. Viele Menschen wie Feuerwehrmänner, Krankenschwestern, Bibliothekare, oder Sekretärinnen werden darin ausgebildet, grundlegende Dienstleistungen auszuführen, aber nicht diejenigen, die auf den fünf Ebenen eines Unternehmens benötigt werden. Bevor solche Menschen ihre Stelle kündigen, empfehle ich, dass sie ihre Hausaufgaben machen.

## *Sie müssen nicht der Erste sein*

Viele Menschen glauben, dass Thomas Edison der Erste war, der die Glühbirne erfunden hat, was ihm half, General Electric zu gründen. Tatsache ist, er war es nicht. Aufzeichnungen zeigen, dass er tatsächlich auf der Liste derjenigen, die eine funktionierende Glühbirne erfanden, der 23. war. Warum also ging Edison als Erfinder der Glühbirne in die Geschichte ein und warum wurde sein Unternehmen eines der größten auf der Welt? Die Antwort ist in seinem Leben zu finden, im B-I-Dreieck, und in den fünf Komponenten eines Unternehmens.

- Edison wurde im Jahre 1847 geboren.
- Ab dem 12. bis zu seinem 15. Lebensjahr arbeitete er bei der Eisenbahn, verkaufte Snacks und gab seine eigene Zeitung heraus.
- Zwischen 15 und 22 arbeitete er für die Telegraph Company.
- 1869, im Alter von 22 Jahren, erhielt er sein erstes Patent.
- 1876 baute er sich sein eigenes Labor in Menlo Park, New Jersey, auf.
- 1878 erfand er den Zinnfolienphonographen.
- 1879 erfand er die Glühlampe.
- 1882 begann er mit der Elektrifizierung New Yorks.

## *Kommunikation: Geld beschaffen*

Sie haben vielleicht bemerkt, dass Edison im Alter von 12 bis 15 Jahren im Verkauf arbeitete, anstatt die Schule zu besuchen. Er lief den Zug auf und ab und verkaufte Süßigkeiten und eine Zeitung, die er selbst gedruckt hatte. Er arbeitete auf der Kommunikationsebene.

Als ich im Jahre 1974 das Marinekorps verließ, sagte mein reicher Vater: »Du musst eine Arbeit im Verkauf finden. Verkaufen zu können, ist eine grundlegende Fertigkeit aller Unternehmer.« Ich arbeitete dann bei Xerox Corporation und litt zwei Jahre lang, weil ich schüchtern war und Ablehnung hasste. Aber um die Jahre 1977 und 1978 war ich durchweg unter den besten fünf Verkäufern. Heute treffe ich viele Möchtegernunternehmer, die eine tolle Idee für ein neues Produkt oder eine Geschäftsidee haben. Das Problem für die meisten ist aber, dass sie nicht verkaufen können, was bedeutet, dass sie kein Geld beschaffen können. Die Unfähigkeit, Geld zu beschaffen, könnte der Hauptgrund sein, warum die meisten Möchtegernunternehmer aufgeben und zu ihrer Arbeitsstelle zurückkehren.

## *Cashflow: Das Verkaufstalent entwickeln*

Wenn Sie nicht verkaufen können, können Sie kein Unternehmer sein. Wenn Sie nicht verkaufen können, dann können Sie kein Geld beschaffen. Wenn der Gedanke ans Verkaufen Ihnen Angst macht, dann gehen Sie erst einmal in einem Kaufhaus arbeiten. Oder suchen Sie sich eine Stelle bei einem Unternehmen wie Xerox, bei der Sie von Firma zu Firma gehen und an Türen klopfen müssen. Mit etwas mehr Mut können Sie es im Networkmarketing oder im Direktverkauf versuchen.

Ein Unternehmer beschafft sich Geld bei:

- Freunden und Familie
- Banken und Organisationen, die Unternehmer unterstützen
- Kunden
- Lieferanten
- Investoren
- Öffentlichen Märkten

Ich habe Bücher über Edison gelesen, in denen es hieß, seine Fähigkeit zu verkaufen, habe es ihm ermöglicht, regelmäßiges Venture-Kapital für sein Unternehmen und seine Projekte zu bekommen. Die Autoren sind der Meinung, dass er seiner Zeit voraus war und das Konzept der Eigenwerbung nicht nur verstand, sondern auch anwandte. Sein Talent zur Eigenwerbung ist einer der Gründe, warum ihm die Erfindung der Glühlampe zugeschrieben wurde, während er in Wirklichkeit der 23. war.

Normalerweise besitzt derjenige, der für die Gründung des Unternehmens das Geld aufbringt oder bereitstellt, den Löwenanteil am Unternehmen. Lernen Sie also zu verkaufen und hören Sie nicht auf zu lernen. Für mich war Verkaufen zu lernen ähnlich wie zu lernen, ein Rennauto zu fahren. Es war meine eigene Angst, die ich überwinden musste.

Die Angst in den Augen der Menschen zu sehen, die Unternehmer werden möchten, aber Angst vor dem Verkaufen haben, stimmt mich immer wieder traurig.

## *Recht: Schützen Sie Ihr Vermögen*

Im Jahre 1869, im Alter von 21 Jahren, erhielt Thomas Edison sein erstes Patent. Indem er sein intellektuelles Vermögen rechtlich schützen ließ, erfüllte er seine Aufgabe. Später in diesem Buch werde ich darauf eingehen, warum dieser Schritt für den Unternehmer so wichtig ist.

## *Systeme: Kontrollieren Sie das Netzwerk*

Als Thomas Edison für die Telegraph Company arbeitete, lernte er die Macht des Systems verstehen. Deshalb entwarf er bei der Erfindung der elektrischen Glühlampe auch ein elektrisches System, das seine Glühlampen mit

Energie versorgen würde. Hätte er nicht für die Telegraph Company gearbeitet, hätte er vielleicht nicht gewusst, wie wichtig dieses System ist.

Ein anderes Wort für das System ist Netzwerk. Darum kontrollieren die reichsten Menschen auf der Welt Netzwerke wie TV- und Radiosender, Tankstellenketten, Marketing- und Vertriebsnetzwerke. Ein großer Unterschied zwischen einem Kleinunternehmer und einem Großunternehmer ist das Verständnis von der Bedeutung eines Systems oder eines Netzwerks. Unser Erfolg bei der Rich Dad Company ist größtenteils auf Netzwerksysteme zurückzuführen. Unser Verlag zum Beispiel vertreibt unsere Bücher über ein Buchhandels-Netzwerksystem und unsere Radiosendungen werden über die Radiosender durch den Äther geschickt

## *Machen Sie Ihre Hausaufgaben*

Wie wichtig es ist sicherzustellen, dass alle fünf Komponenten des B-I-Dreiecks gut funktionieren, stelle ich hier stark vereinfacht dar. Wie bereits gesagt, wenn bereits eine der fünf Komponenten nicht miteinbezogen wird, leidet das Unternehmen darunter. Wenn ein Unternehmer ein Geschäft entwirft und eines der fünf Elemente vergisst, ist das Projekt womöglich gar zum Scheitern verurteilt. Ob ein Unternehmen Erfolg hat oder scheitern wird, entscheidet sich bereits im Vorfeld der Gründung. Deshalb ist es so wichtig, dass Sie Ihre Hausaufgaben machen, auch wenn es bedeutet, ohne Bezahlung zu arbeiten.

In den folgenden Kapiteln werden wir das B-I-Dreieck weiterentwickeln. Bevor Sie Ihren Job kündigen, ist es wichtig, jedes der Bestandteile des Dreiecks sehr genau zu betrachten. Das bedeutet nicht, dass Sie auf jeder Ebene ein Experte werden müssen. Es bedeutet aber, dass Sie als Unternehmer nicht nur eine Ebene haben, sondern fünf. Nehmen Sie sich also die Zeit, mehr über die jeweiligen Ebenen zu lernen, bevor Sie Ihre Stelle kündigen.

## RICH DAD'S LEKTION NR. 4 FÜR UNTERNEHMER

# Erfolg offenbart Ihre Fehler

Viertes Kapitel

# Bauernschläue versus Schulbildung

## *Gute Noten im echten Leben*

»Werde ich auch im echten Leben gut vorankommen, wenn ich gut in der Schule bin?«, fragte ich meinen reichen Vater.

»Das kommt darauf an, was du als das echte Leben bezeichnest.«

Das B-I-Dreieck machte mehr Sinn für mich, nachdem mein armer Vater sein Franchise-Unternehmen schließen musste. Er war in seinen Fünfzigern, als er sich seine Frührente und seine Ersparnisse ausbezahlen ließ, und hatte nun alles verloren. Aber anstatt sich wieder aufzurappeln, was viele Unternehmer nach dem Verlust eines Unternehmens tun, schien es mit meinem Vater abwärts zu gehen. Anstatt ein neues Unternehmen zu gründen, nahm er eine Stelle als Leiter der Lehrergewerkschaft an und forderte von seinem ehemaligen Chef, dem Gouverneur von Hawaii, bessere Gehälter und Zusatzleistungen für Lehrer. Statt aus seinen Fehlern zu lernen und ein besserer Unternehmer zu werden, wurde er wieder ein Angestellter und ein Förderer der Arbeitnehmerrechte.

Einer der Gründe, warum er nicht wieder auf die Füße kam, war, dass er kein Geld mehr hatte. Anstatt zu lernen, Kapital für sein nächstes Unternehmensprojekt zu beschaffen, nahm er einfach eine Stelle an. Er kehrte in die Welt der Angestellten zurück, in der er sich wohler fühlte. Er ging also zurück und tat das, was er kannte – für Geld arbeiten und Geld sparen –, anstatt etwas Neues zu lernen, zum Beispiel wie man Geld beschafft.

## *Weiter geht es in der Unternehmerausbildung*

Als mir klar wurde, dass es der Mangel an Fähigkeiten auf der Kommunikationsebene war, der meinen Vater scheitern ließ, bewarb ich mich auf eine Stelle im Verkauf bei IBM und Xerox. Es ging mir dabei nicht so sehr um das Gehalt, sondern um das Verkaufstraining. Mein reicher Vater hatte mir geraten, meine Hausaufgaben auf der Kommunikationsebene des B-I-Dreiecks zu machen, wenn ich Unternehmer werden wollte.

Nach zwei Vorstellungsgesprächen war offensichtlich, dass IBM nicht die richtige Firma für mich war, und ich bin mir sicher, sie wussten, dass ich nicht der passende Angestellte für sie war. Nach fünf Vorstellungsgesprächen bei Xerox war ich jedoch in der engeren Auswahl von zehn Kandidaten, die sich nun um vier Stellen streiten durften. Das letzte Gespräch hatte ich mit dem Niederlassungsleiter von Honolulu. An diesem Tag saßen sechs der zehn Kandidaten vor seinem Büro. Die anderen vier hatten das Vorstellungsgespräch schon hinter sich.

Zu der Zeit war ich immer noch bei der Marine und hatte meine Uniform an. Als ich vor dem Büro des Niederlassungsleiters saß, betrachtete ich ganz nervös meine Konkurrenz. Sie waren alle jünger als ich, frisch vom College. Sehr attraktive Männer und Frauen, und sie waren wie Führungskräfte gekleidet. Der Vietnamkrieg war noch im Gange und in einigen Kreisen sehr unbeliebt, was bedeutete, dass Männer in Uniform dort ebenfalls unbeliebt waren. Es machte keinen Spaß, die Militärbasis zu verlassen und sich im Zentrum von Honolulu unter die Zivilisten zu mischen. Mehrmals spuckten Menschen vor mir aus, aber ich wurde nie direkt bespuckt.

Als ich neben diesen jungen Geschäftsleuten saß, fühlte ich mich wirklich fehl am Platz in meiner Marineuniform, die aus einem kurzärmligen Khakihemd, grüner Hose, kurzem Haarschnitt und militärischen Abzeichen bestand.

Schließlich informierte mich die Sekretärin, dass der Chef bereit war, mich zu empfangen. Ich betrat sein Büro und setzte mich ihm gegenüber. Er reichte mir die Hand und verschwendete keine Zeit. »Ich habe ihre Unterlagen durchgesehen. Sie wurden von den Mitarbeitern, bei denen sie sich vorgestellt haben, sehr empfohlen. Sie glauben, dass Sie für unser Verkaufsteam eine Bereicherung sein könnten.«

Als ich das hörte, holte ich tief und ruhig Luft und erwartete die gute oder die schlechte Nachricht. Obwohl er nette Dinge sagte, bemerkte ich, dass er Schwierigkeiten hatte, mich anzuschauen. Sein Blick war dauernd auf meine Bewerbungsmappe gerichtet.

Schließlich schaute er auf und sagte: »Ich hasse es, derjenige zu sein, der Ihnen eine Absage erteilt. Er erhob sich und reichte mir die Hand. »Danke, dass sie sich bei uns beworben haben.«

Ich stand da und schüttelte seine Hand, aber ich kochte vor Wut. Ich wollte wissen, warum. Warum wurde ich abgelehnt? Da ich nichts mehr zu verlieren hatte, fragte ich: »Bei allem Respekt, Sir, würden Sie mir bitte sagen, warum Sie mich ablehnen? Sie haben nicht einmal ein Vorstellungsgespräch mit mir geführt. Können Sie mir einen bestimmten Grund nennen, warum Sie so sicher sind, dass ich nicht der Richtige bin?«

»Dafür habe ich jetzt keine Zeit,« sagte der Filialleiter. »Wir haben gerade zehn ausgezeichnete Bewerber und nur vier Stellen zu vergeben. Ich wünschte, wir hätten mehr freie Stellen, aber das ist nicht der Fall. Warum warten Sie nicht ein Jahr und schicken uns dann wieder eine Bewerbung? Vielleicht haben Sie dann bessere Chancen. Wenn Sie mich jetzt bitte entschuldigen würden, ich muss die Vorstellungsgespräche mit den anderen Kandidaten führen.«

Ich schaute ihn direkt an und sagte: »Nennen Sie mir nur einen Grund. Wie können Sie ohne ein Vorstellungsgespräch beurteilen, wer von uns besser ist als der andere? Außerdem finde ich es sehr unfreundlich, mich so zu behandeln. Sie lassen mich den ganzen Weg herkommen und dann führen Sie nicht einmal ein Vorstellungsgespräch mit mir. Also sagen Sie mir doch bitte, wie können Sie ohne ein Vorstellungsgespräch eine Entscheidung treffen? Das ist alles, was ich wissen möchte.«

»Okay, wenn Sie es wirklich wissen wollen: Sie sind der einzige Bewerber, der kein MBA hat. Sie haben nur einen Bachelor.« Damit ging der Niederlassungsleiter zur Tür, um mir den Weg hinaus zu zeigen.

»Einen Moment, bitte« sagte ich. »Nach meinem Bachelor an der Merchant Marine Academy habe ich fünf Jahre im Marine Corps gedient und war im Krieg, den keiner wollte. Ich hätte nicht in den Krieg gehen müssen, weil ich für die Ölindustrie arbeitete. Ich war bei Standard Oil, die mich freigestellt hat, trotzdem habe ich mich freiwillig gemeldet. Und jetzt sagen Sie mir, dass sie mich nicht einstellen werden, weil ich nicht zurück auf das College gegangen bin, um meinen Master nachzumachen?

Ich hatte andere Dinge zu tun. Es gab einen Krieg zu führen. Und Sie sagen mir, dass Sie lieber Militärdienstverweigerer einstellen, die stattdessen die Schulbank gedrückt haben?«

»Dies ist nicht der richtige Ort, um das zu diskutieren. Wir sind nicht hier, um über den Krieg oder unsere politischen Ansichten zu diskutieren«, sagte der Filialleiter, der ungefähr in meinem Alter war. »Und ja, ich stelle Leute ein, die wieder zurück zur Uni gegangen sind. Der Arbeitsmarkt ist angespannt. Wir haben viele qualifizierte Bewerber, deshalb können wir es uns leisten, wählerisch zu sein. Im Moment stellen wir nur Bewerber mit einem MBA ein. Das ist unser Entscheidungskriterium. Gehen Sie und machen sie Ihren MBA nach, dann können wir uns vielleicht wieder unterhalten.«

»Und warum hat man mir das nicht früher gesagt?«, fragte ich. »Warum musste ich den ganzen Prozess durchmachen, nur um mir das jetzt anzuhören?«

»Für hervorragende Leute machen wir auch mal eine Ausnahme«, erklärte der Filialleiter. »Obwohl Sie keinen Master haben, dachten diejenigen, die die Vorauswahl getroffen haben, dass Sie eventuell andere Qualitäten haben, die wir suchen. Bis hierher dachten meine Kollegen, dass Sie gut sind, aber nicht außergewöhnlich.«

In diesem Moment beschloss ich, außergewöhnlich zu werden – oder zumindest unvergesslich. Der Filialleiter hielt die Tür auf und streckte erneut seine Hand aus, um mir mit einem schwachen Lächeln einen schwachen Handschlag zu geben. Ich weigerte mich, ihm die Hand zu schütteln, und fragte stattdessen mit lauter Stimme: »Sagen Sie mir eines: Was hat ein Collegeabschluss mit dem Verkauf zu tun?« In dem Moment drehten sich alle anderen Bewerber mit ihren MBAs um und starrten auf die offene Tür.

»Es zeigt Charakter. Es zeigt Engagement und ein hohes Maß an Intelligenz.«

»Aber was hat ein Collegeabschluss mit dem Verkauf zu tun?«, wiederholte ich.

»Okay«, sagte der Filialleiter. »Warum glauben Sie, dass Sie verkaufen können, Mr. Marine? Warum glauben Sie für den Verkauf besser qualifiziert zu sein als all diese Bewerber mit einer besseren Ausbildung?«

»Weil ich fünf Jahre damit verbracht habe, eine andere Art von Ausbildung zu bekommen, die in der Schule nicht zu finden ist. Während diese Grünschnäbel sich auf Prüfungen vorbereiteten, flog ich einen Hubschrauben in die Maschinengewehrnester des Vietcong hinein. Ich habe eine Ausbildung in Menschenführung genossen, um das Beste aus meiner Truppe herauszuholen, selbst wenn wir alle Angst hatten. Wir haben im Unterricht nicht nur geübt, unter Druck zu denken, wir mussten im echten Kampf unter Druck denken. Das Wichtigste aber ist, dass ich gelernt habe, zuerst an die Mission zu denken, bevor ich an mich selbst denke. Diese Milchgesichter haben nur gelernt, sich einzuschleimen, um bessere Noten zu bekommen.«

Zu meiner Überraschung hörte der Filialleiter zu. Ich hatte sein Interesse geweckt. In diesem Moment beschloss ich, einen Abschluss anzuvisieren.

»Auch wenn ich keinen MBA habe, weiß ich, dass ich den Mut und die Fähigkeit habe, unter Druck zu denken. Ich weiß es, weil ich eine Prüfung bestanden habe, und zwar nicht im Klassenzimmer, sondern auf dem Schlachtfeld. Ich weiß, dass es Ihre Aufgabe ist, besser als IBM zu sein, so wie es meine Aufgabe war den Vietcong zu schlagen. Ein Jahr lang flog ich meinen Kampfhubschrauber gegen ihn, einen Wettbewerber, der viel schwieriger und viel stärker auf das Gewinnen ausgerichtet war als irgendwelche IBM-Handelsvertreter. Mein Training der letzten fünf Jahre hat es mir ermöglicht, den Vietcong zu schlagen. Deshalb hat mich meine Ausbildung im Marinekorps darauf vorbereitet, auch ohne MBA IBM zu schlagen. Wenn Sie glauben, dass ein MBA-Programm diese Milchgesichter darin ausbildet, wie man IBM im wahren Leben besiegt, dann stellen Sie sie doch ein. Ich habe da so meine Zweifel. Aber ich zweifle nicht an mir. Wenn ich den Vietcong besiegen kann, dann weiß ich, dass ich auch einen IBM-Handelsvertreter schlagen kann – auch wenn er einen MBA hat und ich nicht.«

Es herrschte Stille im gesamten Bürobereich. Als ich zu den hoffnungsvollen Bewerbern hinüberschaute, die ihre Aktentaschen vorsichtig neben sich oder auf ihrem Schoß stehen hatten, konnte ich sehen, dass die MBAs ein bisschen zitterten. Sie hatten alles mitgehört, was ich zu sagen hatte.

Ich drehte mich zum Filialleiter um, reichte ihm die Hand und dankte ihm für das Zuhören. Ich hatte meine Meinung kundgetan. Lächelnd sagte ich: »Ich glaube, ich werde zur Konkurrenz gehen.«

»Einen Moment«, sagte der Filialleiter leise. »Bitte kommen Sie wieder in mein Büro zurück. Trotz unserer aktuellen Einstellungspolitik kann ich vielleicht eine Ausnahme machen.«

## *Nichts zu verlieren*

Nachdem ich die Stelle bekommen hatte, besuchte ich meinen reichen Vater im Büro, um ihm die Neuigkeit zu erzählen. Ich berichtete ihm auch, was ich gesagt hatte, als ich hörte, dass ich nicht eingestellt werden würde. Er lächelte und sagte: »Manchmal gewinnen wir am meisten, wenn wir nichts zu verlieren haben.« Er sagte auch: »Der schwierige Teil für die meisten Menschen ist, zum ›Nichts‹ zu gelangen. Die meisten Menschen würden eher an dem bisschen festhalten, das sie haben, als loszulassen und ›nichts‹ zu erreichen.«

## *Vier Jahre des Elends*

Verkaufen zu lernen, war viel schwieriger für mich als zu fliegen. Tatsächlich gab es viele Tage, an denen ich mir wünschte, ich wäre wieder in Vietnam und würde wieder in die Maschinengewehrnester des Vietcong fliegen, statt in den Straßen von Honolulu an Türen zu klopfen. Im Grunde bin ich ein sehr schüchterner Mensch. Auch heute noch sind mir Partys und gesellschaftliche Veranstaltungen unangenehm. Deshalb machte es mir jeden Tag aufs Neue Angst, an den Türen fremder Menschen zu klopfen.

Zwei Jahre lang war ich der schlechteste Verkäufer des Xerox-Verkaufsteams. Jedes Mal, wenn ich den Filialleiter im Flur sah, schämte ich mich. Ich sah ihn und erinnerte mich an die Rede des Vietnam-Helden, die ich hielt, um die Stelle zu bekommen. Bei meiner halbjährlichen Überprüfung erinnerte mich mein Filialleiter jedes Mal, dass er mich eingestellt hatte, weil er an mich glaubte, und wie sein Glaube an mich schwand.

Schließlich, kurz davor gefeuert zu werden, rief ich meinen reichen Vater an und bat ihn um ein Treffen. Beim Mittagessen erklärte ich ihm, dass ich dabei war zu scheitern. Meine Verkaufszahlen waren im Keller und mein Name war immer der letzte auf der Liste der Verkäufer. »Was ist mein Problem?«

## *Nicht schnell genug gescheitert*

Mein reicher Vater lachte so, wie er immer lachte. Auf die Art ließ er mich wissen, dass alles in Ordnung war und ich nur in einem Lernprozess feststeckte. »Wie viele Telefonanrufe machst du pro Tag?«

»An einem guten Tag drei oder vier,« antwortete ich. »Die meiste Zeit bin ich im Büro beschäftigt, oder ich verstecke mich in einem Café, um meinen ganzen Mut zusammenzunehmen, um an einer weiteren Tür zu klopfen. Ich hasse telefonische Kaltakquise. Ich hasse Ablehnung.«

»Ich kenne niemanden, der gerne abgelehnt wird oder Kaltakquise mit dem Telefon macht«, sagte mein reicher Vater. »Dennoch kenne ich Leute, die gelernt haben, ihre Angst vor Ablehnung und vor Kaltakquise-Telefonaten zu überwinden. Sie wurden sehr erfolgreich trotz ihrer Angst.«

»Wie kann ich den Misserfolg stoppen?«, fragte ich.

Wieder lachte mein reicher Vater und sagte: »Um den Misserfolg zu stoppen, musst du schneller scheitern.«

»Schneller scheitern?«, jammerte ich. »Machst du Witze? Warum sollte ich schneller scheitern wollen?«

»Wenn du nicht schneller scheiterst, wirst du sowieso scheitern«, sagte mein reicher Vater mit einem Lächeln. »Schau, du bist mitten in einem Lernprozess. Dieser erfordert, dass du viele Fehler machst und daraus lernst. Je schneller du Fehler machst, desto schneller gehst du durch den Prozess und kommst auf der anderen Seite heraus. Oder du kannst aufgeben. Dann spuckt dich der Prozess aus.«

Mein reicher Vater sagte das Gleiche, was auch Thomas Edison über die 1000 Fehlversuche gesagt hat, bevor er die elektrische Glühlampe erfand. Er sagte das Gleiche, was mir mein Fahrlehrer gesagt hatte, als ich lernte, wie man ein Rennfahrzeug bei hoher Geschwindigkeit fährt. Sie alle sagen, wenn man den Prozess schneller durchlaufen möchte, muss man den Willen haben, schneller zu scheitern.

## *Schneller zu scheitern, ist nicht einfach*

Einige Wochen lang nahm ich mir den Rat meines reichen Vaters zu Herzen und tat mein Bestes, um mehr Kaltakquise-Anrufe zu tätigen. Ich klopfte immer schneller an die Türen, aber das Problem war, dass ich immer noch nicht die Person zu Gesicht bekam, mit der ich reden musste. Die Sekretärinnen waren sehr geschickt darin, flotte Verkäufer wie mich von ihren Chefs fernzuhalten.

Jetzt, da ich daran scheiterte, schneller zu scheitern, rief ich wieder meinen reichen Vater an und bat ihn um Rat. Wieder lachte er und sagte:

»Behalte deine Arbeitsstelle für den Tag und suche dir eine Stelle im Verkauf für abends. Aber eine solche, bei der du schneller scheitern kannst.«

Natürlich jammerte ich ein wenig. Ich wollte nicht abends arbeiten. Ich war Single und lebte hier auf Hawaii. Ich wollte mich lieber in den Nachtclubs von Waikiki herumtreiben. Ich wollte nicht abends noch irgendwas verkaufen. Nachdem er sich meine Nörgelei angehört hatte, fragte mein reicher Vater einfach: »Wie stark ist dein Wille, Unternehmer zu werden? Die wichtigste Fähigkeit eines Unternehmers ist die Fähigkeit zu verkaufen. Wenn du nicht durch diesen Teil des Prozesses gehst, dann geht es dir als Angestellter besser. Es ist dein Leben. Es ist deine Zukunft. Es ist deine Wahl. Du kannst jetzt oder später scheitern.«

Es war eine alte Lektion. Ich hatte diese Lektion schon einmal gehört. Das Thema hatte sich geändert – dieses Mal ging es um den Verkauf –, aber die Lektion war immer die gleiche. Sie lautete: Wenn ich erfolgreich sein wollte, musste ich auch bereit sein zu scheitern.

Mit dem Konkurs meines eigenen Vaters noch frisch in Erinnerung, wusste ich, dass diese Lektion über das Verkaufen besonders wichtig war. Ich wusste, dass ich das lernen musste, wenn ich Unternehmer im B-Quadrant werden wollte. Aber ich hasste es, an Türen zu klopfen. Ich fürchtete es Tag für Tag. Eines Tages, nachdem ich viermal »Wir sind nicht interessiert« und einmal »Wenn Sie nicht aus meinem Büro verschwinden, rufe ich die Polizei« gehört hatte, fiel ich in eine tiefe Krise. Ich ging nach Hause anstatt zurück ins Büro. Ich saß in meiner kleinen Wohnung in Waikiki und überlegte mir aufzugeben. Ich dachte sogar darüber nach, wieder an die Uni zu gehen und ein Jurastudium anzufangen. Aber dann legte ich mich hin, nahm ein paar Kopfschmerztabletten und verlor diesen Gedanken wieder. Es war Zeit, auf eine andere Weise schneller zu scheitern.

## *Arbeiten ohne Bezahlung*

Anstatt einfach eine Zweitstelle für den Abend zu suchen, erinnerte ich mich an den Tipp meines reichen Vaters, es sei einfacher, Arbeit zu finden, wenn man bereit ist, ohne Bezahlung zu arbeiten. Ich fand eine Stiftung, die Leute suchte, die abends telefonisch Spendengelder einwarben. Nach Feierabend bei Xerox fuhr ich hinaus in einen Vorort und telefonierte von 19.00 bis 21.30 Uhr. Zweieinhalb Stunden lang scheiterte ich am Telefon so schnell wie ich konnte. Tätigte ich tagsüber nur drei bis sieben telefonische Verkaufsgespräche, führte ich in diesen zweieinhalb Stunden manchmal mehr als 20 solcher Anrufe. Meine Ablehnungsrate und Fehlerquote stiegen. Seltsamerweise stieg aber auch mein Erfolg bei der Geldbeschaffung, als meine Fehlerquote hoch ging. Je mehr Anrufe ich tätigte, desto besser konnte ich mit Ablehnung umgehen. Ich merkte mir, was bei den erfolgreichen Telefonaten funktionierte, und fing anhand der erfolgreichen Gespräche an, meine Verkaufsargumentation zu ändern. Je schneller ich abends für die Stiftung scheiterte, desto erfolgreicher wurde ich tagsüber auch bei Xerox. Bald kletterte ich auf der Liste der Verkäufer vom letzten Platz nach oben. Zwar wurde ich abends nicht bezahlt, doch dafür stieg mein Einkommen tagsüber.

Diese Extrastunden der Arbeit hatten sogar eine Auswirkung auf meine Freizeit. Je mehr Ablehnungen ich bei der Stiftung kassierte, desto mehr Spaß hatte ich in den Nachtclubs von Waikiki. Plötzlich hatte ich nicht mehr so viel Angst, mit schönen Frauen in den Clubs zu reden. Es war mir nicht mehr so unangenehm, denn ich hatte weniger Angst, abgelehnt zu werden. Bald wurde ich sogar cool und beliebt und Frauen scharten sich um mich. Nach vier Jahren in einer reinen Militärschule für Männer und dann den Jahren im Marinekorps, war es ein besonderes Vergnügen, von so vielen schönen Frauen umgeben zu sein. Es war viel besser, als der einsame Streber am Ende der Bar zu sein, der die schönen Frauen aus der Entfernung anstarrte.

Von 22 Uhr bis um ein Uhr morgens war ich der Discohecht, ähnlich wie John Travolta in Saturday Night Fever. Ich hatte sogar einen weißen Anzug an, Hemden mit langen Kragenspitzen, Discostiefel an meinen Füßen und Muscheln um meinen Hals. Wo ich auch hinging, lief ich zu dem Hit »Staying Alive« von den Bee Gees, der permanent in meinem Kopf ablief. Ich bin mir sicher, dass ich oft genug auch ziemlich lächerlich aussah, aber es funktionierte. Ich scheiterte schnell und ich machte meine Hausaufgaben auf der Kommunikationsebene des B-I-Dreiecks.

## *Misserfolg zahlt sich aus*

In meinem dritten und vierten Jahr bei Xerox war ich in der Gruppe der Spitzenverkäufer anstatt der letzte Heuler zu sein. Ich verdiente viel Geld, mein Scheitern zahlte sich also aus. Im vierten Jahr war ich durchgängig die Nummer 1 im Verkauf. Da ich nun die Spitze erreicht hatte, wusste ich, dass es Zeit war weiterzuziehen. Meine Schulzeit im Verkauf war zu Ende. Es war an der Zeit, etwas Neues zu lernen. Aber ich wusste nicht, dass mein Erfolg im Verkauf mich hauptsächlich auf eines vorbereitete: den größten unternehmerischen Misserfolg meines Lebens.

## *Die vier Business-Schulen*

Mein reicher Vater erklärte seinem Sohn und mir, dass es vier unterschiedliche Arten von Business-Schulen gibt:

1. **Traditionelle Business-Schulen**
   Diese Schulen sind an anerkannten Hochschulen und Universitäten zu finden und bieten Studiengänge mit einem zertifizierten Abschluss, wie zum Beispiel den MBA.

2. **Die Schule der Familienunternehmen**
   Viele Familienunternehmen, wie das Unternehmen meines reichen Vaters, sind ausgezeichnete Orte für eine Ausbildung – wenn Sie Mitglied der Familie sind.

3. **Unternehmensinterne Business-Schulen**
   Viele Unternehmen bieten Praktikantenprogramme für vielversprechende junge Studenten an. Nach dem Abschluss stellt die Firma sie ein und unterstützt dann ihre berufliche Weiterentwicklung. In vielen Fällen bezahlt die Firma die Studiengebühren und erlaubt sogar, dass sie sich frei nehmen, um sich fortzubilden. Nach der formalen Ausbildung rotieren diese jungen Talente oft durch verschiedene Abteilungen der Firma, damit sie das ganze Unternehmen kennenlernen und praktische Erfahrung sammeln.

4. **Business-Schule der Straße**
   Das ist die Schule, die Unternehmer besuchen, wenn sie die sichere Obhut von Schule, Familie und Unternehmenswelt verlassen. Hier sammeln sie Lebenserfahrung.

## *Zur Schule gehen*

Alle vier Schulen haben ihre Vor- und Nachteile. Es steht mir nicht zu, die eine als besser zu bezeichnen als die andere. Ich persönlich hatte das große Glück, auf die eine oder andere Weise alle vier Schularten besuchen zu können:

## *Eine traditionelle Business-Schule*

In meiner Zeit bei Xerox besuchte ich einen Abendkurs an der örtlichen Universität, um meinen MBA zu machen. Ich hielt es dort weniger als ein Jahr lang aus. Es war nichts für mich. Die Dozenten waren entweder Angestellte der Institution oder Angestellte eines Unternehmens. Die Mitstudenten wollten zum größten Teil gut bezahlte, gut ausgebildete Angestellte werden, genauso wie ihre Dozenten. Sie wollten die Karriereleiter hinaufsteigen, während ich Karriereleitern bauen und besitzen wollte. Das war eine andere Kultur und ein anderer Lehrplan, also ging ich.

## *Eine Familienunternehmens-Schule*

Meine Freundschaft mit Mike erlaubte mir den Besuch der »Schule eines Familienunternehmens« durch die Unternehmen meines reichen Vaters. Das war eine großartige Schulzeit, gerade weil sie viele Jahre dauerte. Mein reicher Vater war nicht nur ein wirklich erfolgreicher Unternehmer, sondern auch ein großartiger Lehrer.

## *Eine unternehmensinterne Business-Schule*

Bei Xerox nahm ich an einem der besten unternehmensinternen Verkaufstrainingsprogrammen der Welt teil. Bald nachdem ich eingestellt wurde, im Jahre 1974, durfte ich nach Leesburg, Virginia, fliegen, um zwei Wochen in ihrer Einrichtung für die Verkäuferschulung zu verbringen. Es war fantastisch. Nachdem wir unseren theoretischen Unterricht absolviert hatten, gingen wir sofort auf die Straße hinaus, um zu üben, was wir gerade gelernt hatten. Unsere Verkaufsleiter waren großartige Lehrer und Mentoren. Sie achteten darauf, dass die Theorie im Unterricht für die Herausforderungen im realen Leben relevant war. Wir studierten fleißig nicht nur Verkaufsstrategien, sondern auch die Produkte und Strategien unserer Konkurrenten. Damals hatten wir nur ein Ziel: IBM schlagen. Dieses Weltunternehmen war ein harter Mitbewerber und würdiger Gegner; uns war klar, dass wir gut vorbereitet sein mussten.

## *Die Business-Schule der Straße*

Aber die für mich schwerste Business-Schule war die Schule der Straße. Kaum hatte ich Xerox verlassen, stand ich wirklich auf der Straße. Die Schule der Straße war hart, ein strenger Lehrer und gnadenlos bei der Benotung. Oft stand ich Aug' in Aug' mit meinen größten Ängsten und Tiefen der Selbstzweifel. Dennoch war es auch die beste Business-Schule für mich. Es war genau das, was ich brauchte. Anstatt in guten oder schlechten Noten, bemessen sich die Noten auf der Straße in verdienten oder verlorenen Dollars.

## *Fertig mit der Schule*

Im Jahre 1978 schloss ich die Business-Schule von Xerox ab und betrat die Business-Schule der Straße. Emotional war das eine schwierige Umstellung für mich. Ich kam aus einer Welt der Erste-Klasse-Flüge, schönen Büros, des regelmäßigen Gehalts und der Übernahme aller Kosten von der Firma in eine Welt, in der ich selbst für alles bezahlen musste – bis hin zu den Büroklammern.

Bevor ich die Unternehmens-Business-Schule verließ, hatte ich keine Ahnung, wie viel es kosten würde, ein Unternehmen zu führen. Zwei Jahre lang zahlten meine beiden Partner und ich uns kein Gehalt, um die Ausgaben zu reduzieren. Ich arbeitete wieder ohne Bezahlung. Da wusste ich, warum mein reicher Vater darauf bestanden hatte, dass sein Sohn und ich für ihn umsonst arbeiteten. Er bereitete uns für die Welt des Unternehmertums vor – einer Welt, in der alle anderen zuerst bezahlt werden und Sie zuletzt, wenn überhaupt.

## *Erfolg offenbart Ihre Fehler*

Eine andere Lektion meines reichen Vaters lautete: »Erfolg offenbart deinen Misserfolg.« Mit anderen Worten, Ihre Stärken werden Ihre Schwächen offenbaren. Wieder einmal verstand ich nicht, was er damit meinte, bis mein eigenes Unternehmen erfolgreich wurde.

Unser Nylon-Surfergeldbeutel-Unternehmen war auf zwei der fünf Ebenen erfolgreich, und zwar auf der Kommunikationsebene und der des Produkts. Wir drei Partner hatten uns jahrelang fortgebildet, um auf diesen Ebenen erfolgreich zu sein. Das Problem war, dass wir zu gut auf diesen beiden

Ebenen ausgebildet waren und unser Erfolg zu früh zu groß war. Es war, als hätte man einen Plastik-Gartenschlauch an einen Hydranten angeschlossen. Als der internationale Erfolg das System unter Druck setzte, platzte das ganze Unternehmen. Unsere Stärken wurden durch unsere Schwächen ausgelöscht. Unsere Stärken hatten unsere Schwächen enthüllt. Unser Erfolg hatte unsere Fehler bloßgelegt. Es war uns nicht gelungen, die rechtliche Seite, die Systeme und die Cashflow-Komponenten des B-I-Dreiecks zu stärken. Wir hatten sie zwar abgedeckt, aber wir hatten es nicht geschafft, sie fit genug zu machen, als unser Erfolg immer größer wurde.

## *Noch mal von vorne anfangen*

Nachdem unser Unternehmen zusammengebrochen war, verließen meine beiden Partner das Unternehmen. Ich wollte auch aufhören, aber mein reicher Vater sagte: »Baue das Unternehmen wieder auf. Auf diese Business-Schule hast du gewartet.«

In den nächsten sechs Jahren habe ich immer wieder von vorne angefangen. Jeder Misserfolg war weniger schmerzhaft und die Gesundung erfolgte schneller. Bei jedem Scheitern, wusste ich, woran ich arbeiten musste. Ich wusste, was ich als Nächstes lernen musste. Die Business-Schule der Straße leitete mich an. Jedes Scheitern machte mich klüger und selbstsicherer und ich verspürte weniger Angst, wieder zu scheitern; ja, ich freute mich sogar darauf, das zu lernen, was als Nächstes opportun war.

Jedes Scheitern war eine Herausforderung, eine Tür zu einer neuen Welt. War ich erfolgreich, öffnete sich die Tür zur neuen Welt. Hatte ich keinen Erfolg und die Herausforderung nicht gemeistert, dann wurde mir die Türe vor der Nase zugeschlagen. Und das bedeutete, dass ich schlauer werden musste. Ich musste mich intensiver damit beschäftigen. Ich musste meine Kreativität einsetzen, um einen Weg durch die nächste Tür zu finden. In vielfacher Weise war es, als ob ich wieder ein Verkäufer auf der Straße war, der an die Türen klopft.

Werde ich gefragt, wie wir all diese Jahre ohne Geld überlebt haben, lautet meine Antwort: »Ich weiß es nicht. Ich lebte einfach von Tag zu Tag.« Nachdem meine ersten beiden Partner gegangen waren und die Dinge trüb aussahen, tauchten zwei neue Partner auf. Einer von ihnen war mein Bruder Jon. Sie brachten ein bisschen Geld mit und vor allem frische Vitalität und neue Fähigkeiten. Dave brachte Erfahrung auf der Systemebene mit. Er kannte sich ausgezeichnet in der Produktion aus. Jon betreute die Cashflow-Ebene. Er konnte hervorragend unsere Gläubiger zufriedenzustellen und unsere Lieferanten zum Liefern bewegen. Wir holten uns auch einen neuen Berater ins Boot, einen erfahrenen Wirtschaftsprüfer im Ruhestand, der unsere Buchhaltung in Ordnung bringen sollte. Er freute sich, umsonst arbeiten zu können – seine Frau wollte ihn aus dem Haus haben – und ein Büro zu haben, in das er jeden Tag gehen konnte. Ich glaube auch, dass er unsere Schwierigkeiten unterhaltsam fand. Er lachte viel, während wir anderen drei über unsere Probleme stöhnten und uns beklagten. Er arbeitete nicht nur umsonst und brachte unser Chaos in Ordnung, er lehrte uns auch, wie man Kapital auf eine professionelle Art beschafft.

Wie bereits gesagt, wir überlebten, indem wir uns einen Tag nach dem anderen vornahmen. Alles, was ich wusste, war, dass ich nicht zurück in ein Angestelltenverhältnis gehen wollte, wie es mein armer Vater gemacht hatte, nachdem er mit seiner Eisdiele gescheitert war. Ich hatte das Gefühl, bereits zu weit gegangen zu sein, um noch umzukehren.«

Mein reicher Vater hatte recht. Es war die beste zehnjährige Business-Schule, die ich hätte besuchen können. 1974 fing ich bei Xerox an und baute schließlich bis zum Jahre 1984 ein erfolgreiches Unternehmen auf. Es war ein zehnjähriger Prozess des Aufbaus, Scheiterns, Korrigierens und wieder Scheiterns. Für mich war es die beste Art zu lernen. Oft hatte ich das Gefühl, als ob ich ein Rennfahrzeug baute anstatt eines Unternehmens. Unser Team arbeitete am Unternehmen, brachte es auf die Rennstrecke, trat auf das Gaspedal, machte einen Motor oder eine Hydraulikleitung kaputt und kehrte wieder in die Werkstatt zurück.

## *Ein System der Systeme*

In vielfacher Weise ähnelt der Prozess des Aufbaus eines Unternehmens dem eines Autos. Auch ein Auto ist ein System der Systeme. Ein Auto besteht aus einem elektrischen System, Kraftstoffsystem, Bremssystem, Hydrauliksystem und so weiter. Wenn eines der Systeme kaputtgeht, funktioniert das Auto nicht mehr oder wird verkehrsuntauglich.

Der menschliche Körper ist ebenfalls ein System der Systeme. Wir haben das Kreislaufsystem, Atmungssystem, Verdauungssystem, das Skelett und vieles mehr. Wenn eines der Systeme nicht mehr funktioniert, kann es sein, dass der Körper zusammenklappt.

Die Ausbildung zum Unternehmer ist in vielfacher Weise wie eine Ausbildung zum Automechaniker oder Arzt. Genauso wie ein Arzt sich Röntgenbilder oder Ihre Bluttests anschaut, betrachtet ein Unternehmer das B-I-Dreieck, um den allgemeinen Gesundheitszustand und die Vitalität des Unternehmens zu beurteilen.

Nachdem ich mein Nylon-Surfergeldbeutel-Unternehmen mehrmals neu aufgebaut und andere Unternehmen gegründet und saniert hatte, fiel es mir immer leichter, Unternehmen zu analysieren. Statt Angst verspüre ich dabei heute Begeisterung. Heutzutage sehe ich große Gelegenheiten anstatt großer Risiken. Heute weiß ich, wenn ich alles verlieren würde, dass ich es wieder aufbauen könnte. Alle vier Business-Schulen zu absolvieren, war eine großartige Ausbildung, durch die ich mir sowohl Schulbildung als auch Bauernschläue aneignen konnte.

## *Was ist wichtiger?*

Oft werde ich gefragt, was wichtiger für einen Unternehmer sei – Schulbildung oder Bauernschläue?

Heute ist meine Antwort: »Beides«.

Um ein erfolgreicher Unternehmer zu sein, müssen Sie und Ihr Team über Schulbildung und Bauernschläue verfügen. Wenn Sie das B-I-Dreieck anschauen, können Sie sehen, warum das so ist. Obwohl auf allen fünf Ebenen Bauerschläue nötig ist, benötigen der rechtliche Aspekt und der Aspekt des Cashflows tatsächlich jemanden mit einer akademischen Ausbildung. Für die rechtliche Ebene brauchen Sie natürlich einen Rechtsanwalt und für die Cashflow-Ebene einen Buchhalter, vorzugsweise einen staatlich geprüften Steuerberater. Das ist nicht so offensichtlich, wie es klingen mag. Sie wären überrascht zu hören, wie viele Leute zu mir kommen und Ratschläge wollen, wie man ein Unternehmen aufbaut, ohne einen Buchhalter oder Anwalt in ihrem Team zu haben.

## *Ein effektives Team*

Ein Unternehmer muss den Unterschied zwischen Schulbildung und Bauernschläue kennen. Noch wichtiger ist es, dass das Unternehmen als Team effektiv ist, man muss also die bestmögliche Kombination an Menschen finden, die für die jeweilige Aufgabenstellung benötigt werden.

Letztendlich gewinnt das Unternehmen auf dem Markt, das über ein gut eingespieltes Team verfügt.

Jim Collins beschreibt in seinem Bestseller »Der Weg zu den Besten«, wie wichtig es ist, die richtigen Leute im Bus zu haben, und zwar auf den richtigen Plätzen. Es ist auch wichtig, die falschen Leute aus dem Bus aussteigen zu lassen. Sie brauchen ein Team, das alle Elemente des B-I-Dreiecks optimal abdeckt.

## *Drei große Fehler*

Mit der Zeit fiel mir auf, dass Unternehmer bei Rechtsanwälten und Steuerberatern drei grundlegende Fehler machen:

1. Sie lassen sich nicht angemessenen von einem Rechtsanwalt und einem Steuerfachmann beraten, bevor sie ihr Unternehmen gründen.

2. Sie hören zu viel auf ihren Steuerberater oder Rechtsanwalt. Ich habe oft Unternehmer gefragt: »Wer leitet das Unternehmen – der Steuerberater, der Anwalt – oder sie als Unternehmer?« Denken Sie immer daran: Auch wenn die anderen auf einem bestimmten Gebiet schlauer sind als Sie, sind Sie derjenige, der die Rechnungen zu begleichen hat. Sie müssen die Entwicklungsrichtung des Unternehmens bestimmen, Sie haben sozusagen die Richtlinienkompetenz!

3. Sie haben keinen Steuerberater oder Rechtsanwalt im Team. Sie müssen sie natürlich nicht in Vollzeit beschäftigen, aber Sie müssen ihnen vertrauen können, denn sie müssen alles wissen und sie wollen alles wissen. Sie müssen sich gegenseitig gut kennen. Mein reicher Vater sagte einmal: »Einen Teilzeit-Steuerberater oder -Rechtsanwalt zu haben, ist, als ob man einen Teilzeit-Ehemann oder eine Teilzeit-Ehefrau hätte.«

## *Der Unterschied zwischen Schulbildung und Bauernschläue*

| Schulbildung | Bauernschläue (Street Smarts) |
|---|---|
| A-Denker<br>Analytische Fähigkeiten / kritisch | C-Denker<br>Kreativ/ flexibel |
| T-Denker<br>Technische Fähigkeiten & Expertise | P-Denker<br>Soziale Kompetenzen / Führung |

Die Charakteristiken auf der linken Seite werden in der Regel eher mit gebildeten Menschen in Verbindung gebracht, die auf der rechten Seite eher mit bauernschlauen. Mein reicher Vater sagte: »Wenn du dich zum Unternehmer entwickelst, wirst du alle vier Bereiche benötigen.« Ich werde auf diese Eigenschaften zurückkomme, und sie werden Ihnen mit jedem Beispiel klarer werden. An dieser Stelle will ich jeden Quadranten nur kurz erläutern:

A-Denker: Wir alle kennen Menschen mit großartigen analytischen Fähigkeiten. Ihnen hat es in der Schule Spaß gemacht, mathematische Probleme zu lösen. Bietet man ihnen eine neue Idee an, werden sie wahrscheinlich eher kritisch oder zynisch reagieren, als offen für die neue Idee. Anstatt eine schnelle Entscheidung zu treffen, werden sie für gewöhnlich nachdenken und die Situation ausgiebig analysieren, bevor sie eine Entscheidung treffen. Bevor sie sich dann entscheiden, kommen sie wieder zu Ihnen und erfragen weitere Einzelheiten.

C-Denker: Wir alle kennen Menschen, die bei ihrer Arbeit kreative Künstler sind. Das bedeutet nicht, dass sie tatsächlich Künstler sind. Sie sind einfach nur kreativ. Sie könnten Buchhalter oder Rechtsanwälte sein. Sie sehen gerne das Gesamtbild. Sie denken außerhalb des Rahmens. C-Denker treiben A-Denker oft in den Wahnsinn. Flexible Logik bedeutet, dass sie flexibel sind in dem, was für sie Sinn macht. Wenn ich zum Beispiel sage: »Ich kann mehr Geld verdienen, wenn der Markt abstürzt«, sind C-Denker besser als A-Denker imstande, diese Logik zu erfassen. Mit anderen Worten, C-Denker können etwas Unlogisches in ihre Logik integrieren. Sie sind aufgeschlossener. A-Denker lehnen oft alles ab, was nicht in ihre Denkweise passt.

T-Denker: Wir alle kennen Menschen, die technische Genies sind. Sie sind vielleicht Computer-Genies, die eine Sprache sprechen, die es nur auf dem Mars gibt. Oder Mechaniker-Asse, die denken, dass jeder weiß, wie man ein Getriebe ausbaut und repariert. T-Denker sind oft das genaue Gegenteil von P-Denkern. Und warum sind sie das? Weil T-Denker sich mit den Leuten am wohlsten zu fühlen scheinen, die sich für die gleichen technischen Themen interessieren wie sie selbst. Sie besuchen Computermessen, nur um andere Computerfreaks zu treffen. Sie treiben sich beim Autohändler herum, nur um jemanden zu treffen, mit dem sie reden können.

P-Denker: In der Highschool sind die stärksten P-Denker oft Schulsprecher oder die beliebtesten Schüler. Anders als T-Denker können P-Denker sich mit jedem Menschen unterhalten. Auf einer Party sind P-Denker die Stars. Jeder lädt sie ein, weil sie Spaß garantieren. Im Unternehmen sind sie beliebte Mitarbeiter. Für einen P-Denker würde jeder alles tun. In Unternehmen können P-Denker großartige Führungskräfte sein, wenn sie auch die nötigen unternehmerischen Fähigkeiten besitzen. Wenn sie reden, hört man ihnen zu.

## *Anders Denkende führen auch das Unternehmen anders*

Wie Sie vielleicht schon erraten haben, fühlt sich jede Art von Denker zu unterschiedlichen Arten von unternehmerischen Tätigkeiten hingezogen. Ein T-Denker zum Beispiel hat vielleicht Spaß daran, ein Geschäft für Autoteile zu eröffnen. Ein A-Denker mag eine Rechtsanwaltskanzlei gründen, ein C-Denker wird vielleicht Schönheitschirurg. Und P-Denker sind vielleicht auf Dauer in der Politik aktiv und kandidieren immer wieder für ein Amt. Sie werden vielleicht auch Pfarrer und kümmern sich um ihre Gemeinde. Oder sie werden Unterhaltungskünstler, die dafür bezahlt werden, dass sie im Rampenlicht stehen.

## *Alle vier sind wichtig*

Mein reicher Vater sagte: »Alle vier Arten der Denker sind wichtig für ein Unternehmen. Kleine Unternehmen bleiben klein oder scheitern, weil ihnen meist mehrere der verschiedenen Denker-Arten fehlen.« Einer der Gründe, warum mein Nylon-Surfergeldbeutel-Unternehmen scheiterte, war, dass wir in den C- und P-Kategorien zu stark und sehr schwach in den A- und T-Kategorien waren.

Viele selbstständige Unternehmer sind sehr stark in der A- oder der T-Kategorie. Der eine ist vielleicht ein großartiger Anwalt in der A-Kategorie oder ein versierter Elektriker in der T-Kategorie. Diese Leute sind sehr schlaue Experten in einer Marktnische und arbeiten am besten alleine. Sie haben aber Mühe zu wachsen, weil sie in der C- oder P-Kategorie schwach sind.

Wenn es um Investitionen geht, wird ein A oder T anders investieren als ein C oder P. A- und T-Menschen möchten eine genaue Anleitung, an die sie sich halten können. Sie wollen die Zahlen sehen und sie immer wieder analysieren. C- oder P-Investoren sind mehr an exotischen Geschäften interessiert oder wollen wissen, wer die anderen »Spieler« im Projekt sind. Beachten Sie, dass ich hier das Wort »Spieler« benutze, was bedeutet, dass Menschen bei den Investmententscheidungen wichtig sind. Das ist wichtig für P-Denker.

In meinen Seminaren zum Thema Investieren werde ich immer wieder von Leuten gefragt: »Sagen sie mir, was ich tun soll. Nach welche Formel sind Sie vorgegangen?« Wenn ich solche Fragen höre, dann weiß ich, dass sie wahrscheinlich A- oder T-Denker sind. Es macht sie verrückt, wenn ich antworte: »Wir haben einfach eine Investmentgelegenheit geschaffen. Eine Gruppe von Leuten kam zusammen, hat den Deal zusammengestellt und damit viel Geld verdient.« Es macht sie verrückt, weil unsere Art zu investieren nicht in ihr Logiksystem passt. Es ist einfach für A- und T-Denker, einer Formel zu folgen wie »Spare Geld, befreie dich von deinen Schulden, investiere langfristig und diversifiziere.« Diese klare Anweisung bedient ihr Bedürfnis nach einer logischen Formel, obwohl es nicht die beste Art zu investieren ist. Meine Formeln werden sie wahrscheinlich frustrieren, da ihre Art und Weise zu denken ihnen eine solche flexible Logik nicht erlaubt.

## *Der Rat meines reichen Vaters*

Mein reicher Vater hatte so seine Bedenken, dass ich ein Unternehmer werden könnte, da ich in allen vier Kategorien schwach war. Ich war weder ein starker A-, T-, P- noch ein C-Denker. Er sagte, »Du musst eine Kategorie finden und gut darin werden.«

Auf einem Block schrieb er die fünf Elemente des B-I-Dreiecks auf:

1. Produkt

2. Recht

3. Systeme

4. Kommunikation

5. Cashflow

Er sagte dann, »Ich glaube nicht, dass du eine realistische Chance im Recht, den Systemen oder dem Cashflow hast. Du warst nicht gut in der Schule und du wirst es wahrscheinlich auch nie sein. Ich glaube nicht, dass du jemals zurück an die Uni gehen wirst, um Rechtsanwalt, Buchhalter oder Ingenieur zu werden. Es bleiben Produkt und Kommunikation. Wähle eines aus und verpflichte dich für den Rest deines Lebens, der Beste in diesem Bereich zu sein.«

Und ich entschloss mich, das Marinekorps zu verlassen und bei Xerox zu arbeiten. 1974 beschloss ich, dass ich die beste Chance auf Erfolg als Unternehmer hatte, wenn ich ein Experte in der Kommunikation mit Menschen würde. Ich war kein geborener P-Denker, aber ich beschloss, dass ich für den Rest meines Lebens in dieser Kategorie dazulernen wollte. Heute habe ich sehr großen Respekt vor Menschen mit einer hohen Schulbildung – Menschen, die kreativ sind und Produkte gestalten können, oder Juristen, die das Studium des Rechts zu ihrem Lebensinhalt gemacht haben, oder Ingenieure, die großartig mit Systemen umgehen können. Ich habe enormen Respekt vor schlauen Buchhaltern, die wissen, wie man den Überblick über den Geldfluss behält.

## *Werden Sie auf einer einzigen Ebene Experte*

Als ich meinen reichen Vater fragte, warum ich auf einer Ebene zum Experten werden sollte, lautete seine Antwort: »Wenn du das beste Team um dich versammeln möchtest, musst auch du der Beste in einem Bereich sein. Wenn du in der Kommunikation nur mittelmäßig bist, wirst du nie die besten Anwälte, Ingenieure, Designer oder Buchhalter brauchen. Du wirst nur mittelmäßige brauchen, weil du selbst mittelmäßig bist.«

## *Bauen Sie ein Team von Experten auf*

Manche Selbstständige sind nicht so erfolgreich, wie sie sein könnten, weil sie glauben, Experte auf allen fünf Ebenen sein zu müssen. Sie sind oft auf allen fünf Ebenen bewandert und gut, aber nicht alle Ebenen gehören zu ihren Stärken. Eventuell ist das der Grund, warum sie oft im S-Quadrant bleiben. Wenn Sie im B-Quadrant Erfolg haben wollen, müssen Sie der Beste auf einer dieser Ebenen sein und dann ein Team von Experten um sich herum aufbauen, das die restlichen Ebenen übernimmt.

Nachdem ich meine Schüchternheit überwunden hatte, wurde ich meiner Meinung nach ziemlich gut im Verkauf, Marketing, Schreiben, Reden und Entwerfen von Informationsprodukten. Ich bezweifle, dass die Rich Dad Company so erfolgreich geworden wäre, wie sie es heute ist, wenn ich mich nicht jahrelang auf der Kommunikationsebene fortgebildet und meine P-Denker-Fähigkeiten entwickelt hätte. Heute verfügt die Rich Dad Company über starke Produktdesignteams, aggressive und kluge Juristenteams und etablierte internationale Vertriebssysteme. Sie hat auch Marketing-Kommunikationssysteme auf der ganzen Welt und ein erstklassiges Buchhaltungsteam, das die Liquidität aufrechterhält. Als Unternehmen haben wir Tausende von Menschen auf der ganzen Welt, die für uns oder unsere Produkte arbeiten. Wie das alte Sprichwort sagt: Die Rich Dad Company wurde »über Nacht zum Erfolg«, wie es so schön heißt, aber es dauerte Jahre, um da hinzukommen.

## *Entwickeln Sie sich weiter*

Die Business-Schule der Straße ist eine sehr harte Schule. Ich erinnere mich immer noch daran, wie ich in New York herumlief und mir das Geld ausging. Ich klopfte an Türen in der Hoffnung, jemanden zu finden, der »Ja« zu meinen Nylongeldbeuteln sagen würde. Ich liebe New York, aber es ist mir bewusst, dass es eine sehr grausame Stadt sein kann, wenn man arm, erfolglos und unbekannt ist.

Obwohl sich die Büros der Rich Dad Company in Arizona befinden, sind die Triebwerke des Unternehmens in New York City und in Städten überall auf der Welt. Es ist spannend, Zugang zu den Büros zu einigen der machtvollsten Firmen in der Welt zu haben wie American Express, ABC, NBC, CBS, Fortune, den Zeitschriften Business Week und Forbes, der New York Times, New York Post und dem CNN. Es ist sogar noch aufregender, mit ihnen Geschäfte zu machen oder ihnen Geschäfte vorzuschlagen. Doch so erfolgreich wir auch in den vergangenen Jahren geworden sind, erinnere ich mich immer an die Straßen von New York und wie kalt die Stadt werden kann, wenn bei einer der Komponenten des B-I-Dreiecks Schwächen auftreten.

Also, bevor Sie Ihre feste Stelle aufgeben, seien Sie sich bewusst, dass die wichtigste Aufgabe ist, sich selbst weiterzuentwickeln. Wenn Sie sich vornehmen, ein großartiger Unternehmer zu werden, fällt es Ihnen einfacher, großartige Menschen für Ihr Team zu finden. Wenn Sie ein großartiges Team zusammenstellen können, werden Sie es einfacher finden, erfolgreich zu sein, wo auch immer Sie sind. Denken Sie nur daran, wie wichtig es ist, sich um höchstmögliche Bauernschläue und Schulbildung zu bemühen.

# RICH DAD'S LEKTION NR. 5 FÜR UNTERNEHMER

# Der Prozess ist wichtiger als das Ziel

## Fünftes Kapitel

# Geld ist Macht

»Sechs Monate lang waren wir reich«, sagte ich. »Geld strömte nur so herein und dann stürzte das Dach ein.«

»Nun, wenigstens wart ihr Millionäre, auch wenn es nur für sechs Monate war«, sagte mein reicher Vater lachend. »Viele Menschen werden nie wissen, wie es sich anfühlt, reich zu sein.«

»Ja, und jetzt bin ich finanziell am Ende«, jammerte ich. »Sechs Monate des Erfolgs und Jahre, um das zurückzuzahlen.«

»Nun, wenigstens hattest du eine Kostprobe des guten Lebens.« Mein reicher Vater lächelte und tat sein Bestes, um mich aufzumuntern. »Die meisten Menschen werden nie wissen, wie es sich anfühlt, ein internationales Unternehmen aufzubauen und internationaler erfolgreich zu sein. Die meisten Menschen werden nie wissen, wie es ist, wenn man im Geld schwimmt.«

»Und die meisten Menschen werde nie wissen, wie es sich anfühlt, auf internationaler Ebene Misserfolg zu haben und wenn das Geld zum Fenster hinausfliegt«, sagte ich und fing an zu lachen.

»Und warum lachst du?«, fragte der reiche Vater.

»Das weiß ich eigentlich gar nicht« antwortete ich. »Ich schätze mal ich lache, weil ich diese Erfahrung, obwohl sie gerade ziemlich schmerzhaft ist, gegen nichts anderes würde tauschen wollen. Wie du schon sagtest, durfte ich einen Blick in eine andere Welt erhaschen, eine Welt, die nur wenige Menschen jemals sehen werden, die ich aber gerne wiedersehen würde. Eine Weile lang war alles so aufregend.«

Mein reicher Vater lehnte sich in seinem Stuhl zurück. Lange saß er still da, vielleicht dachte er über sein Leben nach, über die gewonnenen und verlorenen Schlachten. Schließlich riss er sich aus seinen Gedanken und sagte: »Die meisten Menschen rasen von zu Hause zur Arbeit und möchten sich vor dieser Welt schützen. Viele verstecken sich in der Arbeit und zu Hause vor der harten Realität einer wettbewerbsorientierten Welt. Sie wollen nicht mehr als ein regelmäßiges Gehalt und einen Ort außerhalb der eigenen vier Wände, an dem sie sich genauso wohl fühlen.« Mein reicher Vater machte wieder eine Pause und sagte dann: »Und andere suchen etwas anderes.«

»Du meinst etwas anderes als nur Sicherheit und Geld?«

»Ja. Wenn ich nicht mehr als eine sichere Arbeitsstelle, ein regelmäßiges Gehalt und eine Heimat außerhalb meiner vier Wände gewollt hätte, wäre ich nie Unternehmer geworden.«

»Und was hast du außer Sicherheit und Geld noch gesucht?«

»Eine andere Welt, eine andere Art zu leben. Wie du weißt, kam ich aus einer sehr armen Familie. Ich wollte mehr als nur viel Geld. Ich wollte mehr als nur ein großes Haus und tolle Autos. Ich wollte ein Leben, wie es nur wenige Menschen jemals erreichen. Ich wusste, dass die Wahrscheinlichkeit zu scheitern größer war als erfolgreich zu sein. Ich wusste, dass ein Unternehmer Höhen und Tiefen erlebt. Und wie jeder andere war ich wegen der Höhen und Tiefen beunruhigt. Doch der Gedanke an ein Leben auf einem anderen Level ließ mir die Risiken lohnenswert erscheinen. Es ging nicht nur darum Geld zu verdienen. Es ging um das Abenteuer meines Lebens.« Dann schwieg mein reicher Vater in Gedanken versunken eine ganze Weile. Schließlich fuhr er fort: »Ich weiß schon jetzt, wenn mein Leben vorbei sein wird, werden die Höhen und Tiefen in der Erinnerung zu einem einzigen großen Abenteuer geworden sein, ein Abenteuer von gewonnenen und verlorenen Deals, von gewonnenen und verlorenen Freunden und von verdientem und verlorenem Geld. Es werden Erinnerungen sein an völlig fremde Menschen, die zu deiner Tür hereinspazieren, um dich bei deinem nächsten Abenteuer zu begleiten, und wieder zur Tür herausgehen, wenn das Abenteuer vorbei ist. Und unterwegs findest du hoffentlich den Ort, einen Ort mit der Qualität und Schönheit des Lebens, von dem du tief in deinem Herzen wusstest, dass er existiert, von dem du träumtest, dass er wahr wird.«

»Und hast du deinen Ort gefunden?«, fragte ich.

Mein reicher Vater nickte einfach und lächelte zufrieden.

## *Ein Blick in Ihre Zukunft*

Damit gab es wirklich nicht viel mehr zu besprechen. Ich wusste, was ich zu tun hatte. Ich musste mit den Gläubigern reden und ein Unternehmen wieder aufbauen. Es gab immer noch viele Dinge zu lernen, also wusste ich, dass es an der Zeit war, zurück an die Arbeit zu gehen. Ich sammelte meine Sachen zusammen, schüttelte meinem reichen Vater die Hand und ging zur Tür.

»Eine Sache noch«, sagte mein reicher Vater.

An der Tür angelangt, drehte ich mich um. »Was denn?«

»Du erinnerst dich an die sechs Monate, als du ganz oben warst?«

»Natürlich«, antwortete ich.

»Das war ein Blick in deine Zukunft.«

»Ein Blick?«, wiederholte ich. »Was meinst du damit? Ein Blick in welche Zukunft?«

»1974, als du dich entschieden hattest, meinem Rat zu folgen anstatt dem deines Vaters, hast du eine Reise angetreten, einen Prozess begonnen. Der Prozess hat einen Anfang und ein Ende. Es kann Jahre dauern, aber irgendwann ist er beendet. Eines Tages wird diese anstrengende Zeit, in der du dich jetzt befindest, zu Ende sein und ein neues Leben und ein neuer Prozess werden beginnen. Du wirst gewinnen, wenn du diesem Prozess treu bleibst. Im Laufe des aktuellen Prozesses wirst du noch mehr Herausforderungen zu meistern und Lektionen zu lernen haben. Der Prozess testet dich und lehrt dich auch. Wenn du den Test bestehst und die Lektion lernst, kannst du weitergehen zu deinem nächsten Prozess. Wenn du einen Test nicht bestehst und aufgibst, anstatt ihn zu wiederholen, wird dich der Prozess ausspucken. Also gaben dir diese sechs Monate des guten Lebens einen Einblick in deine Zukunft, in die Welt, nach der du suchst, in eine Welt, die dich erwartet. Und das sollte dir sagen: ›Gehe weiter. Du bist auf dem richtigen Weg‹. Das gibt dir den Mut, dem Prozess, der da kommt, zu begegnen, und die Motivation, um weiter zu machen und weiter zu lernen.«

»Und woher weißt du das?«, fragte ich. »Hast du auch einen Blick in deine Zukunft bekommen, als du es brauchtest?«

Wieder nickte mein reicher Vater nur und grinste.

## *Ein zehnjähriger Prozess*

Die Lektion meines reichen Vaters über die Bedeutung des Prozesses erwies sich als eine sehr wichtige Lektion in meinem Leben. Wenn ich zurückblicke, scheint es so, als ob meine persönlichen Prozesse in ungefähr zehnjährigen Zyklen verliefen. Das sah in etwa folgendermaßen aus:

- 1974 bis 1984: Der Lernprozess
  In diesem Zeitraum erlernte ich die Fähigkeiten eines Unternehmers in der realen Welt. Das Klassenzimmer war passé, der Unterricht war in die Business-Schule der Straße verlegt worden. Ich machte viele große Fehler, weil ich noch viel zu lernen hatte. In dieser Zeit trainierte ich meine unternehmerischen Fähigkeiten, indem ich ein Unternehmen aufbaute, das Nylongeldbeutel in Asien herstellte und sie auf den globalen Markt brachte. Wir entwarfen auch Merchandising-Artikel für Rockbands wie Duran Duran, Van Halen, Judas Priest, Pink Floyd und Boy George. Zu der Zeit lernte ich so viel über all die Elemente des B-I-Dreiecks, wie ich konnte. Das war die Business-Schule in der Praxis.

- 1984 bis 1994: Der Prozess des Verdienens
  In diesem Zeitraum begann ich viel Geld zu verdienen und baute meine finanziellen Grundlagen auf. Die aus den Fehlern gewonnenen Erkenntnisse zahlten sich in Form von Geld aus. Dieses in Immobilien investierte Geld brachte Kim und mir nicht nur ein passives Einkommen, sondern auch große Erfahrung als Immobilieninvestoren. In dieser Zeit folgte ich meiner Leidenschaft, die darin bestand, Kurse zum Thema Unternehmertum und Investitionen zu halten. Mit Kursen wie »Business-Schule für Unternehmer« und »Business-Schule für Investoren« kombinierte ich den Beruf meines armen Vaters mit den Lektionen meines reichen Vaters. Dies war auch die Zeit, in der ich meine Fähigkeiten auf der Kommunikationsebene des B-I-Dreiecks weiterentwickelte, indem ich lernte, auf ganz neue Weise zu unterrichten. Wie schon erwähnt, musste ich entscheiden, auf welcher Ebene ich selbst Experte werden wollte. Nachdem ich Grundwissen auf allen fünf Ebenen erworben hatte, war mir klar geworden, dass

ich auf der Kommunikationsebene die besten Chancen hatte, meine Fähigkeiten zu entfalten. Wenn ich auf dieser Ebene mein Bestes gab, würden meine Chancen steigen, ein Team mit großen Qualitäten auf den anderen Ebenen um mich zu scharen.

- 1994 bis 2004: Der Prozess des Zurückgebens
  Nachdem Kim und ich genug Geld hatten, um nicht mehr arbeiten zu müssen, wusste ich, dass es an der Zeit war zurückzugeben. Nachdem wir unser Unternehmen im Bildungssektor verkauft hatten, begann ich ein Unternehmen zu entwickeln, das die Lektionen meines reichen Vaters mehr Menschen zu günstigeren Preisen vermitteln konnte. Das war der Beginn der Rich Dad Company. Anstatt durch Seminare zu lehren, deren Teilnahmegebühren zeitweise über 5000 Dollar lagen, kreierte ich das CASHFLOW-Spiel. In dieser Zeit verlagerte sich mein Fokus vom Geld verdienen auf die Frage: »Wie kann ich mehr Menschen dienen?« Ironischerweise habe ich mehr Geld verdient, indem ich mich mehr darauf konzentrierte, mehr Menschen zu dienen. 2004 war das Unternehmen so weit entwickelt, dass wir zusätzliches Managementpersonal benötigten, um es auf die nächsten Ebene zu bringen – und das Unternehmen hat noch einen weiten Weg vor sich.

Die Zehn-Jahres-Zyklen waren nicht geplant. Es hat sich einfach so ergeben. Erst im Rückblick war das Zehn-Jahres-Schema zu erkennen.

Heute lebe ich das Leben, auf das ich im Jahre 1978 einen Blick erhascht hatte. Der Prozess hat sein Versprechen gehalten.

## *Der Prozess ist wichtiger als das Ziel*

Die meisten von uns haben gehört, dass es wichtig ist, sich Ziele zu setzen. Doch mein reicher Vater war da anderer Meinung. »Ziele sind wichtig, aber der Prozess zur Erreichung der Ziele ist viel wichtiger als das Ziel selbst.« Erklärend fügte er hinzu: »Wenn du die Leute fragst, ›Wer will Millionär werden‹?, werden die meisten Menschen ihre Hand heben. Sie haben ein Ziel, aber jetzt müssen sie den Prozess wählen, um es zu erreichen, denn es gibt viele Wege, Millionär zu werden.«

## *Unterschiedliche Prozesse, um Millionär zu werden*

Mein reicher Vater sagte: »Der Prozess ist wichtiger als das Ziel, weil er bestimmt, wer du beim Erreichen deiner Ziele wirst. Im Folgenden liste ich einige unterschiedliche Prozesse, um reich zu werden, auf:

- Sie können reich werden, indem Sie Geld erben.
  Aber die meisten von uns wissen, ob sie Geld erben werden – und es kann ziemlich schwierig sein, eine reiche Person zu finden, die Sie adoptieren will.

- Sie können reich werden, indem Sie wegen des Geldes heiraten.
  Das Problem ist, dass wir alle wissen, wer und was aus Ihnen bei diesem Prozess wird. Das ist der älteste Beruf der Welt.

- Sie können durch Geiz reich werden.
  Das Problem ist, wenn Sie durch Geiz reich werden, werden Sie am Ende des Prozesses immer noch geizig sein – und reiche, geizige Menschen sind in der ganzen Welt verhasst. Tatsächlich verdanken die Reichen den reichen, aber geizigen Menschen den schlechten Ruf, den Reichtum meist hat.

- Sie können durch Gaunerei reich werden.
  Das Problem ist, dass am Ende des Prozesses Sie ein reicher Gauner sind und alle Ihre Freunde ebenfalls. Ehrliche, reiche Leute mögen keine betrügerischen reichen Leute.

- Sie können durch einen glücklichen Zufall reich werden.
  Es gibt viele Möglichkeiten, um durch einen Glücksfall reich zu werden. Sie können ein angeborenes Talent besitzen, wie es viele Athleten und Schauspieler haben; Sie können im Lotto gewinnen; Sie können reich geboren werden; oder Sie sind zufällig zur richtigen Zeit am richtigen Ort. Das Problem ist, wenn Sie das Geld verlieren, müssen Sie sich auf das Glück verlassen, damit Sie wieder zu Geld kommen.

- Sie können als schlauer Unternehmer reich werden.
  Um ein reicher Unternehmer zu werden, müssen Sie schlau werden. Ich mag diesen Prozess des Reich-Werdens, weil ich dabei schlau werden muss, und das ist viel wichtiger als Geld zu verdienen. Wenn

Sie Ihr Geld verlieren, haben Sie durch diesen Prozess gelernt, wieder zu Geld zu kommen und dabei noch dazuzulernen.

## *Geld macht Sie nicht reich*

Lotteriegewinne belaufen sich oft auf mehrere Millionen Dollar, weil es Millionen von Menschen gibt, die durch einen glücklichen Zufall reich werden wollen. Aber diese Methode ist nicht nur die riskanteste von allen und weist die schlechtesten Gewinnchancen auf, sie trägt auch absolut nichts zur Steigerung Ihrer finanziellen Intelligenz bei. Tatsächlich zeigt ein Lottogewinn oft, wie niedrig unsere finanzielle Intelligenz meistens ist. Hier ein paar Geschichten von Menschen, die auf diesem Weg Millionäre wurden.

## *Zweifacher Lottogewinner... wohnt in einem Wohnwagen*

»Im Lotto zu gewinnen, ist nicht immer das, was es zu sein scheint«, sagt Evelyn Adams, die die New-Jersey-Lotterie in Höhe von rund 5,4 Millionen Dollar nicht nur einmal, sondern sogar zweimal gewonnen hat. Heute ist das Geld weg und Adams lebt in einem Wohnwagen. »Ich habe den amerikanischen Traum gewonnen, aber ich habe ihn auch verloren. Es war ein sehr harter Fall. Der absolute Tiefpunkt. Alle wollten mein Geld haben. Alle streckten sie ihre Hände aus. Ich hatte nie das einfache Wort ›Nein‹ gelernt. Ich wünschte, ich bekäme noch einmal die Chance, ich wäre jetzt viel schlauer!«

## *Ein armer Junge, der Glück hatte*

Ken Proxmire arbeitete als Maschinist, als er eine Million Dollar in der Michigan-Lotterie gewann. Er zog nach Kalifornien und stieg mit seinen Brüdern ins Automobilgeschäft ein. Es dauerte keine fünf Jahre, bis er Konkurs anmelden musste. »Er war nur ein armer Junge, der Glück gehabt hatte«, erklärte Kens' Sohn Rick.

## *Von Lebensmittelmarken leben*

William »Bud« Post gewann 16,2 Millionen Dollar in der Pennsylvania-Lotterie, jetzt lebt er von seiner Rente.

»Ich wünschte, es wäre nie passiert. Es war ein Albtraum.«, sagte Post. Eine ehemalige Freundin verklagte ihn erfolgreich, um einen Teil seines

Gewinns zugesprochen zu bekommen. Und das war nicht das einzige Gerichtsverfahren, das er am Hals gehabt hatte. Einer seiner Brüder wurde verhaftet, weil er einen Auftragskiller angeheuert hatte, um ihn umzubringen, in der Hoffnung einen Teil des Gewinns zu erben. Andere Geschwister belästigten ihn so lange, bis er sich einverstanden erklärte, in ein Autounternehmen und in ein Restaurant in Sarasota, Florida, zu investieren – zwei Projekte, die ihm letztendlich kein Geld einbrachten, was die Beziehung zu seinen Geschwistern noch mehr belastete. Post verbrachte sogar einige Zeit im Gefängnis, weil er eine Waffe über dem Kopf des Gerichtsvollziehers abgefeuert hatte.

Innerhalb eines Jahres hatte er eine Million Dollar Schulden angehäuft. Er gibt zu, dass er töricht und unvorsichtig war und versucht hatte, es seiner Familie recht zu machen. Jetzt lebt er friedlich von seiner staatlichen Rente und Lebensmittelmarken.

## *Was, wenn Sie eine Milliarde Dollar verlieren würden?*

Vor Jahren wurde Henry Ford, einer der Milliardäre aus der Zeit, als eine Milliarde Dollar viel mehr wert waren als heute, von einem Reporter gefragt: »Was wäre, wenn Sie alles verlieren würden?« Fords Antwort lautete: »In weniger als fünf Jahren hätte ich wieder so viel Geld.« Wenn Sie Henry Fords Antwort mit der Antwort der Lotto-Gewinner vergleichen, werden Sie den Unterschied erkennen zwischen den beiden Prozessen, Millionär zu werden: durch einen glücklichen Zufall oder durch die Gründung eines Unternehmens.

## *Eine bedenkenswerte Frage*

Seitdem ich die Antwort von Henry Ford gelesen hatte, frage ich mich oft, wie gut ich mich nach fünf Jahren erholt hätte, wenn ich alles verlieren würde? Wenn meine Vergangenheit als Hinweis dienen kann, dann kam ich jedes Mal, wenn ich zurück ins Nichts gefallen war – und das passierte mir mehrere Male –, mit Volldampf wieder hoch und verdiente viel mehr Geld als ich verloren hatte. Es waren zwar keine Milliarden wie bei Henry Ford, aber es ging immerhin um Hunderte von Millionen. Meiner Meinung nach ist der Prozess des Unternehmers der beste, um reich zu werden – wenn Sie den Mut, den Verstand und die Ausdauer dazu besitzen.

## *Das Fundament legen*

Der Lernprozess eines Unternehmers verlangt von uns, zu lernen und Erfahrung auf den fünf Ebenen des B-I-Dreiecks zu sammeln. Sobald man alle fünf Ebenen einigermaßen beherrscht, läuft es ziemlich gut. Als Student im Grundstudium der Business-Schule der Straße brauchte ich ungefähr zehn Jahre, um diese Grundkenntnisse zu erwerben. Sie fragen sich, ob es schneller geht? Auf jeden Fall. Einer der Gründe, warum ich dieses Buch schreibe, war einfach, Sie über diese Ebenen zu informieren. Mit diesem Wissen wird es Ihnen leichter fallen, sich der Reihe nach auf die einzelnen Ebenen zu konzentrieren.

## *Warum Cashflow die Basis ist*

Die meisten Möchtegernunternehmer konzentrieren sich auf die Produktebene, die oberste Ebene des B-I-Dreiecks. Das Produkt ist wichtig, keine Frage. Aber wie Sie sehen, ist der Cashflow die Grundebene mit der größten Fläche. Warum?

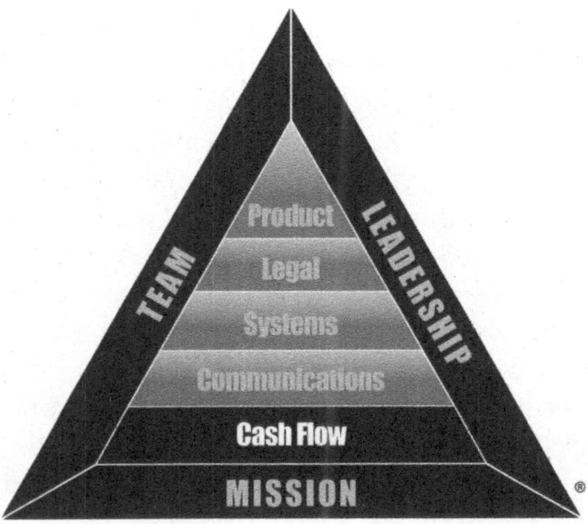


Als ich als Unternehmer anfing, steckte ich voller Begeisterung, wenn ich neue Produkte oder Ideen prüfte. So kam ich zu den Nylongeldbeutel. Der Nylongeldbeutel war nur eine von ungefähr 50 Produktideen, die wir in Betracht zogen. Einige der anderen Ideen waren Holzpuzzles, Zuckerpäckchen mit Hawaiianischen Motiven auf der Verpackung, die in eine Schachtel aus Leinen eingewickelt waren, eine Zeitschrift und sogar Bonbons, eingepackt in einer Schachtel, auf der stand, »Bite the Bullet«, was so viel bedeutet wie »Beiß in den sauren Apfel«. Wie Sie sehen, kannten unsere Fähigkeiten als C-Denker keine Grenzen.

Sobald wir uns für den Nylongeldbeutel entschlossen hatten, fingen wir an, die Verpackung zu entwerfen. Dabei war wieder das C-Denken gefragt, was uns allen dreien am meisten Spaß machte. Schon bald danach gingen wir hinaus, um Investoren zu suchen. Die meisten potenziellen Investoren waren höflich und nahmen sich Zeit, um sich unser Produkt und seine Verpackung anzuschauen. Wenn sie Interesse hatten, stellten sie alle die gleichen Fragen: »Darf ich Ihre Zahlen sehen? Was sind Ihre Prognosen?« Weil wir diese Fragen nicht beantworten konnten, wurden wir meistens sehr schnell abgewiesen.

Sogar mein reicher Vater wies uns ab, aber nicht auf eine so höfliche Weise. Er war aufgebracht. Er warf meine beiden Partner aus dem Büro, schloss die Türe hinter ihnen und machte mir die schwersten Vorwürfe, die ich jemals von einem meiner Väter gehört hatte. Über diesen Vorfall habe ich in anderen Büchern geschrieben, deshalb werde ich die Details der Geschichte hier nicht wiederholen, dennoch ist es wert, die Lektion an sich noch einmal darzulegen. Diese lautet, dass für erfolgreiche Unternehmer und Investoren die Zahlen sehr wichtig sind.

Heute bin ich älter und schlauer und viel wohlhabender. Wann auch immer man mich darum bittet, ein neues Produkt oder Unternehmen zu beurteilen, mache ich das Gleiche, was die Investoren vor Jahren mit mir gemacht haben – ich frage nach den Zahlen. Das bedeutet nicht, dass ich heute besser bin im Lesen der Zahlen oder darin, Zahlen zu erstellen. Der Unterschied zu 1978 ist, dass ich danach frage, und dann bitte ich jemanden, der darin ausgebildet, ist Zahlen zu lesen, ob er mit mir die Zahlen durchgeht.

Meine Kompetenz liegt auf der Kommunikationsebene und ich gehe diesen Teil des Unternehmens sorgfältig durch. Ich bin auf dieser Ebene ziemlich gut, aber nicht so sehr auf der Cashflow-Ebene. Das heißt natürlich nicht, dass ich diese Ebene ignorieren könnte, oder irgendeine der anderen Ebenen, wenn wir schon dabei sind. Als Unternehmer und Investor muss ich das gesamte Unternehmen kennen, nicht nur die Teile, die mich interessieren.

Wenn ein Möchtegernunternehmer mir ein neues Produkt zeigen möchte, dann ist die erste Frage, die ich stelle: »Haben Sie Prognosen für die finanzielle Entwicklung?« Wenn das Unternehmen bereits etabliert ist, frage ich nach der Finanzaufstellung.« Wie bereits gesagt, stelle ich diese Fragen nicht, weil ich großartig mit Zahlen umgehen kann, sondern um das Wissen des Möchtegernunternehmers über die notwendigen Fähigkeiten eines Unternehmers zu testen. Wenn er tatsächlich Zahlen oder Prognosen hat, nehme ich jemand mit, dessen Stärke in der Buchhaltung liegt. Die Zahlen erzählen nämlich eine Geschichte, und ich brauche jemanden, der die Zahlen lesen und sie interpretieren kann, um mir diese Geschichte zu erzählen.

## *Es ist besser, früh Geld auszugeben*

Wenn es Ihnen damit ernst ist, Unternehmer zu werden, könnte es für Sie interessant sein, einen erfahrenen Buchhalter damit zu beauftragen, Ihnen bei der Erstellung eines vorläufigen Budgets und einer Cashflow-Analyse zu helfen. Selbst wenn Sie dann das Projekt nicht mit diesem Produkt oder Unternehmen durchziehen, wird Ihnen diese Übung einen besseren Anhaltspunkt dafür vermitteln, was es kostet, ein Unternehmen zu gründen und zu führen. Sobald Sie Ihr Budget kennen, werden Sie eine Ahnung davon bekommen, wie viel Umsatz sie machen müssen, um das Unternehmen am Laufen zu halten. Ein erfahrener Buchhalter weist vielleicht auch auf Ausgaben hin, von denen Sie bisher nichts wussten. Ich wünschte, ich hätte diese Übung gemacht, bevor ich mein Nylon-Surfergeldbeutel-Unternehmen gründete. Ich hätte vielleicht nicht so viel Geld verloren.

Die Beratung durch einen erfahrenen Buchhalter hätte nur einen Bruchteil dessen gekostet, was wir verloren haben. Noch wichtiger ist, dass Sie mit dem Geld, das Sie für einen Buchhalter ausgeben, unschätzbare Dienste für Ihren Bildungsfortschritt als Unternehmer kaufen.

Ich bin mir sicher, wenn Sie Buchhalter danach fragen, dass sie Ihnen sagen würden, dass die meisten Unternehmer mangelhafte Kenntnisse über die Gesetze der Buchhaltung und deren Anwendung haben und furchtbar schlecht in Buchführung sind. Durch ihre fehlende Genauigkeit im Umgang mit Zahlen können sie schnell in Schwierigkeiten geraten. Es ist diese Wissenslücke, die sie schließlich noch mehr Geld kostet. Also bezahlen Sie sie lieber ein wenig zu früh als später sehr viel mehr.

## *Warum ich das Brettspiel erfunden habe*

Einer der Hauptgründe, warum ich das CASHFLOW-Brettspiel kreiert habe, ist die Standpauke, die mir mein reicher Vater damals in den 1970er-Jahren hielt, weil ich so viel Geld verloren hatte. Die meiste Zeit meines Lebens hatte mein reicher Vater die Wichtigkeit der Zahlen betont, und ich hatte ernsthaft geglaubt, dass ich sie verstanden hätte. Doch erst nach dieser Standpauke begann ich wirklich zu verstehen, warum er so großen Wert auf die Zahlen legte.

Das Spiel dient als Kommunikationsbrücke zwischen Ihnen und Ihrem Buchhalter. Es wird keinen Buchhalter aus Ihnen machen, aber es wird Ihnen helfen, die Logik der T- und A-Denker, die in der Buchhaltung notwendig sind, besser zu verstehen. Wenn Sie wie ich schlecht in Buchführung und allgemein im Umgang mit Zahlen sind, empfehle ich Ihnen wärmstens die CASHFLOW-Spiele als ein Lehrmittel.

Noch einmal: bevor Sie Ihre feste Stelle aufgeben, um Ihr Unternehmen zu gründen, setzen Sie sich mit einem erfahrenen Buchhalter zusammen und erstellen mit ihm ein Budget für die Kosten der Unternehmensgründung und dessen Erhalt. Wenn die Zahlen Sie schockieren, holen Sie einfach tief Luft und schlafen ein oder zwei Nächte darüber. Geben Sie sich Zeit, damit Ihr Geist sich an die Kosten gewöhnen kann. Die Kosten für Gründung, Aufbau oder Expansion eines Unternehmens sind oft höher als ursprünglich gedacht.

## *Behalten Sie Ihre Stelle*

Wenn Sie die Kosten abschrecken, ist das Unternehmertum vielleicht nicht das richtige für Sie. Hohe Ausgaben sind eine alltägliche Herausforderung in der Unternehmensführung. Diese Herausforderung anzunehmen ist eines der wichtigsten Aufgaben eines Unternehmers. Es gehört viel A-, T-, P- und C-Denkvermögen dazu, diese Herausforderung zu meistern. Persönlich mag ich keine Herausforderungen, aber jedes Mal, wenn ich sie angenommen habe, bin ich ein besserer, klügerer und selbstbewussterer Unternehmer geworden.

## *Zeigen Sie mir die Zahlen*

Möchtegernunternehmer, die auf der Suche nach Geld bei mir anrufen, können in zwei Kategorien unterteilt werden:

1. Diejenigen mit einem Geschäftsplan und Finanzprognosen

2. Diejenigen ohne etwas

Wenn jemand mit leeren Händen kommt, bedeutet das entweder, dass er ganz am Anfang des Prozesses steht, oder er hat keine Ahnung davon, was er tut, oder beides. Ohne Finanzprognosen nur über das Produkt zu reden, weist darauf hin, dass der Prozess nicht wirklich durchdacht wurde. Wenn ich interessiert bin, schlage ich meist vor, noch einmal von vorne anzufangen, auf der Basis des B-I-Dreiecks eine Skizze anzufertigen und dann einen Buchhalter damit zu beauftragen, einen Geschäftsplan zu erstellen.

## *Ein Schritt, um Geld zu beschaffen*

Jedes Mal, wenn mich jemand fragt, wie er sich Geld für sein Unternehmen beschaffen soll, frage ich ihn nach seinem Geschäftsplan. Ein guter Geschäftsplan mit einer guten Präsentation kann Ihnen das nötige Geld beschaffen. Ein schlechter Geschäftsplan mit einer schlechten Präsentation kann Sie Geld kosten.

Das bedeutet nicht, dass die Zahlen des Geschäftsplans in Stein gemeißelt sind. Die finanziellen Ergebnisse der meisten Start-up-Unternehmen folgen normalerweise nicht dem Plan oder erfüllen die Prognosen nicht genau. Die Erstellung eines Geschäftsplans mit Zahlen erfordert Prozesse aus dem A- und T-Denken, bei denen der Unternehmer dazu gebracht wird, das Projekt noch genauer durchzudenken und diese Ergebnisse dann zu Papier zu bringen. Denken Sie daran, dass ein erfolgreiches Unternehmen im Vorfeld der Gründung geschaffen wird.

Der Plan muss nicht aufwendig sein. Er kann sogar sehr einfach sein. Er soll vor allem dem potenziellen Investor die Gedankengänge des Unternehmers klar machen. Dadurch weiß der Investor auch, dass man es mit dem vorgestellten Unternehmen ernst meint.

Wie bereits gesagt, selbst wenn das Unternehmen keine Gestalt annimmt, ist der Prozess, die Unternehmensgründung durchzudenken, das Ergebnis zu Papier zu bringen und mit Zahlen zu hinterlegen, ein ausgezeichneter Lernprozess und eine Prüfung auf die Durchführbarkeit des Plans. Hier beginnen Schulbildung und Erfahrungen sich die Waage zu halten.

## *Erzählen Sie mir eine Geschichte*

Vor einigen Jahren rief mich ein junger Mann an und bat mich um einen Termin. Als ich nach dem Zweck fragte, sagte er, er habe einen Geschäftsvorschlag, den er mir gerne vorstellen wolle.

»Suchen Sie einen Investor?«, fragte ich ihn ganz direkt. Er stockte und sagte dann zögerlich: »Ja, das tue ich.«

Normalerweise schaue ich mir keine Unternehmen in dieser frühen Phase an, dennoch war ich neugierig und willigte ein, ihn zu treffen.

Eine Woche später trafen wir uns in einem örtlichen Restaurant. Er war gut angezogen und hatte einen beeindruckend aussehenden Geschäftsplan. Wie ich sagte, ich bin nicht gut im Zahlen lesen, dennoch tue ich mein Bestes, auf die Geschichte zu hören, die die Zahlen und der Plan mir erzählen. Das Erste, worauf ich schaue, ist die Lohn- und Gehaltszeile in der Finanzprognose. Für mich beginnt dort die Geschichte.

Dieser junge Mann hatte für sich selbst ein Jahresgehalt von 120.000 Dollar eingetragen. Ich fragte sofort: »Warum brauchen Sie so ein hohes Gehalt von einem Unternehmen, das noch nicht einmal existiert?«

»Nun, das verdiene ich zur Zeit in meinem Job«, antwortete er ein wenig ungehalten. »Außerdem habe ich eine Frau und drei schulpflichtige Kinder. Es ist das absolute Minimum.«

»Okay«, sagte ich und schaute mir den Geschäftsplan weiter an. Wie schon gesagt, Geschäftsplan und Finanzprognose erzählen eine Geschichte, und die Zeile mit der Gehaltsvorstellung stellte mir den Hauptdarsteller vor, den Helden dieser Geschichte. Ich tat einen Blick in sein Gehirn, wie er dachte, wie er Geld ausgab und wie er die Prioritäten in seinem persönlichen Leben setzte.

Als ich seine Gehaltsvorstellungen sah und in seinen Kopf schaute, hatte ich das Gefühl, dass er immer noch wie ein Angestellter dachte, der eine gut bezahlte Stelle sucht. Ich hatte genug gesehen. Ich wusste, dass ich nicht in sein Unternehmen investieren wollte.

## *Die Vermögensbilanz auf das B-I-Dreieck beziehen*

Da wir das Mittagessen noch nicht bestellt hatten und ich immer noch höflich sein wollte, schaute ich als Nächstes auf die anderen Ausgaben des Unternehmens und wie sie mit dem B-I-Dreieck in Beziehung standen. Mein erster Schritt war also, meine P-Denkerhaube aufzusetzen. Ich musste eine Ahnung davon bekommen, wer dieser Mensch vor mir war. Mein zweiter Schritt war die C-, A- und T-Denkerhauben aufzusetzen und eine Beziehung zwischen der Vermögensbilanz und den fünf Ebenen des B-I-Dreiecks herzustellen.

Das Diagramm vor meinem geistigen Auge sah folgendermaßen aus:

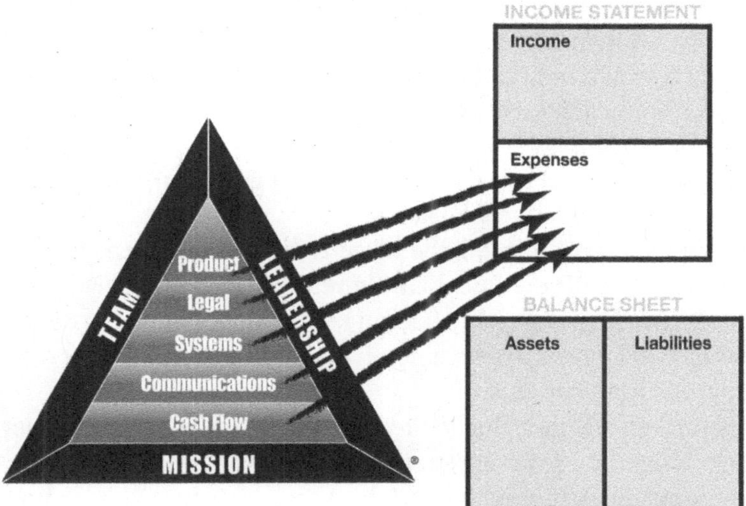


Meine nächste Frage lautete: »Was machen Sie für Ihren derzeitigen Arbeitgeber? Was ist Ihre Aufgabe?«

»Ich habe eine Ausbildung als Maschinenbauingenieur«, antwortete er. »Ich arbeite im Kundendienst – verfolge Kundenbestellungen durch unser System. In diesem Bereich habe ich mein Produkt entwickelt. Lassen Sie mich Ihnen davon erzählen.«

»Einen Moment noch, bitte«, sagte ich. »Ich habe noch ein paar Fragen zu Ihrer Prognose.« Auf die Zeile »Werbung und Promotion« zeigend fragte ich: »Was ist das für eine Ausgabe von 10.000 Dollar pro Monat? Wie sieht Ihr Marketingplan aus?«

»Oh, da habe ich noch nicht so viel drüber nachgedacht. Mein Plan ist es, eine Agentur zu beauftragen, das Marketing für uns zu machen.«

»Haben Sie viel Erfahrung im Verkauf oder im Marketing gesammelt?«, fragte ich.

»Nein«, sagte er. »Ich habe die meiste Zeit meiner Karriere in dem Bereich der unternehmensinternen Systeme verbracht. Dort kam ich auf die Idee für mein neues Produkt. Es wird die Auftragsverfolgung revolutionieren.«

»Haben Sie mit einem Patentanwalt gesprochen, um ihre Idee schützen zu lassen?«

»Nun, ich habe einen gesucht, aber noch keinen gefunden.«

»In Ihrem Plan haben Sie nur 4000 Dollar für Anwaltsgebühren veranschlagt. Woran liegt das?«

»Nun, ich wollte meine Kosten niedrig halten. Später, wenn Geld hereinkommt, werde ich mehr Anwälte einstellen. Fürs Erste denke ich, dass 4000 Dollar angemessen sind, um loszulegen.«

»Und wer hat Ihnen mit diesen Prognosen geholfen?«, fragte ich. »Ich sehe nirgends Buchhaltungskosten.«

»Oh, sie haben recht. Ich habe diese Ausgabe vergessen. Was denken Sie, wie viel sollte für die Buchhaltung veranschlagt werden?«

»Ich weiß nicht«, sagte ich. »Ich bin kein Buchhalter. Wenn Sie es wirklich wissen wollen, sollten Sie einen fragen.«

»Wie finde ich einen guten?«

»Sie könnten meinen Buchhalter anrufen, aber er ist sehr teuer und vielleicht zu gut für Sie in Ihrem jetzigen Stadium.«

»Oh« sagte der Unternehmer. »Ich versuche meine Ausgaben niedrig zu halten. Ich werde nach einem günstigeren Buchhalter suchen.«

## *Mangel an praktischer Erfahrung*

Obwohl das kaum ein eingehender Blick in das Unternehmen war, hatte ich genug von der Geschichte gehört. Schließlich zeigte er mir sein Produkt, was nie hätte geschehen dürfen, wenn er den Rat eines Patentanwaltes eingeholt hätte. Er ließ mich kein Dokument unterschreiben, in dem ich versprach, dass ich das Produkt geheim halten würde – ein großer und deutlicher Hinweis auf den Mangel an praktischer Erfahrung dieses Möchtegernunternehmers.

## *Meine eigene Lektion*

Hätte mir das Produkt gefallen, hätte ich einfach seine Idee nehmen und sie auf den Markt bringen können. Woher ich das weiß? Diese Lektion habe ich auf eine schmerzhafte Art und Weise lernen dürfen. Im Jahre 1977 hätte ich meinen Nylon-Schuhgeldbeutel für Läufer patentieren lassen sollen, aber ich beschloss, mit dem Verzicht auf einen Patentanwalt ein paar Dollar zu sparen. Darum wusste, nachdem ich die Idee für das CASHFLOW-Brettspiel hatte, niemand außer Kim und der beteiligte Ingenieur davon. Der Erste, den ich dann aufsuchte, war ein Patentanwalt. Das ist ein weiteres Beispiel dafür, wie man Pech in Glück verwandelt. Wegen meiner Unerfahrenheit und meinem Wunsch, ein paar Dollar zu sparen, indem ich meinen Geldbeutel nicht patentieren ließ, verlor ich Millionen an Dollar. Dieses Unglück verwandelte ich in Glück, als ich aus diesem Fehler lernte und mein Brettspiel patentieren ließ.

Ein Grund, warum im B-I-Dreieck die juristische Ebene direkt unter der Produktebene liegt, ist der, dass die Ideen des Unternehmers oft der wichtigste Vermögenswert der Firma sind. Aufgabe eines Anwalts ist es, die Firma, ihre Produkte und ihre Urheberrechte zu schützen – bevor es überhaupt ein Produkt oder ein Unternehmen gibt. Sie müssen Ihre Ideen schützen, Ihren wichtigsten Vermögenswert.

## *Nein sagen*

Der junge Ingenieur sah gut aus. Er hatte das Aussehen einer erfolgreichen Führungskraft. Auch sein neues Produkt sah vielversprechend aus. Dennoch lehnte ich es ab, in sein Unternehmen zu investieren. Die Cashflow-Ebene des B-I-Dreiecks hatte seine Stärken und Schwächen als Unternehmer offenbart. Letztendlich sagte ich nicht »nein« zu seinem Produkt oder seinen Ideen. Ich sagte »nein« zu ihm. Er hatte noch viele Hausaufgaben zu machen. Denn obwohl das Produkt vielversprechend aussah, die Geschichte des Unternehmers war es in meinen Augen nicht. Es könnte sein, dass er Erfolg hatte, aber ich hatte da so meine Zweifel. Und wenn er erfolgreich wäre, glaubte ich nicht an seine Fähigkeit, das Unternehmen so weit zu expandieren, dass ich als Investor mein Geld zurückbekommen würde. Also ließ ich die Gelegenheit, in ihn zu investieren, verstreichen.

## *Es gibt keine schlechten Investitionen*

Mein reicher Vater sagte immer: »Es gibt keine schlechten Investitionen, aber es gibt viele schlechte Investoren.« Er sagte auch: »Es gibt keine schlechten Geschäftsgelegenheiten, aber es gibt viele schlechte Unternehmer.« Meiner Meinung nach hatte dieser junge Ingenieur eine großartige Idee für ein großartiges neues Produkt. Seine Vorstellung von einem Unternehmen war jedoch nicht so großartig.

Was mein reicher Vater uns eintrichtern wollte, war die Tatsache, dass die Welt voller Mega-Millionen-Dollar-Gelegenheiten ist. Das Problem ist, dass es mehr Mega-Millionen-Dollar Gelegenheiten gibt als Mega-Millionen-Dollar-Unternehmer. Darum ist die Cashflow-Ebene des B-I-Dreiecks so wichtig. Sie erzählt nicht die Geschichte von der Gelegenheit, sondern vom Unternehmer. Das trifft besonders im Vorfeld der Unternehmensgründung zu.

## *Stoppschilder*

Ihr Banker fragt Sie nicht nach Ihrem Schulzeugnis oder Ihrem Notendurchschnitt oder was Ihr Studienhauptfach war, weil er nicht auf Ihre akademische Intelligenz schaut. Er interessiert sich für Ihre finanziellen Intelligenz, die den Grad Ihrer finanziellen Verantwortlichkeit zeigt – wie viel Sie verdienen, für was Sie Ihr Geld ausgeben und wie viel Sie behalten. Beim Betrachten von Finanzprognosen oder besser noch von tatsächlichen Finanzzahlen eines laufenden Unternehmens habe ich gelernt, nach ähnlichen Hinweisen zu schauen. Es gibt ganz bestimmte Punkte, die für mich wie Stoppschilder sind.

### Stoppschild Nr. 1: Extravagante Gehälter

Sie haben oben ja bereits mitbekommen, dass ich zuerst auf diese Zeile schaue. Sie sagt viel über den Unternehmer aus. So verrät sie mir zum Beispiel, was für den Unternehmer wichtiger ist – das Unternehmen oder sein persönliches Leben. Sehr oft habe ich Unternehmer getroffen, die ihr Unternehmen vergewaltigen, verhungern lassen und quälen, anstatt es zu füttern und zu nähren. Ein Freund von mir beriet ein Unternehmen für Gebäudeinstandhaltung in Denver, das Cashflow-Probleme hatte. Das Unternehmen hatte sehr gute Verträge mit Büros und

Apartmenthäusern. Die Parkplätze sollten im Sommer gefegt und im Winter schneefrei gehalten werden. Mit niedrigen Fixkosten und hohen Margen, hätte es dem Unternehmen gut gehen sollen. Stattdessen steckte das Unternehmen immerzu in finanziellen Schwierigkeiten.

Nach eingehender Überprüfung fand mein Freund heraus, dass der Besitzer teure Skihütten mit entsprechender Ausstattung in Vail und Aspen besaß (Schnickschnack). Hinzu kam, dass die Firma einen protzigen Fuhrpark unterhielt und üppige Partys gab, alles auf Kosten der Firma. Zu allem Übel war auch noch das Finanzamt und das Finanzministerium angelogen worden, und die Vorgehensweise konnte schon fast nicht mehr als Steuervermeidung bezeichnet werden, das ging schon in Richtung Steuerhinterziehung.

Als mein Freund ihm empfahl, Häuser und Autos zu verkaufen, die Ausgaben zurückzuschrauben und eine sehr gute Buchhaltungsfirma damit zu beauftragen, beim Finanzamt um Gnade zu bitten, wurde er gefeuert. Der Besitzer glaubte immer noch, dass etwas mit der Firma nicht stimmte. Das ist ein extremes Beispiel eines Unternehmers, der seine eigenen Bedürfnisse vor die des Unternehmens stellt. Die Zahlen des Unternehmens erzählten die Geschichte sowohl von dem Unternehmen als auch von dem Unternehmer.

**Stoppschild Nr. 2: Gute und schlechte Ausgaben**

Das ist eine der wichtigsten Lektionen meines reichen Vaters. Er sagte: »So viele Leute sind arm, weil sie ihr Geld für die falschen Dinge ausgeben. Mit anderen Worten, es gibt gute und schlechte Ausgaben.« Er sagte auch: »Die Reichen sind reich, weil sie Ausgaben haben, die sie reich machen. Die Armen sind arm, weil sie Ausgaben haben, die sie arm machen.« In Bezug auf das Unternehmertum sagte er: »Die meisten Menschen sind keine guten Unternehmer, weil sie lieber sparen, anstatt das Geld auf kluge Weise auszugeben.«

Eines der Verhängnisse, die mein Nylon-Surfergeldbeutel-Unternehmen zu Fall brachten, war mein falscher Ehrgeiz, die 7000 Dollar für den Patentanwalt zu sparen. Ein paar Tausend Dollar zu sparen kostete mich dann ein mehrere Millionen Dollar schweres Geschäft. Meine

Lektion? Ich musste lernen, wie man Geld ausgibt, damit es mir wieder Geld einbringt.

Die Freundin eines Freundes hatte immer mit ihrem Unternehmen in Schwierigkeiten gesteckt. Bei einem gemeinsamen Mittagessen erzählte sie mir, dass sie gerade 50.000 Dollar investierte, um ihre Wohnung neu einzurichten. Auf meine Frage, ob es ihre eigene Wohnung sei, antwortete sie: »Nein. Ich habe nicht genug Geld für eine Anzahlung, deshalb wohne ich zur Miete.« Als ich sie fragte, warum sie so viel Geld für eine Immobilie ausgab, die ihr nicht gehörte, wurde sie wütend. »Nun, ich brauche einen schönen Ort zum Wohnen.« In diesem Moment, glaube ich, wurde mir klar, was ihre geschäftlichen Probleme verursachte. Sie gab ihr Geld einfach unklug aus. Einer der Gründe, warum das B-I-Dreieck nach den Quadranten der rechten Seite des CASHFLOW-Quadranten benannt wird, ist die Tatsache, dass man wissen muss, wie man Geld so ausgibt, dass es mit einem auf der rechten Seite des Quadranten erworbenen soliden Ertrag zurückfließt.

Menschen auf der E und S Seite des Quadranten tun sich als Unternehmer schwer, weil sie zwar wissen, wie man für Geld arbeitet, aber nicht, wie man Geld so ausgibt, dass es mehr Geld wird. Diese Fähigkeit ist für Unternehmer und Investoren auf der B- und I-Seite des CASHFLOW-Quadranten unverzichtbar.

Von 1997 bis 2005 boomte der Immobilienmarkt. Trotzdem traf ich viele Leute, die dort zwar investierten, aber kein Geld dabei verdient haben. Für mich ist das ein Zeichen, dass sie nicht wissen, wie man Geld ausgibt und es mit Profit zurückbekommt. Diese Leute sind keine guten Unternehmer oder sie müssen an ihren unternehmerischen Fähigkeiten arbeiten. Wenn ich auf die Zahlen eines Unternehmens schaue, achte ich auf diese Fähigkeit, Geld auszugeben und es mit Gewinn zurückzubekommen. Diese Fähigkeit ist unverzichtbar.

**Stoppschild Nr. 3: Was Geld mir erzählt**

Mein reicher Vater sagte: »Es gibt einen großen Unterschied zwischen Unternehmer sein und beschäftigt sein. Die meisten Menschen sind keine guten Unternehmer, weil sie damit beschäftigt sind, hart zu arbeiten, damit allerdings kein Geld verdienen. Ein Unternehmer muss Geld verdienen. Dieses Geld zeigt sich auf der Cashflow-Ebene des B-I-Dreiecks.

Vor einigen Jahren las ich einen Artikel über ein Paar, das arbeitslos geworden war. Beide waren hoch bezahlte Marketingleiter bei einer großen Firma in New York gewesen und hatten zusammen ein Jahreseinkommen von über 250.000 Dollar gehabt. Ein Jahr nachdem sie ihr eigenes Unternehmen als Marketingexperten gegründet hatten, machte ihre Firma weniger als 26.000 Dollar Umsatz. Und warum? Ich nehme an, dass sie unter anderem als hoch bezahlte Angestellte nie für den Reingewinn der Firma, für die sie arbeiteten, verantwortlich gewesen waren. Als Inhaber ihrer eigenen Firma mussten sie sehr verantwortungsbewusst handeln. Sie mussten erkennen, dass ihre Marketingkompetenz in der Welt eines Konzerns sich nicht in finanziellen Erfolg auf dem allgemeinen Markt umwandeln ließen. Plötzlich merkten sie, dass ein Unternehmen zu besitzen nicht nur bedeutet, hart zu arbeiten und beschäftigt zu sein. Es bedeutet, dass sich Ihre Aktivitäten beim Reingewinn direkt als verdientes oder als verlorenes Geld darstellen. Mein reicher Vater würde sagen: »Ein Angestellter kann dafür bezahlt werden, beschäftigt zu sein. Ein Unternehmer wird für Ergebnisse bezahlt.« Die Ergebnisse werden oft als Reingewinn bezeichnet. Deshalb bildet die Cashflow-Ebene die Basis des B-I-Dreiecks. Wie mein reicher Vater sagte: »Du brauchst keinen Tresor für Ausreden.«

Bestimmte Stoppschilder zeigen mir, dass der Unternehmer irgendwo im Entwicklungsprozess feststeckt. Wird der Unternehmer aus dem Prozess lernen oder wird er weiterhin die gleichen Stoppschilder missachten?

Stoppschilder gibt es sowohl im Leben als auch in der Geschäftswelt. Immer wenn man in seinem Prozess feststeckt, so meine Erfahrung, stellt das Leben selbst Stoppschilder auf. Es können Warnsignale sein, wie zum Beispiel Krankheit, Pech oder Beziehungsstress. Mein reicher Vater sagte: »Stoppschilder sind Warnungen. Wir können diese Warnungen beachten und dazulernen oder sie ignorieren. Wenn du die Warnungen nicht beachtest, dann kann der Prozess seine Richtung ändern, und eventuell beginnt dann ein neuer Prozess.«

Mein echter Vater rauchte zwei bis drei Schachteln Zigaretten am Tag. Stoppschilder gab es in seinem Leben jede Menge. Er hat die Warnungen nicht beachtet und bekam schließlich die Diagnose Lungenkrebs. Irgendwann hörte er auf zu rauchen, aber es war zu spät. Ein Prozess endete und ein neuer begann. Sein nächster Prozess war ein Kampf um das Überleben, ein Kampf, den er ein Jahr später verlor.

## *Übernehmen Sie die Verantwortung*

Es gibt eine überstrapazierte Redensart, die lautet: »Wer zahlt, bestimmt die Musik«. Wo das Geld am deutlichsten seine Macht zeigt, ist beim Reingewinn in der Finanzaufstellung. Als Unternehmer müssen Sie kein Buchhalter sein, aber Sie müssen Verantwortung übernehmen.

Bevor Sie Ihre Stelle aufgeben, bedenken Sie bitte zwei Dinge:

1. Angestellte und Berater sind nicht verantwortlich für den Reingewinn. Die Unternehmer sind es schon.

2. Wenn Sie sich den CASHFLOW-Quadrant anschauen,

müssen die Menschen auf der E und S Seite des Quadranten keine Vermögensaufstellung haben. Doch die Leute auf der B und I Seite brauchen eine. Und warum ist das so? Weil Geld uns eine Geschichte erzählt, und zwar von der finanziellen Kompetenz des Menschen im B- oder I-Quadrant. Diese Menschen werden an ihrem finanziellen Erfolg im B- oder I-Quadrant gemessen.

## *Denken Sie wie ein Finanzchef (CFO)*

Wenn Sie Ihre finanziellen Fähigkeiten auf der Cashflow-Ebene des B-I-Dreiecks verbessern möchten, empfehle ich Ihnen eindringlich, dass Sie sich das CASHFLOW-Spiel besorgen und es oft spielen. Das Spiel lehrt Sie, wie ein Finanzchef zu denken, der ein wichtiges Mitglied jedes unternehmerischen Teams ist.

## *Die Verantwortung bleibt am Unternehmer hängen*

Ein CEO oder Unternehmer kann die Verantwortung nicht abschieben. Ausreden zu haben oder Untergeordnete zu beschuldigen, sieht nie gut aus. Die Verantwortung bleibt beim Unternehmer oder CEO. Deshalb ist die Cashflow-Ebene die Grundebene des B-I-Dreiecks. Dort zeigt sich die Verantwortlichkeit. Als Unternehmer tragen Sie die Verantwortung für das gesamte B-I-Dreieck. Denken Sie immer daran, wo die Verantwortung liegt und wo das Geld am meisten über Sie aussagt, bevor Sie Ihre Stelle aufgeben.

## RICH DAD’S LEKTION NR. 6 FÜR UNTERNEHMER

# Die besten Antworten sind im Herzen zu finden, nicht im Verstand

## Sechstes Kapitel

# Die drei Arten von Geld

»Was hast du in Vietnam gelernt?«, fragte mich mein reicher Vater.

»Ich habe gelernt, wie wichtig die Mission, Führungsqualitäten und das Team sind.«

»Was war das Wichtigste?«

»Die Mission.«

»Gut.« Mein reicher Vater lächelte. »Aus dir wird mal ein guter Unternehmer.«

### *Ein Anfänger beim Marinekorps*

Zu Beginn des Jahres 1972 war es meine Aufgabe, in Vietnam einen UH-1-Huey-Hubschrauber zu steuern. Nach zwei Monaten im Kriegsgebiet hatten mein Kopilot und ich bereits mehrere Missionen geflogen, waren aber noch nie auf feindliches Feuer gestoßen. Das sollte sich bald ändern. An dem Tag, an dem ich schließlich dem Feind begegnete, war ich schon vorher ziemlich nervös. Wir flogen mit offenen Türen und der Wind blies durch die Maschine. Als ich zurück zum Trägerschiff blickte, das derzeit unser Zuhause war, wurde mir wieder einmal bewusst, dass dies ein Kriegsgebiet war und meine Schulzeit vorbei. Zwei Jahre lang war ich auf diese Mission vorbereitet worden.

Ich wusste, dass jedes Mal, wenn wir den Strand erreichten und über das Land flogen, feindliche Soldaten mit echten Gewehren und echten Kugeln auf uns warteten. Als ich mich umdrehte und meine dreiköpfige Crew ansah, frage ich über die Kommunikationsanlage: »Seid ihr bereit?« Wortlos zeigten sie mir einfach einen hochgestreckten Daumen.

Meine Mannschaft wusste, dass ich ein Anfänger war, der sich noch nicht bewiesen hatte. Sie wussten, dass ich fliegen konnte, aber sie wussten nicht, wie ich unter dem Druck einer Schlacht funktionieren würde.

Ursprünglich waren unserem Flug zwei Hubschrauber zugeteilt. Doch nach etwa zwanzig Minuten musste der führende Hubschrauber wieder umkehren, sie hatten anscheinend Probleme mit der Bordelektrik. Die Einsatzleitung auf dem Trägerschiff wies uns an, weiterzufliegen und auf Abruf in der Gegend zu bleiben. Man konnte förmlich spüren, wie die Spannung bei uns anstieg, da der andere Hubschrauber mit erfahreneren Piloten besetzt war. Sie waren schon über acht Monate im Einsatz. Außerdem war ihr Hubschrauber mit Luft-Boden-Raketen ausgerüstet. An meiner Maschine gab es nur Maschinengewehre. Die Furcht bei uns war sehr real, als die führende Maschine wendete und zum Schiff zurückkehrte. Niemand von uns war gerne alleine da draußen.

Wir überflogen einige der schönsten Strände in der Welt und wandten uns nach Norden. Zur Linken zogen sich dunkelgrüne Reisfelder hin, zur Rechten das blau-grüne Meer. Plötzlich funkten zwei Armee-Hubschrauber über das Radio, dass sie Hilfe bräuchten. Sie waren in Kampfhandlungen gegen eine Maschinengewehr-Stellung in den Hügeln hinter den Reisfeldern verwickelt. Da wir in der Nähe waren, antworteten wir und flogen in ihre Richtung weiter. Wir waren dicht unter den Wolken und sahen sie bald im Feuergefecht mit dem Feind. Es gab auch viel Feuer aus Handfeuerwaffen. Es war einfach, die Salven der Gewehre von den Salven aus dem schwereren Maschinengewehr zu unterscheiden. Die Leuchtspuren der Handfeuerwaffen sahen aus wie heiße rot-orangene Kleckse, die hinauf in den dunkelgrünen Himmel flogen, die des Maschinengewehres wie fliegende Ketchup-Flaschen. Ich atmete tief ein und flog weiter.

Je näher wir kamen, desto mehr wünschte ich mir, dass die Hubschrauber der Armee das Maschinengewehr zerstören und unsere Hilfe nicht brauchen würden. Aber wir hatten kein Glück. Als einer der Hubschrauber der Armee getroffen wurde und vom Himmel fiel, wusste ich, dass wir eingreifen mussten. Während der qualmende Hubschrauber abstürzte, stieg die Spannung in unserer Maschine noch mehr an.

Mit einem Blick zurück auf meine Mannschaft sagte ich nur: »Gefechtsklar machen und die Waffen entsichern. Wir gehen rein.« Ich wusste nicht, was wir tun würden. Ich wusste nur, dass wir auf das Schlimmste gefasst sein mussten.

Der zweite Hubschrauber der Armee löste sich aus dem Gefecht und landete, um die Mannschaft des ersten Hubschraubers aufzulesen. Damit ließ er uns – eine einzelne Maschine nur mit 30-Kaliber-Maschinengewehren bestückt – alleine im Angesicht von etwa 15 Gegnern mit Gewehren und einem 50-Kaliber-Maschinengewehr. Ich wollte wenden und fliehen. Ich wusste, dass das das Beste gewesen wäre. Doch ich wollte vor meinen Männern auch nicht als Feigling dastehen. Ich flog also weiter auf die Maschinengewehr-Stellung zu. Jetzt war meine Tapferkeit nur noch gespielt und ich hoffte auf das Beste.

Da die beiden Hubschrauber der Armee aus dem Weg waren, galt das Feuer vom Boden nun uns. Obwohl es noch weit weg war, werde ich trotzdem niemals vergessen, wie es aussah und sich anfühlte, als nun wir unter Beschuss genommen wurden.

Meine Mannschaft hatte bereits in solchen Situationen gesteckt. Ihr Verstummen verriet mir, dass dies eine besonders üble Situation war. Als die ersten Salven des Maschinengewehrs knapp vor unserer Maschine aufstiegen, klopfte mir mein Truppenleiter auf den Helm und sagte: »He, Leutnant, weißt du, was das Problem bei diesem Job ist?«

Ich schüttelte den Kopf und sagte mit schwacher Stimme: »Nein.«

Mit einem breiten Grinsen sagte der Truppenleiter, der schon das zweite Mal in Vietnam war: »Das Problem ist, dass es keinen Zweitbesten gibt. Wenn du entscheidest zu kämpfen, gehen heute entweder wir nach Hause oder diese Kerle am Boden. Aber beide können nicht heimgehen, eine Partei wird sterben. Es liegt an dir zu entscheiden, wer von uns es sein wird – die oder wir.«

Ich warf einen Blick zurück auf unsere Schützen, junge Männer im Alter von 19 und 20 Jahren, und fragte wieder über die Kommunikationsanlage: »Bereit zum Einsatz?« Beide zeigten mit dem Daumen nach oben, sie waren bereit. Dazu waren sie ausgebildet worden: Befehle auszuführen, egal ob ihr Anführer recht hatte oder nicht. Ich fühlte mich nicht gerade besser, als mir nun klar wurde, dass ihr Leben in meinen Händen lag. In diesem Moment hörte ich auf, nur an mich selbst zu denken, und begann stattdessen an uns alle zu denken.

Innerlich schrie ich mich selbst an: »Denk nach. Sollen wir wenden und abhauen oder kämpfen?« Dann brachte mein Verstand Gründe vor, warum wir wenden und fliehen sollten. »Du bist eine einzelne Maschine. Gibt es da nicht eine Regel, die besagt, dass du nur kämpfen kannst, wenn es mindestens zwei Maschinen sind? Die führenden Piloten sind weg. Die hatten die Raketen. Niemand wird es uns übel nehmen, wenn wir umkehren und fliehen. Vielleicht können wir landen und den Piloten der Armee helfen? Ja, lass uns ihnen helfen gehen. Dann müssen wir unsere Aufgabe nicht erledigen. Dann haben wir einen guten Grund, nicht kämpfen zu müssen. Wir sind auf einer Rettungsmission. Wir haben ein paar Flieger der Armee gerettet. Ja, das klingt gut.«

Dann fragte ich mich selbst: »Was, wenn wir wie durch ein Wunder gewinnen? Was, wenn wir die Stellung auslöschen und überleben? Was kriegen wir dafür?« Die Antwort schallte zurück: »Vielleicht kriegen wir alle irgend so eine Medaille für unseren Mut. Wir werden Helden sein.«

»Und was, wenn wir verlieren?«

Die Antwort schallte zurück: »Wir werden sterben oder in Gefangenschaft geraten.«

Ein Blick zurück auf die zwei jungen Schützen ließ mich entscheiden, dass deren Leben mehr wert waren als eine Medaille oder ein Band. Und meines auch, musste ich zugeben. Mutig aber dumm zu sein war gestrichen.

Die Salven des 50-Kaliber-Maschinengewehrs kamen nun näher an unsere Maschine heran. Mit jedem Schuss wurde der Schütze am Boden zielsicherer. Zu Hause in der Flugschule hatten wir gelernt, dass Kaliber 50 eine größere Reichweite hat als Kaliber 30. Wir hatten Kaliber 30, was bedeutete, dass er uns weitaus früher treffen konnte als wir ihn.

Plötzlich zischte eine Salve gerade an meinem Fenster vorbei. Ohne zu überlegen neigte ich mich nach links und tauchte in Richtung Boden ab, um die Distanz zwischen dem Schützen und uns zu vergrößern. Da ich nicht wusste, was ich da tat, beschloss ich nachzudenken. Direkt auf den Schützen zuzufliegen würde den sicheren Tod bedeuten. Während meine Maschine in einer steilen Linkskurve nach unten tauchte, rief ich über Funk alle in der Gegend: »Marines Hubschrauber Yankee-Tango-96, 50er ausgemacht. Brauchen Hilfe.«

Plötzlich drang eine laute, klare und selbstsichere Stimme durch meinen Kopfhörer: »Yankee-Tango 96, Flug von vier Marine A-4er RTB (auf dem Rückweg zur Basis) haben besondere Anordnung und Treibstoff an Bord. Geben Sie uns Ihre Position und wir helfen Ihnen.«

Als ich unsere Position durchgab, atmete unsere Mannschaft auf. Ein paar Minuten später konnte ich vier tieffliegende Punkte entdecken, die uns zur Hilfe eilten. Als sie uns sahen, funkte der Anführer: »Fliegen Sie zurück zu Charlie und versuchen Sie, sein Feuer auf sich zu ziehen, bevor wir zu nahe kommen. Sobald wir seine Spuren sehen, können wir den Rest erledigen.« Also drehten wir um und flogen wieder auf das 50-Kaliber-Maschinengewehr zu. Als seine Feuerspuren wieder auf uns zuflogen, funkte der Flugleiter der vier Jets uns an: »Ziel in Sicht.« In weniger als fünf Minuten war das 50-Kaliber-Maschinengewehr kein Problem mehr. Meine Mannschaft und ich waren diejenigen, die an diesem Abend nach Hause gingen.

## *Verschiedene Teams, gleiche Mission*

Ich denke immer mal wieder über diesen Tag nach. Obwohl ich mich über Funk bedankte, als der Kampf vorbei war, wünsche ich mir immer noch, ich hätte die Chance gehabt, diese Männer persönlich zu treffen, ihnen die Hand zu schütteln und »Danke!« zu sagen. Wir waren in verschiedenen Teams und auf verschiedenen Schiffen stationiert, aber wir hatten alle dieselbe Mission.

Jeder Krieg ist furchtbar. Krieg ist nichts anderes als die Menschheit von ihrer schlimmsten Seite. Im Krieg setzen wir unsere besten Technologien ein, um unsere Mitmenschen umzubringen. Während meines Jahres in Vietnam habe ich den Abschaum der Menschheit gesehen. Ich sah Dinge, die ich lieber niemals gesehen hätte. Ich habe aber auch ein Stück Spiritualität erhaschen können, die Hingabe an eine höhere Berufung, die ich niemals mitbekommen hätte, wenn ich nicht in den Krieg gezogen wäre. Wenn der Begriff »Kameradschaft« benutzt wird, um die Beziehung zwischen Soldaten zu beschreiben, frage ich mich manchmal, ob jemand, der nie im Krieg gekämpft hat, jemals verstehen kann, wie sich diese Beziehung anfühlt. Für mich ist es ein spirituelles Band, das auf eine höhere Berufung hin abzielt – etwas, das als Mission bekannt ist.

## *Leitbilder*

Heute ist es auch im Business sehr beliebt, mit seinem Unternehmensleitbild zu werben, dem alleinigen Antrieb für die Unternehmensgründung. Nach meiner Erfahrung im Marinekorps und in Vietnam bin ich immer skeptisch, wenn jemand sagt: »Die Mission unseres Unternehmens ist ...« Diese Skepsis lässt mich hinterfragen, inwiefern das Wort »Mission« in diesem Fall nicht mehr ist als nur ein Wort.

## *Die stärkere Mission gewinnt*

Eines Tages flog ich in der Nähe der entmilitarisierten Zone, die damals Nordvietnam von Südvietnam trennte. Als ich auf das Gemetzel unter mir hinuntersah, bemerkte ich etwas, das mich sehr beunruhigte. Als ich an dem Abend zum Trägerschiff zurückkehrte, hob ich während der Nachbesprechung meine Hand und fragte: »Warum kämpfen die Nordvietnamesen härter als die auf unserer Seite? Kämpfen wir vielleicht auf der falschen Seite? Kämpfen wir für die falschen Ziele?«

Ich brauche nicht zu erwähnen, dass man mir für diese nach Verrat klingenden Worte mit dem Kriegsgericht drohte. Ich selbst empfand mich nicht als Verräter. Ich hatte nur eine Frage gestellt. Ich fasste eine Beobachtung in Worte, die ich seit meiner Ankunft in Vietnam immer wieder machte. Es schien mir, als ob der Vietcong härter kämpfte, zäher und hartnäckiger war als unsere vietnamesischen Soldaten. Aus meiner Perspektive sah es wenigstens so aus. Ich hatte den Eindruck, als könnten wir uns nicht auf sie verlassen. Ich fragte mich oft, ob sie weiterkämpfen würden, wenn wir aufhörten, sie zu bezahlen.

Um fair zu sein, es gab auch viele amerikanische Soldaten, die nicht ganz freiwillig hier waren. Viele hatte das Pech ereilt und sie waren zum Militärdienst eingezogen worden. Hätte man ihnen die Wahl gelassen zwischen einem Flugticket nach Hause oder zu bleiben und zu kämpfen, hätten viele den Flug nach Hause vorgezogen.

Nach der Hälfte meiner Zeit dort wurde mir klar, dass wir nicht gewinnen würden. Und das, obwohl wir besser ausgerüstet waren, über die bessere Technologie verfügten, über eine überwältigende Feuerkraft und gut ausgebildete Männer und Frauen. Ich wusste, dass wir nicht gewinnen würden, ganz einfach, weil unsere Seite, die Südvietnamesen und die Amerikaner, keine Mission hatten, die stark genug war, keine höhere Berufung, keinen tieferen Grund zum Kämpfen. Wir hatten unsere Leidenschaft verloren. Jedenfalls hatte ich sie verloren. Ich wollte nicht mehr töten. Ich war kein guter Marine mehr.

Meine Erfahrung in Vietnam hatte mir bewiesen, dass die stärkere Mission gewinnt. Dasselbe passiert in der Businesswelt.

## *Ein Armutsgelübde*

Viele Männer und Frauen mit einem starken religiösen Glauben legen ein Armutsgelübde ab, um ihre spirituelle Mission zu stärken. Als ich ein

Kind war, erklärte mir mein Vater einmal, dass einer seiner Freunde, ein katholischer Priester, ein Armutsgelübde abgelegt habe. Als ich ihn fragte, was das bedeutete, sagte er: »Er hat sein Leben Gott und Gottes' Arbeit gewidmet. Das bedeutet, Geld spielt in seinem Leben keine Rolle. Er lebt ein Leben der Entsagung im Dienst Gottes.«

»Was bedeutet ›Entsagung‹?«, fragte ich.

Meiner kindlichen Neugier überdrüssig, antwortete mein Vater nur: »Es ist doch egal, was Entsagung bedeutet. Das wirst du später schon noch herausfinden.«

Einige Jahre später fand ich tatsächlich heraus, was Entsagung bedeutet. Im Schulungsraum der neuen Offiziere des Marinekorps erklärte uns der Ausbilder, dass im Verlauf der Geschichte Männer und Frauen im Kriegshandwerk ebenfalls ein Armutsgelübde abgelegt hätten: »In der Feudalzeit legten viele Ritter ein Armutsgelübde ab, um ihrer Berufung treu zu bleiben. Sie wollten nicht, dass Geld oder das Verlangen nach weltlichen Gütern sie von ihrer Hingabe an Gott und den König ablenkten.«

Bevor ich zum Marinekorps ging, war ich Schiffsoffizier auf einem Öltanker der Standard Oil gewesen. Ich verdiente mehr als 4000 Dollar monatlich, was 1969 sehr viel Geld war. Obwohl ich nicht zum Militär musste – denn ich fuhr für die Ölindustrie, die als nichtmilitärische Schlüsselindustrie klassifiziert war –, ermutigten mich meine beiden Väter, meinem Land in Kriegszeiten zu dienen. Als Marinekorps-Offizier sank mein Gehalt auf weniger als 300 Dollar monatlich. In jenem Schulungsraum, als der Ausbilder uns daran erinnerte, dass im Verlauf der Geschichte Männer und Frauen im Kriegshandwerk ein Armutsgelübde ablegten, fand ich endlich meine Definition von Entsagung, die mir mein Vater Jahre zuvor verweigert hatte

## *Drei Arten von Einkommen und drei Arten von Geld*

Es gibt drei Arten von Einkommen:

1. Normales Einkommen

2. Portfolio-Einkommen

3. Passives Einkommen

Mein armer Vater arbeitete für normales Einkommen, dem am höchsten besteuerten Einkommen, das es gibt. Mein reicher Vater arbeitete hauptsächlich für passives Einkommen, das am niedrigsten besteuert wird. Diese Bedingungen für die drei Arten von Einkommen wurden vom US-Finanzamt festgelegt. Die verschiedenen Einkommensarten werden unterschiedlich hoch besteuert. Ein Unternehmer hat die Möglichkeit, alle drei Arten von Einkommen zu erwirtschaften und muss über die Unterschiede Bescheid wissen, da die unterschiedlichen Steuersätze bei der Berechnung des Reingewinns einen riesigen Unterschied ausmachen können.

Ich erwähne diese Einkommensarten hier nicht, um Sie zu verwirren, sondern um diese von den drei Typen von Geld zu unterscheiden, auf die ich im Folgenden näher eingehen möchte.

Als wir die Highschool besuchten, lehrte mein reicher Vater seinen Sohn und mich, dass die Menschen für drei verschiedene Arten von Geld arbeiten, die da sind:

1. Kompetitives Geld

2. Kooperatives Geld

3. Spirituelles Geld

## *Kompetitives Geld*

Um kompetitives Geld zu erklären, sagte er: »Wir lernen früh in unserem Leben wettbewerbsorientiert zu handeln. In der Schule geht es um die besten Noten, die besten Ergebnisse im Sport und auch um die Angebetete gibt es einen Wettbewerb. Im Arbeitsleben lernen wir uns auf eine Stelle zu bewerben, dann gibt es Wettbewerb um eine Gehaltserhöhung, um die Karriere, Anerkennung und um überhaupt zu überleben. In der Businesswelt geht es um Marktanteile, Verträge und gute Angestellte. Im Wettbewerb geht es um das Überleben des Fittesten, um »Fressen und gefressen werden«. Die meisten Menschen arbeiten für solches kompetitives Geld.

## *Kooperatives Geld*

Zum kooperativen Geld sagte er: »Im Sport und in der Unternehmenswelt nennt man Kooperation auch Teamwork. Die reichsten und mächtigsten Unternehmer haben die größten Unternehmen weltweit durch Kooperationen aufgebaut. Durch Kooperation in Teams wurden sie wettbewerbsfähiger. Die meisten Unternehmer großer Firmen sind großartige Führungspersönlichkeiten.«

## *Spirituelles Geld*

Spirituelles Geld zu erklären war etwas schwieriger. Er sagte: »Spirituelles Geld entsteht durch das Verrichten von Gottes Arbeit – der Arbeit, die Gott getan haben möchte. Es ist die Arbeit, die infolge einer höheren Berufung geleistet wird.«

Da ich nicht verstand, worauf er hinauswollte, fragt ich: »Du meinst so etwas wie eine Kirche gründen?«

Seine Antwort darauf lautete: »Es gibt Unternehmer, die Kirchen gründen, genauso wie andere Stiftungen. Beides könnte ein Beispiel für das Arbeiten für spirituelles Geld sein, doch das beschränkt sich nicht nur auf Kirchen oder Stiftungen.«

Jahrelang verstand ich diese Kategorie von Geld nicht und wir diskutierten oft darüber. In einer dieser Diskussionen sagte mein reicher Vater: »Die meisten Menschen gehen zur Arbeit, um mit Geld bezahlt zu werden – nichts anderes. Es ist ihnen egal, ob es kompetitives, kooperatives oder spirituelles Geld ist. Für viele Menschen sind Arbeit und Geld nur ein Mittel zum Zweck. Böte man ihnen doppelt so viel Geld, um nicht zu arbeiten, würden viele von ihnen das Angebot annehmen.«

»Du meinst, sie würden nicht kostenlos arbeiten?«, fragte ich grinsend.

»Nein, sicher nicht. Die meisten Menschen würden sich eine andere Stelle suchen, wenn man sie nicht bezahlen würde. Vielleicht würden Sie dir und deinem Unternehmen schon gerne helfen, aber sie haben Rechnungen, die beglichen werden müssen, und Familien zu ernähren. Sie brauchen Geld – jede Art von Geld. Sie wählen ihre Stelle danach aus, wo sie am höchsten bezahlt werden und wo es die meisten Zulagen gibt.«

»Also ist spirituelles Geld so, wie wenn du deine Arbeit liebst und tust, was du liebst?«

»Nein«, sagte mein reicher Vater lächelnd, »zu tun, was man liebt, ist nicht, was ich mit spirituellem Geld meine.«

»Also, was ist spirituelles Geld dann?«, fragte ich. »Ist es das unentgeltliche Arbeiten?«

»Nein, das ist es auch nicht. Es geht nicht darum, unentgeltlich zu arbeiten, da es beim spirituellen Geld eigentlich gar nicht um Geld geht.«

»Aber wenn es nicht um Geld geht, worum geht es dann?«

»Es geht darum, eine Aufgabe zu übernehmen, nicht weil du es tun willst, sondern weil es getan werden muss und du tief in deinem Herzen weißt, dass diese Aufgabe dir zugedacht ist.«

»Woher weißt ich zum Beispiel, welche Aufgabe das ist?«

»Weil es dich stört, dass niemand anderes es tut. Vielleicht fragst du dich: ›Warum tut da niemand etwas dagegen?‹«

»Könnte es dich sogar wütend machen?«, fragte ich.

»Oh ja«, sagte mein reicher Vater sanft. »Es kann dich auch traurig machen oder dir sogar das Herz brechen. Es könnte dir wie eine Ungerechtigkeit oder ein Verbrechen erscheinen. Wahrscheinlich verletzt es deinen Gerechtigkeitssinn. Es scheint unfair – eine Ungerechtigkeit.«

»Haben nicht die meisten Menschen solche Gefühle in Bezug auf irgendetwas in ihrem Leben?«

»Ja, aber die meisten Menschen tun nichts dagegen. Sie gehen zur Arbeit und sagen so etwas wie: ›Warum tut die Regierung nichts dagegen?‹ Oder sie schreiben Leserbriefe und beschweren sich.«

»Aber sie tun selbst nichts dagegen.«

»In den meisten Fällen nicht. Vielleicht reden sie darüber, beschweren sich, aber sie tun wenig dagegen. Schließlich sind sie viel zu sehr damit beschäftigt, genug Geld zu verdienen, um die Miete zu bezahlen und genug zusammenzusparen, um mit den Kindern ins Disneyland zu fahren.«

»Was würde passieren, wenn sie etwas dagegen tun würden? Was wäre die Folge?«

»Wenn sie sich wirklich verpflichtet fühlten, das Problem zu lösen, würden meiner Meinung nach eventuell die unsichtbaren Kräfte dieses Universums, die Macht Gottes, sie unterstützen. Es könnten Wunder in ihrem Leben passieren. Hier kommt spirituelles Geld oder auch Lohn ins Spiel. Aber es ist mehr als Geld. Menschen, die du noch nie zuvor getroffen hast, treten in dein Leben, um dich zu unterstützen – nicht wegen des Geldes, sondern wegen der Mission.«

»Warum unterstützen sie dich?«

»Weil sie dieselbe Mission haben.«

Mehr konnte ich an jenem Tag nicht verkraften. Ich hatte am nächsten Tag eine Prüfung, und zu der Zeit war es meine Mission, die Highschool abzuschließen.

## *Deine Gaben teilen*

Etwa ein Jahr verstrich, bevor ich dieses Thema wieder anschnitt. »Wenn ich einfach nur ein Problem löse, von dem ich weiß, dass es gelöst werden muss, wird das die unsichtbare Macht hervorlocken, das spirituelle Geld?«

Mein reicher Vater lachte und sagte: »Vielleicht, aber vielleicht auch nicht. Dies zu entscheiden, liegt nicht in meiner Macht. Ich kann dazu nur sagen, dass einer der Schlüssel zu dieser unsichtbaren Macht ist, dich dafür einzusetzen, deine Gabe zu teilen.«

»Meine Gabe teilen? Was meinst du mit ›Gabe‹?«

»Ein besonderes, von Gott gegebenes Talent.«, antwortete mein reicher Vater. »Etwas, das du am besten kannst. Ein Talent, das Gott dir verliehen hat.«

»Und was könnte das sein?«, fragte ich. »Ich weiß nichts, in dem ich am besten bin.«

»Na ja, das musst du herausfinden.«

»Hat jeder so eine Gabe?«

»Das möchte ich schon meinen«, sagte mein reicher Vater mit einem Lächeln.

»Wenn jeder eine Gabe hat, warum leben dann so viele Menschen unter dem Durchschnitt?«

Diese Frage löste bei meinem reichen Vater einen Lachanfall aus. Als er sich wieder gefasst hatte, sagte er: »Weil es harte Arbeit ist, deine Gabe zu entdecken, sie zu herauszubilden und dann einzusetzen. Die meisten Menschen wollen nicht so hart arbeiten.«

Jetzt war ich verwirrt. Wenn Gott uns eine Gabe gegeben hätte, so sollte diese doch offensichtlich sein. Leicht zugänglich. Als ich meinen reichen Vater befragte, um Klarheit zu erhalten, sagte er: »Großartige Ärzte verbringen Jahre an der Universität und praktizieren dann viele Jahre, um ihre Gabe zu entwickeln. Großartige Golfer haben viele Jahre geübt, um ihr Talent auszubilden. Es gibt zwar Ausnahmen, die sogenannten Wunderkinder, aber die meisten Menschen müssen ein Leben lang suchen, um ihre Gabe zu entdecken und zu entwickeln. Leider gibt es in der ganzen

Welt so viele begabte Menschen, die es nicht schaffen, ihre Gabe zu entwickeln. Die eigene Gabe zu entdecken, kann harte Arbeit bedeuten, und sie dann zu entwickeln, kann noch schwieriger sein. Deshalb erscheinen so viele Menschen als unterdurchschnittlich.«

»Deshalb trainieren also die Profisportler härter als die Amateure?«, fragte ich. »Sie haben sich der Entwicklung ihrer Stärken und Fähigkeiten verschrieben, um ihre Gabe auszubilden.«

Mein reicher Vater nickte.

Ich hatte wieder einmal mehr erfahren, als ich verdauen konnte. Die Diskussion war beendet, aber ich erinnere mich bis heute an die Lektion.

## *Das Gute ist der Feind des Besten*

Es gibt zwei Bücher, die ich Freunden empfehle, die sich darum bemühen, der Beste zu werden, der sie sein können. Ich empfehle beide Bücher jedem wärmstens, der ein großartiger Entrepreneur werden möchte. Das erste ist Der Weg zu den Besten von Jim Collins. Wir haben dieses Buch fünfmal in einer Studiengruppe gelesen. Jedes Mal haben wir es eingehend besprochen, und es schien immer, als ob wir ein anderes Buch lasen. Gleich zu Beginn geht es um die Quintessenz. Collins beginnt mit der Aussage: »Das Gute ist der Feind des Besten.« Wenn wir bei dem Thema »unsere Gabe finden« bleiben, dann wissen wir alle, dass die Welt voller guter Geschäftsleute ist, guter Sportler, guter Eltern, guter Arbeiter und guter Regierungen. Aber es gibt nicht genug großartige Geschäftsleute, großartige Sportler, großartige Eltern, großartige Arbeiter und großartige Regierungen und so weiter. Und warum? Weil viele von uns sich mit dem Guten begnügen. Wäre mein reicher Vater heute hier, würde er sagten: »Bei der Suche nach deiner Gabe geht es darum, deine Großartigkeit herauszustellen, nicht nur darum, zu zeigen, was du gut genug kannst.«

Der Weg zu den Besten steckt voller Lektionen für große und kleine Unternehmen. In unseren Studiengruppen fand jeder eine Lektion darin, die speziell für ihn oder sie geschrieben zu sein schien. Für mich war die größte Lektion, dass Größe eine Frage des Willens ist. Es geht um eine Entscheidung, die wir alle treffen können.

Da ich selbst mich die meiste Zeit meines Lebens im Bereich der Durchschnittlichkeit und Unterdurchschnittlichkeit bewegt hatte, war der Gedanke, dass ich die Wahl hatte, das alles zu ändern, die Botschaft des Buches, die mich direkt ansprach.

## *Überwinde deine Widerstände*

The War of Art von Steven Pressfield ist noch so ein Buch für jeden, der das Beste aus seinem Leben machen möchte. In ihm geht es um den inneren Schweinehund, den wir alle in uns tragen. Pressfield definiert den Widerstand als die Kraft in uns, die uns zurückhält. Ich kenne diesen Widerstand nur zu gut. Nur in meinem Fall nimmt er verschiedene Formen an: Morgens kommt er als »Fetter Junge« daher. Wenn ich morgens aufwache, auf die Uhr schaue und mir denke »Zeit, ins Training zu gehen«, sagt der »Fette Junge«: »Oh nein, heute nicht. Es geht dir nicht so gut. Außerdem ist es kalt draußen. Geh doch morgen.«

Der fette Junge ist der Kerl in meinem Inneren, der lieber isst als Sport treibt.

Mein Widerstand nimmt verschiedene Formen an. Ich habe viele solche Widerstände. Neben dem fetten Jungen gibt es da auch noch den »faulen Ehemann«. Der sagt oft so etwas wie, »Warum hat Kim nicht dies oder jenes gemacht?« Eine andere Form des Widerstandes, der mich beherrscht, ist der »finanzielle Faulpelz«, der immer sagt: »Warum soll ich das durchrechnen?« Nachdem er seine Meinung gesagt hat, kommt der faule Ehemann dran: »Kim, kannst du das mal durchrechnen?« Sie sehen, der fette Junge, der finanzielle Faulpelz und der faule Ehemann sind enge Freunde von mir. Wir sind täglich zusammen. Pressfield nennt das Widerstand.

Ich nenne sie meine Kumpels.

In Pressfields Buch geht es darum, wie man seine Widerstände überwindet, indem man seine Kreativität anzapft, seine spirituellen Verbündeten, seine Engel oder Musen. Meiner Ansicht nach zählt dieses Buch zur essenziellen Lektüre für Unternehmer. Es ist kein Buch für die Leute, die schnell reich werden wollen. Genauso wie Der Weg zu den Besten enthält The War of Art viele unbezahlbare Lektionen, und eine davon bezieht sich direkt auf das Thema, wie man seine Gabe mit anderen teilt. Sie findet sich in einem Kapitel mit dem Titel »Profis und Amateure«, wo es heißt:

*Aufstrebende Künstler, die vom Widerstand besiegt wurden, haben eines gemeinsam: Sie handeln alle wie Amateure. Sie sind noch nicht zum Profi geworden.*

*Um eines klarzustellen: Wenn ich von einem Profi rede, meine ich nicht die Ärzte und Rechtsanwälte, die einen selbstständigen Beruf ergriffen haben. Ich meine den Profi als ein Ideal. Den Profi im Gegensatz zum Amateur.*

*Überdenken Sie einmal die folgenden Unterschiede:*

*Der Amateur spielt aus Spaß an der Sache. Dem Profi ist es ernst.*

*Für den Amateur ist das Spiel ein Hobby, für den Profi seine Berufung.*

*Der Amateur spielt in Teilzeit, der Profi in Vollzeit.*

*Der Amateur ist ein Wochenend-Krieger, der Profi steht dort sieben Tage die Woche.*

*Das Wort »Amateur« kommt vom lateinischen Wortstamm mit der Bedeutung »lieben«. Die konventionelle Interpretation legt nahe, dass der Amateur seiner Berufung aus Liebe nachgeht, während der Profi es für Geld tut. Doch ich sehe das anders. Meiner Ansicht nach liebt der Amateur das Spiel nicht genug, denn wenn er es täte, würde er es nicht nebenbei betreiben, neben seinem »echten« Beruf.*

*Der Profi liebt es so sehr, dass er sich der Sache ganz und gar verschreibt. Er hat sich zur Vollzeit verpflichtet.*

*Das meine ich, wenn ich davon spreche, ein Profi zu werden. Der Widerstand hasst es, wenn wir zum Profi werden.*

## Erfolg über Nacht

Als er über den Erfolg der Rich-Dad-Buchreihe schrieb, meinte ein Journalist: »Dieser Autor war über Nacht erfolgreich. Nur drei andere Bücher in der Geschichte der New York Times-Bestsellerliste waren länger auf dieser Liste als Kiyosakis *Rich Dad Poor Dad*. Die meisten Autoren schreiben jahrelang viele Bücher, ohne jemals den Sprung auf die Liste zu schaffen.

Die Worte »über Nacht erfolgreich werden« und »Autor« bringen mich immer zum Schmunzeln. Ich betrachte mich nicht als Autor und ganz sicher bin ich nicht über Nacht erfolgreich geworden. Ich hatte nur einfach meine Mission gefunden. Ich habe jahrelang an meiner Mission gearbeitet und Partner gefunden, die mit mir diese Mission teilen. Zu schreiben ist nur eine meiner Aufgaben, die ich übernehmen muss, um die Mission zu erfüllen. Ich wünschte, ich müsste nicht schreiben. Seitdem ich damals als 15-Jähriger in Englisch durchgefallen war, weil ich nicht schreiben konnte, hegte ich eine tiefe Aversion gegen das Schreiben. Ich hasste es. Es war das Schwierigste, das ich jemals tun musste. Es gibt viele andere Wege der Kommunikation, die mir leichter fallen, und die ich lieber nutzen würde, wie das Aufnehmen von Audios und Videos oder Live-Auftritte. Trotzdem war *Rich Dad Poor Dad* jahrelang in den USA ein Bestseller unter den Wirtschaftsbüchern.

## *Es geht nicht um das Geld*

Eine andere Frage, die mir Journalisten stellen, lautet: »Warum arbeiten Sie weiter? Warum machen Sie nicht Dauerurlaub, wenn Sie so viel Geld besitzen?« Doch für mich geht es nicht ums Geld. Es geht um die Mission.

Im Jahr 1974, als ich meinen armen Vater zu Hause vor dem Fernseher sitzen sah – einen gebrochenen Mann, der Pleite gegangen war –, fand ich meine Mission. Wie ich meinen Vater so dasitzen sah, konnte ich die Zukunft erkennen. Nicht nur seine, sondern die von Millionen, vielleicht sogar Milliarden von Menschen in der ganzen Welt. Es sind kluge, gut ausgebildete und hart arbeitende Menschen, die staatliche Unterstützung für Nahrung, Wohnung und medizinische Versorgung brauchen. Dies ist ein weltweites Phänomen, das jedes Land auf der Erde betrifft, sogar die reichsten Länder wie die USA, England, Japan, Deutschland, Frankreich und Italien.

1974 merkte ich, dass zu viele Menschen wie mein Vater für ihr Überleben vom Staat abhängig waren. Mein reicher Vater hatte dieses Problem kommen sehen und dass die Sozialversicherungen und Medicare massive finanzielle Probleme für die USA und die ganze Welt bringen würden. Ich erkannte, dass die reichsten Länder dieser Erde voller armer Menschen sein würden, die vom Staat erwarteten, dass er sich um sie kümmerte.

1974, als mein armer Vater mir empfahl, »Geh wieder zur Uni und mach den Doktor, damit du eine gute Stelle bekommst«, habe ich meine Mission gefunden. Damals wusste ich es nur noch nicht. Ich merkte nur, dass dieser Ratschlag meines Vaters – ein Rat, den ich gerne angenommen hätte –, mich in dem Moment stark beunruhigte. Wie ich meinen Vater so auf der Couch vor dem Fernseher sitzen sah – arbeitslos, rauchend und von Arbeitslosengeld lebend –, wusste ich, dass sein Rat auf einem großen Irrtum basierte. Die Zeiten hatten sich geändert, aber sein Rat nicht. Ich glaube, als ich 1974 meinen Vater sah, tat ich einen Blick in die Zukunft.

## *Warum reicht es nicht zu tun, was man liebt*

Sehr oft höre ich Menschen sagen: »Ich tue, was ich liebe.« Außerdem höre ich sie sagen: »Tu was du liebst, und das Geld wird dann schon kommen.« Obwohl das ein guter Ratschlag ist, weist auch er einige Mängel auf. Der offensichtlichste ist die Benutzung des Wortes »ich«. In der wahren Mission geht es nicht um einen selbst, es geht um die Menschen, die man liebt. In einer Mission geht es um die Menschen, für die Sie arbeiten. Es geht nicht darum, für sich selbst zu arbeiten.

## *Es geht nicht um dich*

Vor Kurzem bat mich ein Freund, mit seiner Schwester, einer Office-Managerin, zu sprechen, die gerade bei einer Networkmarketing-Firma eingestiegen war. Er sagte: »Sie hat deine Bücher gelesen und beschlossen, den Sprung zu wagen und sich selbstständig zu machen.«

»Das ist gut«, sagte ich.

»Macht es dir etwas aus, mal mit ihr zu sprechen?«

Was sollte ich sagen? Er war mein Freund, deshalb stimmte ich zu.

In ihrer Mittagspause kam sie vorbei. Ich fragte sie, warum sie ein eigenes Geschäft aufbauen wolle?

»Ach, ich habe das Leben im Hamsterrad satt. In meiner Firma komme ich nicht mehr voran. Nachdem ich dein Buch über die Vorteile eines Einstiegs in ein Networkmarketing-Unternehmen, The Business School for People Who Like Helping People, gelesen hatte, habe ich mich entschlossen, den Sprung zu wagen. Also habe ich gekündigt und werde in einem Monat auf eigenen Beinen stehen.«

»Wie mutig«, sagte ich anerkennend. »Erzähle doch mal, wie du die Networkmarketing-Firma ausgesucht hast, mit der du dein Geschäft aufbauen willst?«

»Ach, ich liebe deren Produkte. Das Training scheint gut zu sein. Aber mir gefällt vor allem der Vergütungsplan. Ich kann schnell viel Geld verdienen.«

»Okay«, sagte ich, und hielt mich zurück, etwas darüber zu sagen, dass man es hauptsächlich wegen des Geldes macht. »Was hast du geplant?«

Die Unterhaltung dauerte noch etwa eine halbe Stunde. Es gab nicht viel zu besprechen, denn sie hatte noch nicht angefangen. Meinem Freund zuliebe schlug ich vor, dass sie mich in einem halben Jahr anrufen solle, um mich wissen zu lassen, wie es ihr gehe. Ich glaubte, sie würde dann eher konkrete Fragen haben.

## *Sechs Monate des Misserfolges*

Im Laufe des sechsten Monats rief sie mich an und wollte sich erneut mit mir treffen. Dieses zweite Treffen war nicht so angenehm.

»Es geht mir nicht so gut«, begann sie das Gespräch. »Niemand will mir zuhören. Niemand versteht es. Sie machen alle die Schotten dicht, sobald ich Networkmarketing erwähne. Wie kann ich Geld verdienen, wenn niemand mir zuhört?«

»Hast du die Seminare besucht, die die Firma anbietet?«, fragte ich.

»Nein, ich will da nicht hingehen«, antwortete sie wütend. »Dort setzen sie mich nur unter Druck, das Verkaufen zu üben. Ich will nicht unter Druck gesetzt werden. Sie wollen auch, dass ich meine Freunde zu den Treffen mitbringe, aber die wollen nicht mitkommen.«

»Okay«, sagte ich ruhig. »Hast du Bücher über das Verkaufen gelesen oder wie man Menschen beeinflusst?«

»Nein, ich mag nicht lesen.«

»Okay, wenn du nicht gerne liest, hast du dich dann nach einem Kurs im Verkaufen umgesehen?«

»Nein. Die wollen alle nur mein Geld.«

»Okay«, sagte ich. »Was willst du denn?«

»Ich möchte nur ein paar Stunden pro Woche arbeiten und ohne viel Aufwand viel Geld verdienen, die Zeit und das Geld haben, um das Leben zu genießen.«

»Also gut«, sagte ich und schmunzelte in mich hinein.

»Dann sag mir doch, was soll ich tun«, bat sie und blickte mich frustriert an.

»Geh und erkundige dich, ob du deine Stelle wieder kriegen kannst«, schlug ich vor.

»Willst du damit sagen, dass ich kein Unternehmen aufbauen kann?«, fragte sie.

»Nein, das meine ich nicht.«

»Was meinst du dann? Du bist doch der tolle Hecht, der all diese Bestseller schreibt. Sag mir doch, was du in mir siehst. Ich bin stark genug, ich vertrage das schon.«

»Okay«, sagte ich, nun ernster werdend. »Ist dir aufgefallen, wie oft du die Wörter ›ich‹, ›mir‹ oder ›mich‹ benutzt?«

»Nein«, antwortete sie. »Sag es mir, und sag mir, was das für dich heißt.«

»Na ja, ich habe dich sagen hören,

- Es geht mir nicht gut.
- Ich will kein Training mitmachen.
- Ich will nicht lesen.
- Ich weigere mich, Geld zu geben.«

»Ich sage also oft ›ich‹, ›mir‹ oder ›mich‹. Was ist daran so schlimm?«

So freundlich wie möglich sagte ich: »Weil es beim Aufbau eines Unternehmens nicht um dich geht. Es geht um die anderen Menschen. Es geht um dein Team, deine Kunden, deine Lehrer, und wie gut du sie bedienen kannst. Du klingst sehr egoistisch, sehr ich-bezogen.«

Was ich zu sagen hatte, gefiel ihr offensichtlich nicht, doch sie lehnte sich zurück, blieb ruhig und hörte zu. Ich merkte, dass sie meine Worte gehört hatte und verdauen musste. Dann fasste sie sich und antwortete: »Aber ich mag wirklich nicht lesen. Ich mag wirklich nicht zu diesen Trainings gehen. Ich hasse tatsächlich Ablehnung. Ich hasse die engstirnigen Menschen, die nicht kapieren, was ich ihnen biete. Ich hasse dieses emotionale Leiden, das ich gerade durchmache. Ich hasse es, keinen Lohn zu erhalten.«

Langsam nickend sagte ich sanft: »Ich verstehe das. Ich habe Ähnliches durchgemacht. Ich hasse es auch zu lesen, ich hasse das Lernen, ich hasse es, mich fortzubilden, ich hasse es, für Ratschläge Geld bezahlen zu müssen, ich hasse es, viele Stunden ohne Bezahlung arbeiten zu müssen. Aber ich tue es.«

»Warum?«, fragte sie.

»Weil ich es nicht für mich tue. Bei meiner Arbeit geht es nicht um mich. Es geht um die anderen.«

»Du lernst also, weil du für die anderen, deine Kunden, besser werden willst?«

»Ja«, antwortete ich. »Nicht nur für meine Kunden. Ich studiere, trainiere und übe fleißig für ihre Familien, ihre Gemeinden und für eine bessere Welt. Es geht nicht um mich oder um das Geld. Es geht darum, einen Beitrag zu leisten.«

»Na ja, ich will auch helfen«, sprudelte es aus ihr hervor. »Ich versuche ja den Menschen zu helfen.«

»Ja, das merke ich auch. Du hast ein großes Herz. Das Problem ist nur, dass du dich erst qualifizieren musst, um dienen zu können.«

»Qualifizieren? Was meinst du mit qualifizieren?«

»Na ja, Ärzte verbringen viele Jahre an der Universität, um die Qualifikationen zu erlangen, Patienten helfen zu können. Ich kenne niemanden, der seine Stelle als leitender Büroangestellter an den Nagel gehängt hat und am nächsten Tag gleich im OP steht, um eine Operation am Auge vorzunehmen. Du etwa?«

»Nein«, sagte sie und schüttelte den Kopf. »Ich verstehe. Deshalb sollte ich also lesen, mich fortbilden und üben. Es geht nicht um mich. Es geht darum, anderen Menschen besser dienen zu können.«

Wir unterhielten uns noch eine weitere Stunde. Sie hatte ein großes Herz und wollte wirklich anderen Menschen dienen. Sie brauchte nur mehr Zeit, um die Fähigkeiten zu erlangen, das besser tun zu können. Als ich ihr die Unterschiede zwischen P-, A-, T- und C-Denkern erklärte, wies ich sie darauf hin, dass sie meiner Meinung nach bei ihrem Networkmarketing-Unternehmen ein unbezahlbar wertvolles Training im Umgang mit Menschen bekam, das P-Denkende besitzen. Als sie schon am Gehen war, sagte ich ihr: »Der Umgang mit Menschen ist das Schwierigste in jedem Geschäft.«

Im Gespräch kamen wir auch auf das Buch Der Weg zu den Besten zu sprechen und wie man sich entscheidet, großartig zu sein, und dass es nicht einfach nur Glück ist. Um sie zu ermutigen weiterzumachen, sagte ich: »Deine Firma bildet dich nicht aus, damit du gut bist, sondern großartig wirst im Umgang mit Menschen. Das ist eine unbezahlbare Fähigkeit, die essenziell ist, um den Mitmenschen dienen zu können. Aber nur du, du allein, kannst die Entscheidung treffen, großartig zu sein. Die meisten Menschen sind damit zufrieden, gut zu sein, weil das ausreicht, um sich selbst zu bedienen.«

Als sie ging, fragte sie noch: »Es sind also nicht alle Menschen im Geschäft, um anderen zu dienen?«

»Ich habe diese Erfahrung gemacht. Zu viele Menschen gehen nur zur Arbeit, um Geld zu bekommen. Wenige Menschen gehen arbeiten, um anderen zu dienen. Jeder hat seine eigene Mission.«

Im nächsten Kapitel werden wir uns ansehen, wie man ein Team aufbaut und mit den verschiedenen Menschen und ihren unterschiedlichen Missionen umgeht. Das ist ein sehr wichtiges Kapitel, da die Menschen aus den verschiedensten Gründen arbeiten gehen. Stehen diese Gründe nicht im Einklang mit der Mission des Unternehmens, führt das meistens zu Chaos und Verlust an Zeit und Geld. Viele Unternehmen gehen pleite, nur weil die verschiedenen Menschen dort unterschiedliche Missionen haben.

## *Die Kraft der Mission*

In Vietnam habe ich erlebt, wie ein Land der Dritten Welt das mächtigste Land der Welt besiegt, nur weil seine Streitmacht ein stärkeres Gefühl für die Mission hat. Heutzutage sehe ich das gleiche Phänomen in der Wirtschaft. Wir haben erlebt, wie kleinere Unternehmen, wie Microsoft, Apple, Google und Amazon schwerfällige Blue-Chip-Unternehmen überholt haben und die jungen Gründer viel reicher gemacht haben als die älteren Konzernmanager auf ihrer Karriereleiter. Heute werden zwar die Manager von Blue-Chip-Unternehmen Millionäre, die jugendlichen Entrepreneure jedoch werden Milliardäre. Wie in Vietnam geht es hier nicht um die Größe des Unternehmens. Es geht um die Größe der Mission. Deshalb habe ich diesem Thema so viel Platz eingeräumt.

Ich habe bereits in diesem Buch von den drei etwa zehnjährigen Phasen meiner Entwicklung geschrieben. Hier sind sie noch einmal:

1. **1974 bis 1984: Jahre des Lernens**

2. **1984 bis 1994: Jahre des Verdienens**

3. **1994 bis 2004: Jahre des Zurückgebens**

1974 ging es in meiner Mission nur darum, das B-I-Dreieck beherrschen zu lernen. Lernen war meine Mission. Dies war für mich manchmal eine düstere Zeit. Oft war ich pleite und deprimiert. Nur die Mission ließ mich weitermachen. Monatelang hatte ich das Gefühl, dass nichts funktionierte. Doch das Bild von meinem Vater, wie er auf der Couch sitzt und fernsieht, hielt mich bei der Stange. Ich lernte nicht für mich, sondern für meinen Vater und andere Menschen wie ihn in der ganzen Welt.

Etwa um 1980 herum kam Licht in mein Leben. Geld begann zu fließen. Ich hatte die Lektionen zum B-I-Dreieck gelernt, besonders die fünf Ebenen vom Cashflow bis zum Produkt. 1980 verlegten wir unsere Produktion nach Korea und Taiwan, weil es dort billiger war. Auf einer unserer Reisen sah ich dann mit eigenen Augen, wie ein ausbeuterischer Betrieb in der Realität aussieht. Ich sah Kinder in Zwischengeschossen eingepfercht die Produkte herstellen, die mich reich machten.

Damals stellte ich Nylongeldbeutel, Taschen sowie Hüte für Rockbands her. Wir verkauften unsere ordentlich lizenzierten Produkte auf Rockkonzerten und in den Plattenläden in der ganzen Welt. Es ging mir wieder blendend, aber der Anblick der Kinder in den Fabriken ließ mich nicht mehr los. Ich wusste, dass meine Tage als Unternehmer im Produktionsgewerbe vorbei waren. Ich musste Schluss machen und etwas Neues beginnen.

Im Dezember 1984 zogen Kim und ich nach Kalifornien. Es war der Anfang des schlimmsten Jahres in unserem Leben. Im Buch *Cashflow Quadrant: Rich Dad Poor Dad* habe ich über diese Zeit geschrieben. Meine Mission war ganz ähnlich, aber sie hatte sich weiter entwickelt. Jetzt ging es darum, meine Gabe zu finden und sie auszubilden. Es ging nun auch darum, Geld zu verdienen und mit meiner Gabe Reichtum zu schaffen.

Leidenschaft ist etwas anderes als Liebe. Leidenschaft ist eine Kombination von Liebe und Wut. Damals liebte ich das Lernen und war noch immer wütend auf das Schulsystem. Inspiriert von meiner Leidenschaft, begannen Kim und ich das Bildungssystem zu studieren und wie der Mensch lernt. 1985 verbrachten wir mit verschiedenen großartigen Lehrern, wie zum Beispiel Tony Robbins, und lernten, wie sie lehrten. Einmal die Woche halfen wir Tony dabei, den Menschen beizubringen, über ein Kohlenbett mit 1000 °C zu laufen, um ihnen zu helfen, ihre Ängste und einschränkenden Gedanken zu überwinden.

Nach einem Jahr mit Tony und anderen Lehrern, begannen Kim und ich zusammen mit Blair Singer, dem Autor von Rich-Dad-Advisor-Büchern wie Sales Dogs und Team Code of Honor, unternehmerische Fähigkeiten zu unterrichten. Blair und ich lachen heute noch über unseren ersten Kurs. Wir beide flogen nach Maui, um diesen Kurs zu halten, zu dem nur zwei Teilnehmer gekommen waren. Obwohl das ein ziemlich trauriger Start für unser neues Unternehmen war, haben wir schließlich die Business-Schule für Unternehmer und die Business-Schule für Investoren gegründet. Fünf Jahre später, 1990, füllten wir die Räume mit Hunderten von Teilnehmern, denen wir meines reichen Vaters Prinzipien des Unternehmertums und des Investierens lehrten. 1994 waren Kim und ich finanziell unabhängig. Blair gründete dann sein eigenes Unternehmen für Firmenkunden. Am wichtigsten war aber, dass ich meine Gabe gefunden hatte – das Lehren, aber nicht auf die Art und Weise, wie mein armer Vater gelehrt hatte.

1994 begann ich das CASHFLOW-Spiel zu entwickeln und das Buch *Rich Dad Poor Dad* zu schreiben. Wir waren jetzt auf unserer dritten Mission: Wir gaben zurück, was wir empfangen hatten, und zwar in Form von finanzieller und unternehmerischer Bildung. Es war unsere Mission, mehr Menschen zu dienen, und als wir das taten, kam auch auf magische Weise fast vom ersten Tag an das Geld herein.

Kim und ich schmunzeln immer noch über die Kreditkartenfirma, die uns anrief, weil wir zu viel Umsatz machten. Nachdem wir an einem Wochenende einen Vortrag gehalten hatten, kamen die Bestellungen herein. Die Kreditkartenfirma versuchte uns zu blockieren, da sie dachten, wir würden Drogen oder Waffen verkaufen, weil wir nach einem einzigen Event so viel Umsatz machten. Der Präsident der Bank sagte uns: »Ich kann gar nicht glauben, dass eine so junge Firma so schnell so viel Geld verdienen kann.« Er wusste eben nicht, dass es die Macht der Mission und die drei Arten von Geld waren – das kompetitive, das kooperative und das spirituelle Geld –, die bei uns die Telefone zum Klingeln brachten.

Ich glaube wirklich nicht, dass der weltweite Erfolg der Rich Dad Company auf Kim und mir persönlich beruht, sondern auf unserem Engagement für die Missionen unseres Lebens. Als wir die Rich Dad Company gründeten, mussten wir nicht mehr arbeiten. Es ging nicht darum, dass wir eine Stelle brauchten, und auch nicht, dass wir Geld brauchten. Es ging darum, dass wir einer höheren Berufung folgten. Es ging um eine Arbeit, die getan werden musste. Wenn es nur um Geld ginge, gäbe es für Kim und mich einfachere Dinge zu tun.

Wenn unser Erfolg pures Glück gewesen wäre, dann war es spirituelles Glück. Anders kann man das nicht erklären. Es gab einfach zu viele Wunder und zu viele Glücksfälle, als dass man den Erfolg einfach unserem geschäftlichen Geschick hätte zuschreiben können. In seinem Buch The War of Art schreibt Steven Pressfield: »Es wird ein Prozess in Bewegung gesetzt, durch den der Himmel uns ganz sicher zur Hilfe eilt. Unsichtbare Mächte schließen sich unserer Mission an und das Glück stärkt unsere Zielstrebigkeit.«

## *Deine Mission beginnt im Kern deines Wesens*

Denken Sie an die drei Arten von Geld und dass keine davon besser ist als die anderen, bevor Sie Ihre Stelle aufgeben. Kompetitives Geld ist zum Beispiel nicht besser oder schlechter als kooperatives oder spirituelles Geld.

Der Wettbewerb hat durchaus seine Berechtigung in der Wirtschaft. Dadurch bleiben die Preise niedrig und die Qualität hoch. Er lässt die Unternehmer aufmerksam bleiben und hält uns auf Trab. Ohne Wettbewerb gäbe es nicht so viele neue Produkte oder lebensverändernde Innovationen. Ohne Wettbewerb würden wir uns auf eine sozialistische, zentral gesteuerte Wirtschaft zubewegen. Ohne Wettbewerb gäbe es weniger Bedarf an oder auch Anreize für Unternehmensgründer.

Wenn Sie Entrepreneur werden wollen, lautet Ihre erste Mission, das B-I-Dreieck zu meistern, besonders die Ebenen vom Cashflow bis hinauf zum Produkt. Wenn Sie das nicht lernen und laufend an der Perfektion der Ebenen arbeiten, wenn Sie nicht wettbewerbsfähig sind, werden Sie wahrscheinlich nicht überleben. Denn wenn Sie nicht wettbewerbsfähig sind, wird es schwierig sein, Kooperationen einzugehen und für kooperatives Geld zu arbeiten. Im Businessspiel ist es schwierig, mit armen Menschen oder armen Firmen Kooperationen einzugehen. Es ist, als ob beim Fußballspiel ein Spieler im Team ein gebrochenes Bein hat.

Wie bereits in einem früheren Kapitel erwähnt, betrifft das B-I-Dreieck tatsächlich alle vier Bereiche des Cashflow-Quadranten. Auch die Menschen im E-Quadrant haben ein B-I-Dreieck. Wenn sie vor finanziellen Herausforderungen stehen, ist es einfacher, diese Probleme zu analysieren, wenn man ihr Privatleben mithilfe eines B-I-Dreiecks betrachtet. Viele Angestellte haben zum Beispiel finanzielle Probleme, nur weil es bei ihnen Defizite auf der Ebene des Cashflows gibt. Selbst wenn sie eine Gehaltserhöhung bekämen, würden sie durch diese Defizite finanziell gesehen arm bleiben.

Das Marinekorps hat mich gelehrt, dass die Mission im Kern des Wesens beginnt, in der Seele der Organisation. Fehlt es der Mission an Integrität, besitzt die Organisation auch keine Seele. Das Team der Rich Dad Company praktiziert, was wir lehren, wir leben die Mission unseres Unternehmens. Alle Angestellten werden ermutigt, ihr eigenes Unternehmen zu gründen oder Investmentportfolios einzurichten, damit sie eines Tages die Firma verlassen können. Wir wollen nicht nur loyale Angestellte. Wir wollen Angestellte, die planen, eines Tages finanziell frei zu sein und die Firma zu verlassen. Wir wollen natürlich nicht unsere guten Angestellten verlieren, aber wir feiern ihre finanzielle Freiheit mit ihnen, da dies die Mission der Rich Dad Company ist.

Bevor Sie Ihre Stelle aufgeben, denken Sie also daran, dass Ihre Mission in Ihrem Inneren, in Ihrer Seele beginnt, Sie diese in Ihrem Herzen fühlen und sie sich durch Ihre Aktionen – nicht nur in Ihren Worten – ausdrückt.

## RICH DAD'S LEKTION NR. 7 FÜR UNTERNEHMER

# Die Größe der Mission bestimmt das Produkt

## Siebtes Kapitel

# Vom Kleinunternehmen zum Großunternehmen

»Warum bleiben die meisten kleinen Unternehmen klein?«, fragte ich.

»Gute Frage. Das liegt daran, dass sie Schwachstellen in ihrem B-I-Dreieck aufweisen«, antwortete mein reicher Vater. »Es ist schwierig, aus dem S-Quadrant in den B-Quadrant zu wechseln, wenn man nicht über ein stabiles B-I-Dreieck verfügt.«

### *Nach dem Schiffbruch*

Es gibt die Redensart »Aus Fehlern wird man klug«. Das mag zwar stimmen, aber es gibt manche Fehler, die deutlicher zutage treten als andere. Schautafeln wie das B-I-Dreieck und der CASHFLOW-Quadrant helfen mir nicht nur vorauszuschauen, wenn ich ein Unternehmen plane, sie unterstützen mich auch beim Rückblick. Nach dem Schiffbruch meines Nylongeldbeutel-Unternehmens dienten mir der CASHFLOW-Quadrant und das B-I-Dreieck bei der Untersuchung des Wracks meines Unternehmens als Brille oder Lupe.

Es war offensichtlich, dass Erfolg und Inkompetenz uns das Genick gebrochen hatten. Doch es gab tiefgründigere und hässlichere Faktoren. Als ich den CASHFLOW-Quadrant betrachtete, musste ich mir ehrlich eingestehen, dass glasklar war, warum wir untergegangen waren. Der wahre Grund war in unserer jugendlichen Arroganz zu suchen. Früh im Leben ein erfolgreiches Unternehmen zu besitzen, war als ob man einem Jugendlichen die Schlüssel zu einem Sportwagen und ein Sixpack Bier überreicht und dann sagt: »Fahr vorsichtig!«

1976 befanden mein bester Freund Larry und ich uns im E-Quadranten, da wir bei Xerox als Handelsvertreter arbeiteten. Da wir Spitzenverkäufer waren, glaubten wir, wir wüssten schon alles. Wir meinten, dass wir mit unserem Businessplan einen Stunt abziehen und mit einem Motorrad über den Grand Canyon springen könnten. Das heißt, wir dachten, wir könnten eine Abkürzung zum B-Quadrant nehmen. Anstatt vom E zum S zu wechseln, wollten wir unsere Motorräder auf Hochtouren bringen und vom E zum B springen. Anstatt hinunter in den Canyon zu steigen, vom E zum S, und dann auf der anderen Seite wieder hinauf vom S zum B zu klettern, hatten wir beschlossen, wir würden über den Canyon springen. Selbst Evel Knievel war so schlau gewesen, seinen Sprung über den Canyon mit einem Fallschirm am Motorrad zu machen. Wir aber nicht.

Anstatt Evel Knievel nachzuahmen, sahen wir eher wie Karl der Kojote aus, der den Road Runner über die Kante hinweg verfolgt und erst eine Weile später bemerkt, dass er keinen Boden mehr unter den Füßen hat. Irgendwann zwischen 1978 und 1979 merkten wir, das wir nichts als Luft unter unseren Füßen hatten. Wir waren fast im B Quadrant angekommen. Wir hatten tatsächlich schon die Kante berührt, aber die Schwachstellen in unserem B-I-Dreieck ließen uns ins Tal stürzen. Es war nicht schön und sehr schmerzhaft. Immer wenn ich heute den Zeichentrickfilm mit Road Runner und Karl dem Kojoten sehe, weiß ich, wie sich der Kojote fühlt!

## *Abzustürzen ist gut, wenn man überlebt*

In den Jahren 1979 bis 1981 fühlte ich mich wie das NTSB, das National Transportation Safety Board, bei der Inspektion des Wracks eines abgestürzten Flugzeugs. Meine Partner waren zu anderen Unternehmen gewechselt und wurden durch zwei neue Partner ersetzt. Einer davon war mein Bruder Jon – ein starker Partner, der mich auch seelisch stark unterstützte. Gemeinsam kämpften wir uns durch das Wrack und bauten ein neues, kleineres Unternehmen auf. Wir gingen zurück zum S-Quadrant.

1981 ging unsere abgespeckte Fima ein Joint Venture mit einem lokalen Radiosender ein. Gemeinsam schufen wir eine Merchandising-Marke namens »98 Rock«. Das beliebteste Produkt war ein schwarzes T-Shirt mit einem in rot-weißer Sprühoptik aufgedruckten Logo »98 Rock FM Honolulu«. In Honolulu standen die Jugendlichen in langen Schlangen an, um in unseren »98 Rock«-Geschäften Tausende von T-Shirts und anderen Accessoires zu kaufen. Die Produktlinie wurde bald weltweit verkauft und war besonders in Japan erfolgreich. Als wir ein kleines »98 Rock«-Geschäft in Tokio sahen, vor dem eine ewig lange Schlange von Jugendlichen stand, zauberte dies zum ersten Mal seit vielen Jahren wieder ein Lächeln auf unser Gesicht, Als ich meinem reichen Vater von unserem weltweiten Erfolg erzählte, erinnerte er mich an Folgendes: »Dieser Prozess lässt dich einen Blick auf deine Zukunft erhaschen, aber du musst den Prozess durchziehen.« Obwohl ich noch nicht aus dem Gröbsten heraus war, wusste ich doch, dass ich mich meinem Ziel näherte. Der Prozess war zwar hart, aber es funktionierte.

Der »98 Rock«-Hype dauerte etwa 18 Monate und brachte viel Geld ein. Durch diese eine Marketingkampagne konnte ich mehr als 700.000 Dollar an Schulden und Steuerschulden abbezahlen. Nach dem Hype stand ich finanziell wieder bei null. Obwohl ich nun immer noch kein Geld besaß, hatte ich doch meine Fähigkeiten im Sinne des B-I-Dreiecks verbessert, mein Selbstvertrauen war gestiegen und ich hatte mein Pech zum Guten gewendet. Ich hatte nicht Insolvenz anmelden müssen und einen Blick auf das tolle Leben erhaschen können – meine Zukunft am Ende des Prozesses.

1981 rief der Agent von Pink Floyd an. Er hatte von unserem Erfolg mit den Fanartikeln von »98 Rock« gehört und wollte, dass wir zusammen mit Pink Floyd an der Veröffentlichung ihres Albums »The Wall« arbeiteten. Natürlich nahmen wir diese Gelegenheit wahr. Wieder einmal wuchs unsere kleine Firma zu einer großen heran. Dadurch wurde die Stärke des B-I-Dreiecks wieder einmal getestet.

Unser Joint Venture mit den Pink-Floyd-Fanartikeln war erfolgreich. Bald kamen auch andere Bands auf uns zu, und ohne es geplant zu haben, war unsere kleine Firma in Honolulu fest in der Branche der Rock'n Roll-Fanartikel verwurzelt. Als wir dann Duran Duran und Van Halen ebenfalls auf unsere Liste der Rockbands setzen durften, explodierte das Geschäft.

Gleichzeitig startete um 1982 der Musiksender MTV. Das bedeutete, dass der Rock'n Roll zurück und Disco tot war. Wieder einmal waren unsere Systeme überlastet. Wir waren zum rechten Zeitpunkt am rechten Ort und in der richtigen Branche unterwegs. Das Problem war nur, dass wir nicht mehr mit der Nachfrage Schritt halten konnten. Wir wussten auch, dass wir nicht mehr in den USA produzieren konnten. Die Kosten der Implementierung der Regierungsverordnungen und der Arbeitsgesetze, der Arbeit selbst, und der Fabriken waren einfach zu hoch für eine kleine Firma. Es war wirtschaftlicher, unsere Produktion nach Asien zu verlagern, um expandieren zu können.

Alle drei Partner arbeiteten Tag und Nacht an der Expansion nach Asien. Das waren etwa sechs Monate harter Arbeit – zwar nicht 24 Stunden an sieben Tagen der Woche, doch mindestens 20 Stunden. Ich lebte in dieser Zeit praktisch in New York oder San Francisco. Unser Partner Dave war in Taiwan und Korea, und mein Bruder sah zu, dass in Honolulu alles rund lief. Wir arbeiteten also in die halbe Welt umspannenden Zeitzonen und hingen dauernd am Telefon (vor der Zeit von Handys und E-Mail), um in Verbindung zu bleiben und ein größeres B-I-Dreieck aufzubauen. Mit dem vergrößerten B-I-Dreieck floss auch das Geld wieder herein.

Gelegentlich kam ich nach Hawaii und besuchte meinen reichen Vater. In dieser Zeit waren wir nicht gerade die besten Freunde. Er war immer noch böse auf mich, da er glaubte, ich hätte nicht auf seinen Rat gehört, den er mir kurz vor dem Absturz der ersten Firma gegeben hatte. Obwohl er nicht glücklich über mich war, blieb er großzügig, was seine Zeit und sein Wissen anging. Selbst als ich berichtete, dass unser neues Geldbörsen-Unternehmen aufgebaut war und ich aus dem Prozess viel gelernt hatte, blieb er etwas grummelig.

Im Nachhinein erwies sich der Wiederaufbau des Unternehmens als eine unbezahlbare Erfahrung. Meine beiden Partner und ich, wir hatten alle viel gelernt und waren erwachsen geworden. Wir waren nicht mehr so unzuverlässig. Wir waren klügere Unternehmer und der Cashflow bewies das. Unser neues B-I-Dreieck hatte kein Leck und brach auch nicht zusammen. Es war stabil.

Eines Tages schlug mir mein Partner Dave vor, mit ihm Korea und Taiwan zu besuchen und die Produktion zu besichtigen. Da ich während der Expansionsperiode nur in San Francisco und New York gewesen war, hatte ich unsere Fabriken in Asien noch nicht gesehen. Wie schon in einem früheren Kapitel gesagt, war diese Asienreise, auf der ich die Kinder in den ausbeuterischen Betrieben sah, der Auslöser für die Beendigung meiner Karriere als Hersteller.

## *Mission beendet*

Auf dem Flug von Asien zurück nach Hawaii wurde mir klar, dass ich meine Mission erfüllt hatte. Ich ließ den Prozess noch einmal vor meinem inneren Auge ablaufen. Ich erinnere mich auch heute noch an den Moment im Jahr 1974, in dem ich beschloss, bei Xerox anzufangen, um das Verkaufen zu lernen, als ob es gestern gewesen wäre. Im Geist stiegen auch die Erinnerungen an jenem Tag im Jahr 1976 auf, an dem Larry und ich beschlossen, das Nylon-Surfergeldbeutel-Unternehmen in Teilzeit zu gründen. 1978 war ich der beste Verkäufer bei Xerox und GQ, Runner's World und Playboy berichteten über unsere Geldbeutelfirma.

Larry und ich verließen Xerox um unser winziges Unternehmen in Vollzeit zu führen. Ich erinnerte mich auch an die tolle Zeit und dann den Crash. Als ich daran dachte, wie schlecht ich mich damals fühlte, als ich meiner Familie, meinen Kreditgebern und dem Finanzamt mitteilen musste, dass wir das Unternehmen schließen würden, sank meine Stimmung. Ich erinnere mich an die Lektionen meines reichen Vaters aus jener Zeit. Als ich aber dann an Dave und meinen Bruder Jon dachte und wie wir das Unternehmen wieder aufbauen und an den Erfolg mit »98 Rock«, dann mit MTV und dem Rock'n Roll, huschte ein Lächeln über mein Gesicht.

Jetzt war das Unternehmen stark und es war Zeit, weiterzugehen. Mein Verstand sagte immer wieder: »Bleib. Jetzt ist es Zeit, viel Geld zu scheffeln. Du bist wieder obenauf. Warum willst du jetzt gehen? Bald bist du reich. Die harte Arbeit ist getan. Deine Träume werden nun wahr.« Doch tief im Inneren wusste ich, dass es Zeit war weiterzugehen.

Aber es war schwer, sich zu entscheiden weiterzugehen, besonders als das Geld hereinzuströmen begann. Monatelang kämpfte ich mit dem Konflikt zwischen meinem Verstand und meinem Herzen. Wenn ich mein Gehalt und meinen Bonus erhielt, wollte ich oft tatsächlich bleiben. Doch ich wusste, dass meine Mission, die Grundlagen des B-I-Dreiecks zu erlernen, nun erfüllt war. Jetzt konnte ich im Wettbewerb in der Geschäftswelt bestehen. Das Problem war, dass ich nicht mochte, was zu tun war, um wettbewerbsfähig zu bleiben. Ich wollte keine Kinder unter diesen furchtbaren Bedingungen beschäftigen, die viele von ihnen wahrscheinlich für den Rest ihres Lebens schädigen würden. Gegen Ende 1983 ließ ich Dave und meinen Bruder Jon wissen, dass ich das Unternehmen verlassen würde. Ich verlangte keinen finanziellen Ausgleich. Ich hatte mehr bekommen, als ich erhofft hatte.

## *Kim tritt in mein Leben*

Gerade als ich diese Veränderungen in meinem Leben vorbereitete, lernte ich Kim kennen. Vor vielen Monaten, als ich noch der Discohecht von Waikiki war, hatte ich sie das erste Mal getroffen, aber sie wollte sich nicht mit mir einlassen. Schuld daran waren wohl die Hemden mit den langen

Kragenspitzen und die Discostiefel. Es hatte mir nichts ausgemacht, denn Waikiki war voller schöner junger Frauen.

Als ich aus Asien zurück war, dachte ich aus irgendeinem Grund wieder an Kim. Ich bat sie wieder um ein Date und sie lehnte wieder ab. Das ging ein halbes Jahr lang so: Ich traf sie zufällig, redete mit ihr, bat um ein Date und sie lehnte ab. Ich rief sie an, aber sie lehnte wieder ab. Ich schickte ihr Blumen, aber sie lehnte ab. Immer und immer wieder lehnte sie ab. Ich habe jede Verkaufsstrategie, die ich im Training gelernt hatte, an ihr ausprobiert. Ich versuchte den Probe-Abschluss, den »Ach übrigens ...«-Abschluss, den »Nehmen wir mal an, Sie kaufen«-Abschluss, aber nichts davon funktionierte.

Als ich schließlich keine Verkaufstricks mehr auf Lager hatte, hörte ich auf, den Discohecht-Verkäufer zu spielen und begann anzuwenden, was ich im Marketingseminar lernte, das ich abends besuchte. Beim Marketing gilt die Regel, dass man zuerst eine Marktstudie macht. Also nahm ich den Verkäuferhut ab und setzte mir den Marketinghut auf, um mich umzuhören und herauszufinden, wer diese Frau namens Kim wirklich war. Im Marketing heißt das: »Lerne deine Kunden kennen.«

Der erste, den ich fragte, war ein Kerl, der sie aus der Arbeit kannte. Als ich anfing, ihn auszufragen, lachte er nur. »Du hast keine Chance,« sagte er. »Weißt du, wie viele Kerle hinter ihr her sind? Sie bekommt Karten, Blumen und Anrufe von Kerlen wie dir den lieben langen Tag. Wahrscheinlich weiß sie nicht einmal, wer du bist.« Er war nicht gerade hilfsbereit, also recherchierte ich weiter.

Schließlich erwähnte ich während eines Mittagessens mit einer guten Freundin, dass ich mit meinem Marktforschungsprojekt mit dem Codenamen »Kim« nicht vorankam. Nachdem Phyllis meine Geschichte gehört hatte, ließ sie sich erweichen. »Weißt du denn nicht, wer ihre beste Freundin ist?«

»Nein.«

Hysterisch lachend sagte Phyllis: »Ihre beste Freundin ist deine Exfreundin, Karen.«

»Was!«, fragte ich. »Du machst wohl Scherze.«

»Nein, ganz und gar nicht«, lachte Phyllis.

Ich umarmte Phyllis herzlich und gab ihr einen Kuss. Dann rannte ich hinaus und zurück ins Büro. Ich musste ein wichtiges Telefongespräch führen – mit Karen.

Unsere Trennung war nicht besonders schön gewesen, also musste ich ein paar Scherben kitten. Nachdem ich die längst überfällige Entschuldigung losgeworden war, hörte sich Karen meine Geschichte von den sechs Monaten an, in denen ich erfolglos Kim umworben hatte. Auch sie lachte herzlich darüber. Als sie sich endlich wieder gefangen hatte, fragte sie: »Und, was soll ich jetzt für dich tun?«

Ich setzte wieder meinen Verkäuferhut auf und bat um das, was jeder Verkäufer gelernt hat, von einem zufriedenen Kunden zu erbitten. Ich bat um eine Referenz.

»Was willst du?« rief Karen aus. »Du willst eine Referenz? Von mir? Du willst, dass ich ihr rate, mit dir auszugehen? Du hast vielleicht Nerven!«

»Na ja, deshalb war ich ja auch ein Spitzenverkäufer«, sagte ich scherzend.

Karen lachte nicht. »Okay«, sagte sie, »ich rede mit ihr. Aber ich warne dich. Mehr tue ich nicht. Ich tue dir keinen weiteren Gefallen.«

Karen redete tatsächlich mit Kim und gab eine ausgezeichnete Referenz. Etwa sechs Wochen später fanden wir einen Termin und hatten unser erstes Date, es war der 19. Februar 1984.

## *Der Anfang eines neuen Prozesses*

Unser Date bestand aus einem Abendessen an einem Tisch mit Blick auf den Strand und einem Spaziergang entlang eines weißen Sandstrandes mit einer Flasche Champagner. Ich hatte nicht viel Geld, also war dies das Romantischste, das mir für einen bezahlbaren Preis einfiel. Am Strand setzten Kim und ich uns am Fuße des Diamond Head hin und redeten, bis die Sonne aufging. Wir hatten uns viel zu erzählen.

In jener Nacht erzählte sie mir von ihrem Leben und ich von meinem. Als wir auf das Thema Arbeit zu sprechen kamen, erzählte ich ihr von meinem reichen Vater und seinen Lektionen. Sie hatte im Hauptfach Betriebswirtschaft studiert und großes Interesse am B-I-Dreieck sowie dem Prozess, durch den man ein Unternehmer wird. Im Mondlicht im Sand an der Grenze zum Wasser zu sitzen und mit der schönsten Frau, die ich je gesehen hatte, über Business zu sprechen, war das Schönste, das ich mir je hätte vorstellen können. Die meisten Frauen, mit denen der Discohecht bisher ausgegangen war, hatten kein Interesse an Wirtschaft. Kim schon – sogar großes.

Als ich ihr die Geschichte von der Geldbeutelfirma erzählte, schüttelte sie ihren Kopf. Ich erzählte ihr von unserem Höhenflug und dem darauffolgenden Crash. Ich sprach von den Kindern in Asien, die in vier Etagen übereinander auf einem Stockwerk arbeiteten, obwohl das nicht erlaubt war, und die die giftigen Dämpfe von den Farben einatmeten, die wir verwendeten. Da weinte sie beinahe. Dann erzählte ich ihr von meinem Rückzug aus dem Unternehmen, da ich meine Mission erfüllt hatte.

»Ich bin froh, dass du weitergehst«, sagte sie. »Aber was wirst du nun tun?«

Mit einem Kopfschütteln antwortete ich: »Ich weiß es nicht. Nur, dass man manchmal aufhören muss, bevor man wieder anfangen kann. Also habe ich jetzt einfach mal aufgehört.«

Dann erzählte ich ihr von meinem armen Vater, der immer noch arbeitslos war und nur noch ab und zu Aushilfstätigkeiten annahm. Ich sprach davon, wie unpassend ich diese Art Bildung fand und dass dadurch die Kinder nicht auf das wahre Leben vorbereitet werden. Davon, dass die Schulen Angestellte ausbildeten und nicht Unternehmer, und die Kinder lehrten, von der Firma oder der Regierung zu erwarten, dass sie für sie sorgten, wenn sie einmal nicht mehr arbeiten könnten. Wir diskutierten über die Zukunft, über die von meinem reichen Vater prophezeite Sozialhilfekrise, die Krise in der medizinischen Versorgung und die Finanzkrise an der Börse, die immer schlimmer würde, je älter die Generation der Babyboomer würde.

»Warum machst du dir darüber Sorgen?«, fragte sie. »Warum glaubst du, dass die kommende Finanzkrise dein Problem ist?«

»Ich kann es nicht sagen«, meinte ich. »Ich weiß, dass es viele Probleme in der Welt gibt – Umweltprobleme, Krankheiten, Hunger, fehlender Wohnraum und vieles mehr. Aber für mich ist dieses Geldproblem – die Armut und die Schere zwischen Arm und Reich – das Problem, das mich am meisten interessiert. Das fühle ich im Bauch und im Herzen.«

Die Unterhaltung wandte sich Buckminster Fuller zu und meinen Studien unter seiner Führung und dass er dieselben Bedenken über das Finanzsystem hatte wie mein reicher Vater. Ich tat mein Bestes, ihr zu erklären, wie die Reichen und Mächtigen mit dem Geld spielten und die Armen und die Angehörigen der Mittelschicht ständig am Rande des finanziellen Abgrunds hielten. Ich erzählte ihr auch davon, dass Fuller gesagt hatte, jeder von uns habe einen Lebenssinn, dass jeder von uns ein wichtiges Teil eines Puzzles in den Händen hielt und dass es unsere Aufgabe war, nicht nur Geld zu beschaffen, sondern auch diese Welt zu verbessern.

»Das klingt, als ob du nach einem Weg suchst, um Menschen wie deinem Vater oder diesen Kindern in der Fabrik zu helfen«, sagte Kim.

»Das stimmt. Als ich in dieser Fabrik war, beschloss ich, dass es für mich an der Zeit sei, für die Kinder zu arbeiten, anstatt sie für mich. Es war Zeit für mich, die Kinder reich zu machen, anstatt nur mich selbst.«

Die Sonne ging über dem Ozean auf. Die jungen Surfer kamen heraus, um die glatten, glasklaren Wellen zu testen. Es war Zeit, sich auf die Arbeit vorzubereiten. Wir waren zwar die ganze Nacht wach gewesen, aber wir strotzten vor Energie.

Seitdem sind wir zusammen.

## *Auf der Suche nach meiner Leidenschaft*

Im Dezember 1984 zogen Kim und ich nach Kalifornien. Wie schon so oft von mir beschrieben, war das der Anfang der härtesten Zeit in unserem Leben. Die Geschäfte, an denen wir glaubten teilhaben zu können, erwiesen sich als ein Flop. Nun hatten wir also kein Geld mehr und schliefen einige Nächte in unserem Auto. In dieser Zeit wurde unser Engagement für unser neues Geschäft und füreinander auf eine harte Probe gestellt.

Kalifornien war damals eine Schmiede für neue Unterrichtsformen. Viele der Hippies waren älter geworden und hielten nun Seminare ab über seltsame und interessante Themen. Der rote Faden durch alle Themen war: sei offen, ändere dein Paradigma und brich aus deiner dich einschränkenden Wahrheit aus. Kim und ich nahmen an so vielen Seminaren teil, wie wir konnten, um neue Ideen zu bekommen und andere Lehrmethoden zu erleben. Wie Sie wissen, mag ich das traditionelle Bildungssystem nicht: diese ständige Angst vor dem Sitzenbleiben, die richtigen Antworten auswendig lernen müssen, und immer in Sorge, Fehler zu machen. In der Schule hatte ich immer das Gefühl, programmiert zu werden, nur die richtigen Dinge zu tun, und in Angst vor dem Leben zu leben. Damals fühlte ich mich oft wie ein Schmetterling, der sich in einem Spinnennetz verfangen hat, und die Spinne umwickelte mich mehr und mehr, bis ich nicht mehr fliegen konnte.

Ich war auf der Suche nach einem System, in dem die Menschen lernen, ihre Ängste zu überwinden, in dem sie ihre eigenen Kräfte entdecken, um vielleicht durchs Feuer laufen oder einen schnellen Formel-1-Flitzer fahren zu können. Je mehr ich mich damit befasste und der Frage, wie wir lernen, wie der Verstand mit unseren Emotionen umgeht und wie er unsere physischen Möglichkeiten beeinflusst, umso mehr faszinierte mich dieses Thema. Ich entdeckte, warum es mir beim Marinekorps so viel Spaß gemacht hatte. Ich liebte das Training dort und die Flugschule, da es auch hier darum ging, die eigenen Ängste und einschränkenden Gedanken hinter sich zu lassen. Das Marinekorps bot mir das perfekte Lernumfeld. Es war hart und gründlich und verlangte mir physisch, geistig, emotional und seelisch alles ab. Hier reicht es nicht, die richtigen Antworten auswendig zu lernen. Es geht wie in der Businesswelt um Ergebnisse, nicht um die Gründe. Es geht um Handlungen, nicht um Worte. Und immer wieder: Zuerst kommt die Mission, dann das Team und zuletzt der Einzelne. In dieser Umgebung lernte ich zu fliegen, anstatt dass man mir meine Flügel beschnitt.

## *Transformatives Lernen*

Das, was wir hier studierten, sollte ich später »Transformatives Lernen« nennen. Das ist eine Art von Lernen, die stark genug ist, um eine Transformation, einen Paradigmenwechsel der Realität hervorzurufen, ganz so, wie sich wohl ein Küken fühlt, wenn es endlich den Durchbruch durch die Eischale geschafft hat.

In einem dieser Seminare hörte ich von Ilya Prigogine, der einen Nobelpreis für seine Forschungen über Dissipative Strukturen in der Thermodynamik bekommen hat. Um es so einfach wie möglich dazustellen. In seinen Studien erklärt er, warum ein Kind aufs Fahrrad steigt, herunterfällt, wieder aufsteigt, wieder herunterfällt und dann plötzlich Fahrrad fahren kann: Der mit dem Üben verbundene extreme Stress löst Veränderungen im Gehirn des Kindes aus, die dafür sorgen, dass das Kind, das zunächst nicht weiß, wie man Fahrrad fährt, später niemals mehr vergisst, wie das geht.

Für mich zeigen seine Studien auch, warum die Menschen, die gut in der Schule sind, nicht unbedingt gut im Meistern der Herausforderungen in der realen Welt sein müssen. Viele Menschen wissen, was zu tun ist, aber sie können ihr Wissen nicht anwenden. Wenn sie hinfallen, bleiben sie liegen und sagen, »Das mache ich nie wieder«, wie mein Vater. Anstatt unter höherem Druck und stärkerem Gefühl der Frustration weiterzumachen, machen sie einen Rückzieher, um den Stress zu reduzieren. Das wäre ganz so, als ob das Küken im schützenden Ei bliebe.

Prigogine fasste es mit folgenden Worten zusammen: »Stress ist der Weg zu gesteigerter Intelligenz.« Oder, wie mein reicher Vater sagen würde, »Bleib am Ball.«

## *Wie schnell können wir lernen?*

Eine weitere Person, deren Arbeit ich studierte, war Georgi Lozanov aus Bulgarien, Pionier dessen, was man heute Super-Learning nennt. Ich habe nie einen seiner Kurse besucht, aber es heißt, er konnte Menschen eine Fremdsprache in ein oder zwei Tagen beibringen. Natürlich war er bei den traditionellen Akademikern verrufen. Ich habe mit seinen Techniken experimentiert und herausgefunden, dass sie wirklich funktionieren.

Ein Grund, warum ich die Schule so hasste, war der, dass es mir zu langsam ging. Wir brauchten zu lange, um ein bisschen was zu lernen. Verschiedene Lerntechniken zu kombinieren, half schneller zu lernen. Ich war nicht mehr gelangweilt und ich konnte mir die Dinge auch über längere Zeit besser merken. So langsam begeisterte mich das Feld des Lernens und Lehrens. Am besten gefiel mir die Tatsache, dass es egal war, ob man nun Einser-Schüler war oder nur Sechser gehabt hatte. Mit dieser Lehrmethode brauchte man nur noch den Willen zu lernen.

## *Meine Leidenschaft ist gefunden*

Mein reicher Vater hatte mir einmal vor vielen Jahren gesagt, dass man nur das Beste mitnimmt, wenn man einen Prozess abgeschlossen hat, und den Rest zurücklässt. Dann geht es weiter zum nächsten Prozess.

Als Kim und ich diese Zeit des Lernens durchmachten, begannen die Worte meines reichen Vaters endlich Sinn zu ergeben. Plötzlich dämmerte es mir, dass ich am Anfang des besten Prozesses in meinem Leben stand. Ich baute auf meinen Erfahrungen aus der Schulzeit auf, die ich wirklich gehasst hatte. Dann kamen meine Erfahrungen als Marinepilot dazu, dann diejenigen aus dem Lernprozess zum Unternehmer mit meiner Geldbeutelfirma. So hart dieser Prozess auch gewesen war, hatte ich doch viele wertvolle Erfahrungen, die ich nun mitnehmen konnte. Und jetzt, da ich studierte, wie der Mensch lernt, kamen alle meine Erfahrungen zusammen. Die einzelnen Puzzleteile meines bisherigen, so ungeordnet erscheinenden Lebens begannen sich sinnhaft zusammenzufügen. Um den August

1985 herum fand ich meine Leidenschaft. In meinen Gedanken entstand bereits mein nächstes Unternehmen. Von 1986 bis 1994 führten Kim und ich ein Unternehmen, das eine Business-Schule für Unternehmensgründer und eine Business-Schule für Investoren anbot. Im Gegensatz zu den traditionellen Business-Schulen gab es hier keinerlei Voraussetzungen für die Aufnahme. Man brauchte nur den Willen zu lernen sowie Zeit und Geld für die Kurse.

Mit den Techniken, die wir gelernt hatten, konnten wir den Menschen die Grundlagen der Buchführung und des Investierens anstatt in sechs Monaten an einem einzigen Tag beibringen. Anstatt nur über Unternehmertum zu reden, bauten die Kursteilnehmer tatsächlich ein Unternehmen auf, das alle Teile des B-I-Dreiecks beinhaltete. Anstatt nur über Teambildung zu reden, musste jedes Unternehmensteam sich auf einen Triathlon vorbereiten. Nicht die Person, die als Erste durch Ziel kam, gewann, sondern das ganze Team. Ahnen Sie, was es heißt, ein 15-köpfiges Team aus Mitgliedern unterschiedlichen Alters, beiderlei Geschlechts, unterschiedlichen Levels von Fitness und unterschiedlichen geistigen Einstellungen dazu zu bringen, als ein Team einen Wettbewerb im Schwimmen, Radfahren und Laufen durchzustehen. Manche dieser Wettbewerbe erinnerten mich an Szenen aus Vietnam, wenn Teammitglieder andere Mitglieder ihres Teams über die Ziellinie trugen. Da es bei uns aber um Business ging, schlossen wir auch Wetten ab. Jeder Teilnehmer steckte Geld in den Topf und der Gewinner bekam alles. Ein 15-köpfiges Team, das gewonnen hatte, konnte bis zu 50.000 Dollar an Preisgeldern abräumen.

In unserer Business-Schule für Investoren redeten wir auch nicht über das Investieren, wir bauten tatsächlich eine Trading-Zentrale auf, und die Teams mussten ihre Investitionsstrategien ständig den veränderten Märkten anpassen. Am Ende bekam wieder das Gewinner-Team das Geld.

Obwohl dieses Unternehmen erfolgreich und profitabel war, merkte ich 1993, dass es wieder einmal an der Zeit war weiterzugehen. Im Sommer 1994 verkauften Kim und ich unseren Anteil am Unternehmen an unseren Partner. Nun war das passive Einkommen aus unseren Investitionen höher als unsere Ausgaben. Wir hatten es endlich aus dem Hamsterrad geschafft. Wir waren zwar nicht reich, aber wir waren finanziell frei. Auf der Rückseite meines Buches *Rich Dad's Retire Young Retire Rich* sehen Sie ein Foto von Kim und mir hoch zu Ross auf einem Hügel mit Blick auf einen kristallblauen Ozean. Dieser Urlaub auf einer privaten Fidschi-Insel war unsere Belohnung für unseren frühen Ruhestand. Kim war siebenunddreißig, und ich siebenundvierzig Jahre alt.

## *Erkenne, wann Schluss ist*

In seinem Buch Der Weg zu den Besten widmet Jim Collins einen ganzen Abschnitt dem Thema »Wissen, wann Schluss ist.« Als ich 2004 sein Buch las, weckte das in mir Erinnerungen an 1984 und 1994, als auch ich Schluss machte. Es gab kein klares Signal, kein Zeichen von oben, das mir bedeutete: »Jetzt ist Zeit, aufzuhören!« Jedes Mal gab es einfach einen Moment, in dem ich wusste, dass der Prozess, den ich gerade durchmachte, beendet war. Es war Zeit, aufzuhören und auf den Beginn des nächsten Prozesses zu warten.

Sehr oft treffe ich Unternehmer, die aufhören wollen, es aber nicht schaffen. Dafür gibt es verschiedene Gründe. Häufig liegt es daran, dass ihr B-I-Dreieck Schwächen aufweist. Um die Schwachstellen zu überbrücken, muss der Besitzer oft länger und härter arbeiten. Ein weiterer Grund ist, dass der Eigentümer es sich nicht leisten kann aufzuhören. Auch das ist ein Zeichen für Schwachstellen im B-I-Dreieck. Es kommt auch oft vor, dass der Besitzer weiterarbeitet, obwohl er erfolgreich ist, weil er nicht weiß, was er denn als Nächstes tun könnte. Laut Collins muss man eventuell erst einmal aufhören, sich eine Auszeit nehmen und sich dann die nächste Aufgabe suchen. So habe ich es gemacht. Ich habe einfach aufgehört, kam erst einmal zur Ruhe und wartete ein paar Jahre um herauszufinden, was nun passieren würde.

## *Je mehr Menschen Sie dienen, umso effektiver werden Sie*

Von 1984 bis 1994 steckte ich tief im S-Quadrant. Ich wollte keine verfrühten Bewegungen in Richtung B-Quadrant machen. Wie erwartet, hatten wir immer mehr Erfolg, aber wir waren auch immer erschöpfter. Im S-Quadrant erfolgreiche Menschen sind häufig erschöpft. Da ein S-Mensch meistens die Arbeit selbst erledigt, bedeutet mehr Erfolg auch mehr Arbeit. Ein S-Mensch arbeitet meist für einen Stundenlohn, und wie wir alle wissen, hat der Tag eine begrenzte Anzahl von Stunden.

Als Kim und ich aufhörten, waren es nicht die harte Arbeit oder die vielen Arbeitsstunden, die uns dazu veranlassten. Es störte mich, dass wir mit unserer Arbeit so wenig Menschen erreichten. Leider geben nur wenige Menschen Geld für Seminare aus. Und unsere Seminare waren nicht nur teuer, sondern auch hart wie die Ausbildung im Marinekorps. Wir verlangten von den Teilnehmern, dass sie zehn Tage oder länger in einer unserer Business-Schulen verbrachten.

Buckminster Fuller, der Lehrer, der einen immensen Einfluss auf mein Leben hatte, sagte oft: »Je mehr Menschen du dienst, umso effektiver wirst du.« Geld interessierte ihn nicht, aber er wollte von Nutzen sein. Mein reicher Vater sagte: »Ein großer Unterschied zwischen einem S und einem B ist die Anzahl der Kunden, die bedient werden können.« Und er fügte hinzu: »Wenn du reich werden willst, musst du einfach nur mehr Leute bedienen.«

Unser letzter Kurs in der Business-Schule hatte 350 Teilnehmer, die jeder 5000 Dollar zahlten. Rein rechnerisch war das viel Geld. Was mir aber nicht gefiel war, dass es nur 350 Leute waren. Ich würde es auf die Art keinesfalls schaffen, jenen Kindern in Asien zu helfen. Mit anderen Worten, ich wusste, dass es Zeit war aufzuhören und herauszubekommen, wie ich vom S-Quadrant in den B-Quadrant wechseln konnte. Anstatt über den Grand Canyon zu springen, waren Kim und ich jetzt bereit, auf der anderen Seiten hinaufzusteigen. Es war Zeit geworden, durch das »Nadelöhr« zu gehen, wie es mein reicher Vater nannte.

## *Durchs Nadelöhr gehen*

Wie die meisten von Ihnen wissen, ist eines der Probleme eines Selbstständigen im S-Quadrant das Wörtchen »selbst«. In vielen Fällen ist der Selbstständige sozusagen das Produkt, die Person, die mit der Arbeit beauftragt wird. Wenn Sie sich das B-I-Dreieck ansehen, von der Cashflow-Ebene bis hinauf zum Produkt, ist der Selbstständige für jedes dieser Elemente verantwortlich. In den meisten Fällen ist es sehr schwierig, in den B-Quadranten zu wechseln. Es kann schwierig sein, sich selbst herauszunehmen.

Zwischen 1984 und 1994 erging es mir auch so, ich war das »Selbst« in Selbstständig. Obwohl ich mit voller Absicht dort war, beunruhigte mich die Wahrheit doch. Oft fragte ich mich: »Wie kann ich den Menschen das beibringen, was ich in unseren Businesskursen lehre, ohne dass ich es selbst tun muss?« Wir haben versucht, Dozenten auszubilden, aber dieser Prozess war langwierig, hart und anstrengend. Es war schwierig, passende Leute zu finden. Es war schwierig, anderen beizubringen, wie wir unterrichten. Es ist nicht einfach, einem Kurs von 300 Leuten Buchhaltung und Investieren an einem Tag zu vermitteln. Es war fast so, als ob wir ihnen lehren wollten, durchs Feuer zu laufen.

Nachdem ich das Unternehmen 1994 verkauft hatte, hatte ich wieder Zeit für diese Frage. Ich zog mich in die Berge in der Nähe von Bisbee, Arizona, zurück, und begann, an der Antwort auf diese Frage zu arbeiten. Als ich Bisbee verließ, hatte ich einen groben Entwurf für *Rich Dad Poor Dad* auf meinem Mac und einen Rohentwurf mit Berechnungen für das CASHFLOW-Brettspiel. Ich war dabei, durch das Nadelöhr zu gehen und vom S-Quadrant zum B-Quadrant zu wechseln.

Mein reicher Vater hatte das Konzept vom Nadelöhr in der Sonntagsschule kennengelernt. Er sagte: »Ein beliebter Bibelspruch lautet etwa so: ›Eher geht ein Kamel durch ein Nadelöhr, als dass ein reicher Mann in den Himmel kommt.‹« Er veränderte den Vers und meinte weiter: »Vergiss das Kamel. Wenn ein Mann es durch das Nadelöhr schafft, betritt er eine Welt von unermesslichem Reichtum.«

Mein reicher Vater war sehr religiös und es lag ihm fern, den Vers zu verunglimpfen. Er hatte ihn nur angepasst, um seine eigene Lektion in Worte zu kleiden. Was er im Hinblick auf die Geschäftswelt meinte, war, dass ein Unternehmer sich selbst zurücklassen muss, will er durch das Nadelöhr gehen. Was durchs Nadelöhr geht, ist seine Idee oder sein geistiges Eigentum. Anhand der folgenden Grafik können Sie vielleicht besser verstehen, was er meinte.

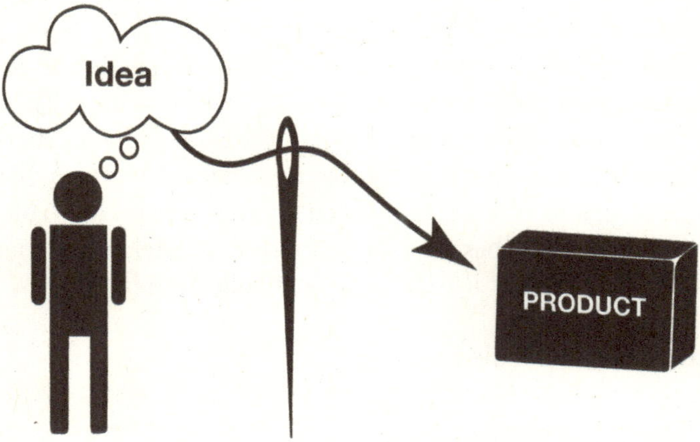

Es gibt viele Beispiele von Unternehmern, die in historischen Zeiten durch das Nadelöhr gegangen sind. Hier sind einige:

- Als Henry Ford das Design seines Automobils so anlegte, dass es in Massen produziert werden konnte. Bis dahin waren die meisten Autos nach den Vorgaben des Kunden handgefertigt worden.
- Als Steve Jobs und sein Team bei Apple den iPod, das iPad, das iPhone und iTunes schufen, gingen sie durch das Nadelöhr.
- Wenn Menschen wie Steven Spielberg oder George Lucas einen Film drehen, gehen sie ebenfalls durchs Nadelöhr.
- McDonald's ging durchs Nadelöhr, als man begann, das Hamburger-Geschäft als Franchise in die ganze Welt zu bringen.
- Wenn ein Netzwerkmarketer eine Downline mit anderen Unternehmern aufbaut, geht er durch das Nadelöhr.
- Wenn Investoren einen Vermögenswert kaufen, wie zum Beispiel ein Haus mit vielen Apartments, das ihnen jeden Monat Geld in die Taschen spült, sind sie durchs Nadelöhr gegangen.
- Ein Politiker, der für seine Wahlkampagne die Medien einsetzt, geht dabei durchs Nadelöhr. Einer, der immer noch von Tür zu Tür geht, aber nicht.
- Wenn Investoren oder Autoren ihre Erfindung oder ihr Buch an eine große Firma verkaufen, die ihnen dafür Tantiemen bezahlt, sind sie durchs Nadelöhr gegangen.
- Als ich die Lehren meines reichen Vaters nahm und daraus ein Brettspiel entwickelte und das Buch schrieb, ging ich durchs Nadelöhr. Ich habe mich selbst aus der Gleichung entfernt.
- Als ich mein Unternehmen gründete, um Nylongeldbeutel für Läufer zu produzieren, ließ ich meine Idee nicht durch einen Patentanwalt schützen, also ging ich nicht durchs Nadelöhr. Ich verschenkte einfach meine Idee an die Konkurrenz und machte sie reich. Sie gingen durchs Nadelöhr und ich fiel in den Grand Canyon. Ich hatte ein tolles neues Produkt, aber ohne mein Produkt auf der rechtlichen Ebene zu schützen, war das B-I-Dreieck nicht vollständig.

### Das Küken durchbricht die Eierschale

Als ich mit meinem Buchkonzept und dem Entwurf des CASHFLOW-Brettspiels nach Phoenix zurückkehrte, wusste ich, dass ich auf dem Sprung in den B-Quadrant war. Kim und ich begannen eine Firma auf der Basis des B-I-Dreiecks aufzubauen, und als wir unsere Produkte auf den Markt brachten, öffneten sich die Himmel des Überflusses über uns.

Die Produktgruppe wurde an meinem 50. Geburtstag offiziell vorgestellt, am 8. April 1997. Zum Start der Rich Dad Company hatten wir einige Schwierigkeiten, dem Unternehmen Leben einzuhauchen. Hauptsächlich waren das Probleme, die Nachfrage zu befriedigen, durch die Welt zu reisen, um neue Märkte zu eröffnen, und das Geld zu zählen. Im Juni 2000 bekam ich einen Anruf von der Oprah Winfrey Show, und dann öffnete sich der Himmel ganz weit. Kim und ich sprangen vom S- zum B-Quadrant.

Jetzt endlich verstand ich besser, was mein reicher Vater mit den folgenden Aussagen gemeint hatte:

- Sich an den Prozess zu halten.
- Der Prozess wird dir Blicke auf eine bessere Zukunft gewähren, damit du am Ball bleibst.
- Die Kraft, die im Verständnis des B-I-Dreiecks steckt.
- Die Kraft der drei Geldarten einsetzen:
  kompetitives, kooperatives und spirituelles Geld.
- Durch das Nadelöhr gehen.

Nachdem ich in Oprahs Show aufgetreten war, fühlte ich mich wirklich wie das Küken, das endlich die Schale durchbrochen hat. Vorher hatte mich niemand gekannt. Seitdem werde ich überall in der Welt auf der Straße angesprochen, weil die Menschen mir erzählen wollen, dass sie Rich *Dad Poor Dad* gelesen oder die CASHFLOW-Spiele gespielt haben. Im Jahr 2002 besuchte ich ein Antiquitätengeschäft in Stockholm. Der Besitzer war Experte für chinesische Antiquitäten. Als er mich erkannte, erzählte er mir: »Ich war vor ein paar Monaten auf einer Geschäftsreise in China. Auf einer Schiffsreise auf dem Jangtse blickte ich auf ein Hausboot, auf dem die Familie gerade die chinesische Version Ihres CASHFLOW-Spiels spielte.«

Da wurde mir bewusst, dass ich mein Versprechen an diese Kinder in dem ausbeuterischen Betrieb gehalten hatte, die gearbeitet hatten, um mich reich zu machen. Jetzt waren meine Produkte da, um solchen Kindern und ihren Familien beizubringen, wie Geld für sie arbeiten kann, anstatt dass sie ihr ganzes Leben für Geld arbeiten und dann noch hoffen müssen, dass der Staat für sie sorgt.

Im Februar 2004 veröffentlichte die New York Times einen ganzseitigen Artikel über das CASHFLOW-Spiel und die Hunderte von Klubs, die in der ganzen Welt gegründet wurden, um das Spiel zu spielen und zu lernen, was mein reicher Vater mich gelehrt hatte. Als ich diesen Artikel sah, traute ich meinen Augen kaum. Für mich war dieser Artikel etwas so Großartiges wie damals mein Besuch in der Oprah-Show. In dem Moment wusste ich, dass ich das, was ich beim Unterrichten in meinen Unternehmer- und Investoren-Seminaren gelehrt hatte, nun erfolgreich in ein Produkt umgewandelt hatte, die CASHFLOW-Spiele, die das lehrten, was ich gelehrt hatte. Man konnte nun die Grundlagen der Buchhaltung und des Investierens in weniger als einem Tag erlernen. Außerdem hatten viele Spieler einen Durchbruch in ihrer eigenen Weltanschauung erlebt. Sie hatten durch das Spiel einen Paradigmenwechsel vollzogen, weg von den Finanzen als einer beängstigenden Welt hin zu einer aufregenden Welt. Anstatt sich Experten zu suchen und diesen blindlings ihr Geld anzuvertrauen, merkten viele durch das Spielen, dass sie selbst Finanzexperte werden konnten. Sie konnten ihre finanzielle Zukunft selbst in die Hand nehmen und viele taten das auch.

Das Beste aber war, dass das CASHFLOW-Spiel nun Hunderttausenden all das lehrte – und vielen von ihnen auch noch kostenlos –, was ich pro Kurs gerade mal 350 Teilnehmer hatte lehren können, die dafür auch noch Tausende von Dollar berappen mussten. Sie lernten außerdem selbstständig und würden dann vielleicht andere unterrichten und ihre Erfahrungen mit ihnen teilen.

Als ich den Artikel in der New York Times sah, wusste ich, dass die zehn Jahre von 1994 bis 2004 ihrem Ende zugingen. Doch unsere Mission ist noch nicht beendet.

## *Gehen Sie aus dem Weg*

Bevor Sie ihre feste Stelle aufgeben, sollten Sie sich die Lektion dieses Kapitels vergegenwärtigen. Sie lautet: Die Größe der Mission bestimmt das Produkt. Es ist sehr schwer, allein indem man härter arbeitet, viel Geld zu verdienen oder vielen Menschen zu dienen. Wenn Sie vielen Menschen nutzen und/oder viel Geld machen wollen, sollten Sie sich entbehrlich machen und durch das Nadelöhr gehen.

Bevor Sie ihre Stelle aufgeben, müssten Sie vielleicht auch herausfinden, ob sie im S- oder im B-Quadrant glücklicher wären. Falls Sie in den B-Quadrant hineinwachsen wollen, müssen die Grundlagen des B-I-Dreiecks stärker sein, und Sie brauchen auch ein viel stärkeres Team, um durchs Nadelöhr gehen zu können.

Außerdem wäre es vielleicht auch angebracht, eine Schweigeminute für die Dotcom-Unternehmen einzulegen, die es nicht geschafft haben. Meiner Ansicht haben viele es deswegen nicht geschafft, weil sie vom E-Quadrant in den B-Quadrant springen wollten. Als die Blase platzte, sahen sie wie Karl der Kojote aus, der plötzlich feststellt, dass er in der Luft steht. Sie schafften es nicht durchs Nadelöhr.

**Ein Team von Gewinnern**

In der Geschäftswelt haben Erfolg oder Misserfolg mit Arbeitsmoral, Entschlossenheit und einem brennenden Ehrgeiz zu tun. Die meisten Menschen, die diesen Sprung wagen, haben sehr viel von allen drei Elementen. Doch der wichtigste und ausschlaggebende Faktor hat mehr mit dem Erlernen dreier kritischer Fähigkeiten zu tun, die jedes Unternehmen zum Erfolg führen.

Zunächst muss man verkaufen können, um ein Geschäft aufzubauen, denn Verkauf bedeutet Einkommen. Wenn kein Einkommen vorhanden ist, liegt das meistens daran, dass der Inhaber nicht verkaufen mag, nicht weiß, wie es geht, oder einfach nicht verkaufen will. Es kursiert ein Mythos, dass man ein Kampfhund sein muss, um zu verkaufen, aber das stimmt nicht.

Zweitens muss man ein großartiges Team um sich versammeln, aufbauen und motivieren können, um ein echtes Unternehmen oder Netzwerk aufzubauen. Bei kleinen und mittleren Unternehmen muss jeder im Team bereit sein zu verkaufen, egal welche Position er innehat.

Damit das klappt, ist das dritte Element wichtig. Dies ist die Fähigkeit, andere im Unternehmen zu lehren, wie man verkauft, ein gutes

Teammitglied ist und erfolgreich wird. Diese Fähigkeit stellt sicher, dass das Unternehmen wächst, profitabel und nachhaltig ist.

Das Traurige ist, dass die meisten Inhaber nie gelernt haben, wie man all das tut. Tatsächlich sind die meisten von uns so konditioniert, dass wir glauben, Verkaufen sei etwas Furchtbares, man besser alles selbst macht, will man es richtig gemacht haben, und Lehren das ist, was wir in der Schule erlebt haben.

Wenn wir mit Unternehmen arbeiten, ist das Erste, das wir tun, um das Einkommen zu steigern, den Menschen zu helfen, einen Ehrenkodex, einen Code of Honor, einzuführen. Das ist schlicht eine Liste von Regeln, mit denen aus ganz gewöhnlichen Menschen ein Gewinnerteam wird – ein Team, das nicht nur verkauft, sondern auch begierig ist zu lernen und ein unglaubliches Level an Verantwortung für das persönliche Verhalten, die Leistung und die Zahlen entwickelt. In diesem Ehrenkodex ist das Verhalten festgelegt, das zum Erfolg führt, und es wird von allen Mitgliedern des Teams erwartet, dass sie diese Regeln auch einhalten.

Die meisten Menschen möchten ihr Bestes geben. Als Unternehmensinhaber müssen Sie das Umfeld schaffen, damit das geschehen kann. Das kann man nicht nur lernen, es führt auch zum Erfolg.

Oft macht in der Geschäftswelt nicht, was man liefert, sondern wie es geliefert wird, den Unterschied aus. Ihr Ruf, Ihr Erfolg und Ihr Cashflow werden von der Stärke und dem Engagement Ihres Teams bestimmt sowie von dessen Leidenschaft, mit der es andere voranbringt und ihnen dient.

Blair Singer
Rich-Dad-Berater und Autor von Sales Dogs und Team Code of Honor

**Die richtige Rechtsform wählen**

Wenigen Menschen ist das bewusst, aber die Wahl der richtigen Rechtsform für Ihr Unternehmen ist genauso wichtig wie die Wahl des richtigen Partners.

Wenn Sie Ihr Unternehmen mit dem falschen Partner gründen, werden Ihre Anstrengungen von vornherein unter einem schlechten Stern stehen. Ein falscher Partner könnte zu freizügig mit Ihrem Geld umgehen, für Verträge verantwortlich sein, die das Unternehmen nicht erfüllen kann, oder auch Mitarbeiter vergraulen, bevor das erste Produkt oder die erste Dienstleistung überhaupt geliefert wurde. Der falsche Partner kann Sie ohne Schutz dastehen lassen und all Ihre Mühen und Ihre Energie verschwenden.

Genauso kann die Wahl der falschen Rechtsform direkt zum Misserfolg führen. Von Anfang an brauchen Sie so viel Schutz für Ihre Vermögenswerte wie möglich. Aber Einzelunternehmen oder Gesellschaft bürgerlichen Rechts (GbR) bieten als Rechtsform überhaupt keinen Schutz. Dann können Sie gegebenenfalls nicht nur all Ihre Vermögenswerte verlieren, sondern auch Ihr persönliches Hab und Gut. Kläger und ihre Anwälte lieben es, wenn das Unternehmen ein Personenunternehmen oder eine GbR ist, denn dann können sie bei der Klage sowohl auf das Vermögen des Unternehmens zugreifen als auch auf das Privatvermögen. Sie können sich Ihr gesamtes Vermögen unter den Nagel reißen.

Stattdessen sollten Sie sich für eine gute Rechtsform entscheiden, wie z.B. eine GmbH, UG (haftungsbeschränkt) oder auch Limited. Diese Rechtsformen schützen Ihr persönliches Vermögen bei einem Angriff auf Ihr Unternehmen. Wie der richtige Partner, wird auch die richtige Rechtsform Ihnen helfen, Ihren Schutz weiter auszubauen und Ihre zukünftigen Interessenten voranzubringen.

RA Garrett Sutton, Rich Dad Berater, Autor von Buying and Selling a Business; Start Your Own Corporation;

Writing Winning Business Plans, and
The ABCs of Getting Out of Debt.

## RICH DAD'S LEKTION NR. 8 FÜR UNTERNEHMER

# Entwerfen Sie ein Unternehmen, das etwas kann, das kein anderes Unternehmen kann

Achtes Kapitel

# Welche Aufgabe hat ein Unternehmensführer?

### *Der Unternehmensführer*

»Was ist die wichtigste Aufgabe eines Unternehmensführers?«, fragte ich meinen reichen Vater.

»Naja, er hat viele wichtige Aufgaben. Es ist schwer zu sagen, ob irgendeine wichtiger als alle anderen ist. Ich kann dir aber die acht Aufgaben nennen, die ich für meine wichtigsten halte.«

Hier ist die Liste meines reichen Vaters:

1. Mission, Ziele und Vision der Firma klar definieren.
2. Die besten Leute finden und sie zu einem Team zusammenschweißen.
3. Das Unternehmen intern stärken.
4. Expandieren.
5. Den Reingewinn steigern.
6. In Forschung und Entwicklung investieren.
7. In handfeste Vermögenswerte investieren.
8. Soziale Verantwortung übernehmen.

»Was passiert, wenn der Unternehmer diese Aufgaben nicht erfüllen kann?«, fragte ich.

»Dann muss ein neuer Unternehmer her«, antwortete mein reicher Vater. »Allerdings wird wohl die Firma sowieso eingehen, wenn der Unternehmer diese Aufgaben nicht erfüllt. Deshalb verschwinden die meisten neugegründeten Unternehmen auch innerhalb von zehn Jahren von der Bildfläche.«

## *Nur eine Mission*

In den vergangenen Jahren habe ich viele Menschen getroffen, die ein starkes Sendungsbewusstsein hatten. Es kamen Leute auf mich zu, die zum Beispiel sagten:

- »Ich will die Umwelt retten.«
- »Meine Erfindung wird die fossilen Brennstoffe überflüssig machen.«
- »Ich möchte eine Stiftung gründen, die ein Zuhause für davongelaufene Kinder bietet.«
- »Die Welt hat auf meine Technologie gewartet.«
- »Ich möchte ein Heilmittel für diese Krankheit finden.«

Obwohl ihre Sorge und Fürsorge sicher echt ist, schaffen es viele dieser wohlmeinenden Menschen nicht, ihre Mission zu erfüllen, ganz einfach, weil sie nur ihre Mission haben. Wenn man ihre Fähigkeiten im Kontext des B-I-Dreiecks betrachtet, würde es folgendermaßen aussehen:

## *Fehlende unternehmerische Fähigkeiten*

Ich habe bereits erwähnt, dass viele Menschen jahrelang lernen oder arbeiten und dabei Fähigkeiten ausbilden, die im B-I-Dreieck nicht relevant oder wichtig sind. Ich habe das Beispiel eines Schullehrers gebracht, der über viele Jahre hinweg ausgebildet wurde und viel Erfahrung im Lehren hat, doch diese Jahre der Ausbildung können nicht auf das B-I-Dreieck übertragen werden, falls dieser Mensch sich entscheidet, Unternehmer zu werden. Ihm fehlen einfach die unternehmerischen Fähigkeiten.

Als ich 1974 das Marinekorps verließ, hatte ich ebenfalls dieses Problem. Ich hatte bis dahin zwei Berufe erlernt:

1. Lizenzierter Schiffsoffizier mit der Erlaubnis, jedes Schiff gleich welcher Größe über die Weltmeere zu steuern. Ich hätte viel Geld verdienen können mit diesem Beruf. Das Problem war nur, dass ich kein Schiffsoffizier mehr sein wollte.

2. Militärpilot mit einer großartigen Ausbildung und vieljähriger Erfahrung. Viele meiner Freunde flogen danach für Fluglinien, Polizei oder Feuerwehr. Das hätte ich auch tun können, aber ich wollte nicht mehr fliegen.

Als ich 1974 nach Hause kam und meinen Vater in finanziellen Schwierigkeiten sah, vermutete ich, dass ich meine neue Mission gefunden hatte oder zumindest ein Problem, das zu lösen sich lohnte. Mein Problem war, dass ich nichts außer der Mission hatte. Wenn Sie sich das B-I-Dreieck ansehen, gibt es da Ebenen für Menschen, die eine spezielle Ausbildung in Buchhaltung, Recht, Design, Marketing und Systemen haben. Nirgendwo gibt es eine Position für einen Schiffsoffizier oder einen Piloten. Also befand ich mich in derselben Situation, wie viele der oben erwähnten Menschen – ich hatte zwar eine Mission, aber keine handfesten unternehmerischen Fähigkeiten.

Für mich sprach, dass ich jahrelang bei meinem reichen Vater gelernt hatte. Ich hatte in seinen Unternehmen bereits in allen Bereichen des B-I-Dreiecks gearbeitet. Also hatte ich doch ein wenig Erfahrung in der Geschäftswelt, aber damals war ich noch ein Kind gewesen. Aber immerhin wusste ich, dass ein Unternehmen ein System von Systemen ist, und ich verstand, wie wichtig das B-I-Dreieck als Unternehmensstruktur ist.

## *Jammern bei meinem reichen Vater*

Eines Tages jammerte ich meinem reichen Vater vor, dass ich so gut wie keine vermarktbaren Fähigkeiten hätte, die in das B-I-Dreieck passten. Auf die Team-Seite weisend jammerte ich, dass keine größere Firma mich einstellen würde, um ein Teil ihres Teams zu sein. Und dass ich auf keiner der Ebenen eine formale Ausbildung genossen hätte. Als ich mit meinem Gejammere fertig war, blickte ich zu meinem reichen Vater auf und hoffte auf eine tröstende Antwort. Er sagte aber nur: »Ich auch nicht.«

Mein reicher Vater hatte auch einfach nur mit seiner Mission begonnen.

## *Was eine Führungskraft tut*

Die Aufgabe einer Führungskraft ist es, das Unternehmen zu verändern, damit es wachsen und mehr Menschen einen Nutzen bieten kann. Wenn sie das nicht kann, hält sie die Firma klein, und es besteht die Gefahr, dass sie sogar zu schrumpfen beginnt.

Diesen Punkt möchte ich wieder anhand des B-I-Dreiecks erläutern.

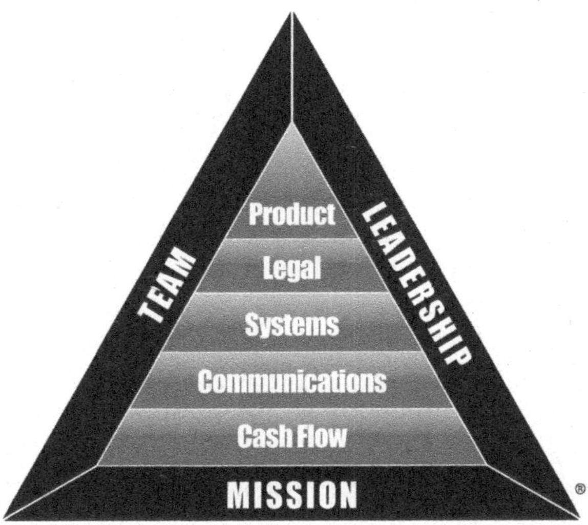


Als ich im S-Quadrant war, hießen unsere Produkte »Business-Schule für Unternehmer« und »Business-Schule für Investoren«. Das Problem mit diesem Unternehmen war, dass ich zu stark in das Produkt wie auch in den Rest des B-I-Dreiecks eingebunden war. Wollte ich eine Führungspersönlichkeit sein, musste ich das Unternehmen komplett umstrukturieren.

Wenn man versucht, ein schlecht aufgestelltes Unternehmen bei laufendem Betrieb zu verbessern, ist das, als würde man einen platten Reifen während der Fahrt auswechseln. Deshalb hörten Kim und ich auf und nahmen uns eine zweijährige Auszeit, bevor wir unser neues Unternehmen gründeten.

## *Ein neues B-I-Dreieck aufbauen*

1996, als ich aus den Bergen in der Nähe von Bisbee, Arizona, zurückkehrte, besaß ich nicht mehr als ein paar Bleistiftzeichnungen des CASHFLOW-Spielbrettes und einen groben Entwurf von *Rich Dad Poor Dad* sowie einen einfachen Businessplan von zwei Seiten. Als einziger Angestellter meiner noch zu gründenden Firma wusste ich, dass ich nun die richtige Mannschaft zusammenstellen musste.

Das Brettspiel grob zu skizzieren, war einfach. Der nächste Schritt bestand nun darin, jemanden zu finden, der die notwendigen Informationssysteme zusammenstellen konnte, damit das Spiel funktionierte. Das Spiel musste so strukturiert werden, dass es die Art und Weise, wie Menschen über Geld denken, zu verändern vermochte. Zu dem Zeitpunkt kannte ich nur eine Person, die das konnte. Es war ein alter Freund von mir, Rolf Parta, den wir liebevoll Spock nannten, da er Leonard Nimoy aus Star Trek ähnelte. Er war außerdem auch so schlau wie Mr. Spock.

An dieser Stelle kommen nun die vier Denkarten zum Tragen. In dieser Phase der Unternehmensgründung brachte ich selbst C- und P-Denken ins Projekt ein. Ich war kreativ genug, ein grobes Spielbrettdesign zu skizzieren, und ich wusste aus meiner zehnjährigen Erfahrung als Trainee, wie Menschen lernen. Spock brachte das T- und das A-Denken ins Projekt ein. Als ausgebildeter Steuerberater mit einem MBA sowie als ehemaliger Banker mit einem extrem hohen IQ lebt Spock in seiner eigenen Welt. Nur wenige Menschen konnten mit ihm ein Gespräch führen. Er spricht einen englischen Dialekt, den meiner Meinung nach kaum jemand versteht.

Ich besuchte ihn zu Hause und breitete meine groben Skizzen und Diagramme auf seinem Esstisch aus. Ich versuchte mein Bestes, um mit Worten, Gesten und meinen Skizzen mit ihm zu kommunizieren. Nach einer etwa einstündigen Diskussion begannen Spocks Augen zu leuchten.

Er schien zu verstehen, worauf ich hinauswollte. »Warum brauchen die Leute dieses Spiel?«, fragte er. »Das ist doch selbstverständlich.«

Schmunzelnd antwortete ich: »Für dich ist das selbstverständlich. Du hast einen MBA. Du bist Steuerberater und warst Banker. Aber für Otto Normalverbraucher ist das eine Fremdsprache. Für viele Menschen ist das eine komplett neue Art zu denken.«

Spock grinste. »Gib mir drei Monate, dann kriegst du von mir, was du willst.«

Wir vereinbarten einen Preis, und ich verließ sein Haus voller Zuversicht, die richtige Person für die Aufgabe gefunden zu haben.

Drei Monate später und nach vielen Rücksprachen mit mir hatte er all die komplexen mathematischen Berechnungen fertig. Ich hatte meine Hausaufgaben auch erledigt und bessere Skizzen gefertigt. Kim, Spock und ich spielten gemeinsam das Spiel. Zu meinem Erstaunen funktionierte es hervorragend. Es war ein schwieriges Spiel, aber die Zahlen funktionierten, die Lektionen traten zutage, wir waren hoch zufrieden.

Als Nächstes ging ich zu einem Patentanwalt, um mein geistiges Eigentum zu schützen. Spock setzte nun seine A-Denker-Kappe auf, um diesmal seine analytische Gabe einzusetzen, und begann nun das Spiel am Computer zu verifizieren. Er jagte das Spiel ohne Probleme durch 150.000 verschiedene Simulationen. Als er mir die Papiere mit seinen mathematischen Berechnungen in die Hand drückte, grinste er von einem Ohr zum anderen. Die Herausforderungen dieses Projektes hatten ihn sehr glücklich gemacht. Bis heute habe ich keinen blassen Schimmer, was die Berechnungen auf diesen Papieren bedeuten, aber als ich diese Dokumente meinem Patentanwalt überreichte, grinste er genauso wie Spock. Ich fühlte mich wieder wie in der Schule. Die beiden Einser-Schüler gingen die Prüfungsbögen durch und hatten Spaß daran, und ich – der Dreier-, Vierer- und manchmal auch Sechser-Schüler – fragte mich, was daran wohl so toll war.

Wie Sie sicher erraten haben, war ich nun dabei, ein neues B-I-Dreieck aufzubauen. Als Unternehmer waren Kim und ich uns über unsere Mission klar. Und jetzt stellten wir als Führungskräfte in diesem Projekt und unter Zuhilfenahme der fünf Ebenen im Inneren des Dreiecks ein Team zusammen.

Etwa einen Monat später rief mich mein Patentanwalt an und sagte: »Jetzt können Sie weitermachen und Ihr Spiel anderen Leuten zeigen. Wir haben zwar noch kein Patent, aber ich habe den Antrag gestellt und Ihre Ansprüche sind abgesteckt. Sie müssen aber die Leute eine Vertraulichkeitserklärung unterschreiben lassen, bevor sie Ihr Produkt anschauen.«

Sicher erinnern Sie sich, dass ich bei der Entwicklung meines Geldbeutels für den Laufschuh diesen Schritt unterlassen hatte. Wenige Wochen nach der Erfindung begann ich das Produkt ohne jeglichen Schutz zu verkaufen. In weniger als drei Monaten verkaufte die Konkurrenz meine Erfindung. Aber ich hatte aus diesem Fehler gelernt!

## *Der große Test*

In den folgenden Wochen arbeiteten Kim, Spock und ich am Prototyp. Wir hatten das Spiel mit ein paar von unseren Freunden gespielt und es hatte gut funktioniert. Das lag daran, dass alle unsere Freunde professionelle Investoren waren. Jetzt wollten wir ausprobieren, ob das Spiel auch mit einem unbedarften Spieler funktioniert; das ist der sogenannte Beta-Test.

In diesem Stadium bestand das Spiel nur aus Skizzen auf dickem Butterbrotpapier und Kugeln verschiedenen Kalibers als Spielsteine. Die Kugeln funktionierten gut, da sie außerdem als Briefbeschwerer nützlich waren.

Wir reservierten einen Konferenzraum in einem Hotel, in dem etwa 20 Personen Platz hatten, und fingen an, Leute – hauptsächlich Fremde – anzurufen und zum Spiel einzuladen. Man kann sich gar nicht vorstellen, wie schwierig das war. Sobald die Leute herausfanden, dass es sich um ein Lernspiel über Investieren und Buchhaltung drehte, fanden die meisten plötzlich eine gute Ausrede, um nicht kommen zu können.

Einer fragte: »Muss man dabei rechnen?«

Als ich antwortete: »Ja«, legte er auf.

## *Das Spiel wird gespielt*

An einem freundlichen Samstagmorgen kamen neun Leute hereinspaziert. Einer, der zugesagt hatte, erschien einfach nicht. Nach ein paar freundlichen Worten begannen wir und spielten und spielten ... Es gab zwei Tische – einen mit vier Spielern und einen mit fünf. Nach etwa drei Stunden hob eine Person ihre Hand, um zu signalisieren, dass sie ihr Spiel gewonnen hatte. Das Spiel hatte funktioniert – zumindest für eine Person –, aber die anderen spielten weiter. Um 13:00 Uhr hörten wir schließlich auf. Die

Frustration war so hoch, dass ich Gewalttätigkeit befürchtete. Kein anderer hatte es aus dem Hamsterrad geschafft. Niemand hatte mehr gewonnen. Als die Leute gingen, schüttelten viele mir höflich die Hand, aber keiner sagte viel. Die meistens schauten mich nur komisch an und gingen fort.

## *Zeit für eine Entscheidung*

Nachdem wir alles zusammengepackt hatten, setzten sich Kim, Spock und ich zu einer Nachbesprechung zusammen. »Vielleicht ist das Spiel zu schwierig,« sagte ich. Kim und Spock nickten.

»Aber eine ist aus dem Hamsterrad gekommen. Sie hat gewonnen,« sagte meine notorisch optimistische Frau.

»Ja, aber die meisten haben nicht gewonnen«, stöhnte ich. »Sie sind nicht aus dem Hamsterrad raus. Sie haben nichts gelernt. Sie waren zum Schluss nur frustriert.«

»Ich habe mein Bestes getan, um es einfach zu halten«, sagte Spock. »Ich weiß nicht, ob ich es noch einfacher machen kann, ohne das Ziel des Spiels aus den Augen zu verlieren.«

»Kommt, lasst uns die Kisten ins Auto stellen und nach Hause fahren. Kim und ich fliegen morgen nach Hawaii. Wir müssen uns entscheiden, ob wir dieses Projekt weiterverfolgen oder es beenden.«

In der folgenden Woche standen Kim und ich morgens auf, tranken einen Kaffee und machten dann einen Spaziergang am Strand. An einem Morgen war ich extrem enthusiastisch und bereit, das Projekt weiterzuverfolgen, am nächsten wachte ich deprimiert auf und war drauf und dran, das Projekt aufzugeben. Das ging die ganze Woche so, es war ein schrecklicher Urlaub.

Ich beschreibe das so ausführlich, weil es einfach eine ziemlich harte Zeit war. Kim und ich waren emotional sehr aufgewühlt. Es ging um alles oder nichts. Entweder gingen wir da durch oder hielten die Klappe. Entweder wir lebten unsere Mission oder wir ruderten zurück und verdienten einfach nur Geld.

Kim und ich glaubten, dass viele der wichtigen Lektionen, die mein reicher Vater mich gelehrt hatte, in unser Spiel eingeflossen waren. Es war uns eigentlich klar, dass wir weitermachen mussten. Spock, Kim und ich entschieden uns dann auch, durch das Nadelöhr zu gehen. Wir hatten das, was mir mein reicher Vater vermittelt hatte, in ein handfestes Produkt verwandelt.

Das war im Sommer 1996. Wir gaben in einem nächsten Schritt einem Grafiker den Auftrag, dem Spiel Leben einzuhauchen. Das Ergebnis ging dann an einen Spielehersteller in Kanada, und im November 1996 wurde die kommerzielle Version bei einem Investmentseminar eines Freundes in Las Vegas erstmals gespielt. Das Spiel funktionierte, die Teilnehmer liebten es. Die gewünschten Paradigmenwechsel fanden tatsächlich statt. Sofort flogen wir nach Singapur zu einem Investmentseminar eines anderen Freundes. Und wieder bewirkte das Spiel Wunder.

## *Marke und Aufmachung*

Dann arbeiteten wir an der grafischen Darstellung, um das Spiel als Rich-Dad-Produkt kenntlich zu machen. Es wird Ihnen bereits aufgefallen sein, dass die meisten unserer Produkte ein ähnliches Thema, Aussehen und Gefühl vermitteln. Wir benutzen bestimmte Farben – violett, grau, schwarz und ein paar untergeordnete Farben. Die Menschen assoziieren diese Farben mit der Rich Dad Company. Wenn jemand unsere Markenrechte oder Gebrauchsmusterrechte verletzt, was häufiger vorkommt, nimmt unser juristisches Team mit diesen Leuten Gespräche auf. Unsere Marke und die Aufmachung sind Vermögenswerte, sogenanntes geistiges Eigentum, das in der ganzen Welt einen großen Wert darstellt. In China wird Rich Dad »der violette Sturm« genannt.

## *Das Unternehmen kommt ins Rollen*

Als das Unternehmen gegründet war, kam das Geschäft ins Rollen. Die Bestellungen fluteten nur so herein und die Einnahmen flossen. Die Schulden wurden sofort beglichen und bald platzte das Unternehmen aus allen Nähten. Wir waren gezwungen, einen Bürokomplex zu kaufen, um die wachsende Firma unterzubringen. *Rich Dad Poor Dad* schaffte es auf die Bestsellerlisten des Wall Street Journal und der New York Times als eines der wenigen Bücher, die nicht von einem großen Verlag herausgegeben worden waren. Plötzlich riefen Verlage bei uns an und boten viel Geld für die Publikationsrechte. Ich erhielt einen Anruf von Oprahs Show, und im Sommer 2000, nachdem ich dort meinen Auftritt gehabt hatte, explodierte der Umsatz so richtig. Fast über Nacht feierten wir international große Erfolge.

## *Wie expandiert man?*

Es gibt viele Wege, auf denen ein Unternehmen expandieren kann:

1. Duplizieren Sie das gesamte B-I-Dreieck
   Wenn man die Fehler aus dem ersten Unternehmen ausgemerzt hat, werden in der Regel neue Filialen eröffnet. Viele Handelshäuser und Restaurants expandieren auf diese Art und Weise. In vielen Städten gibt es Restaurants, die in der ganzen Stadt drei oder vier erfolgreiche Filialen betreiben. Um noch mehr zu wachsen, muss der Chef eventuell die Führungskräfte austauschen. Oft verkauft der Eigentümer dann an ein größeres Unternehmen und fängt wieder von vorne an.

2. Franchise
   McDonald's ist das wohl bekannteste Beispiel von Expansion durch Franchising.

3. Die Firma an die Börse bringen
   Über Geldquellen wie die Börse hat das Unternehmen praktisch unbegrenzten Zugang zu Geldmitteln, solange es weiter expandiert.

4. Produktlizenzen vergeben
   So haben wir die Rich Dad Company aufgestellt, um zu expandieren. Lizenzieren bedeutet, dass ein anderes Unternehmen Ihre Produkte herstellen darf. Mit unserem wachsenden Erfolg expandierte unsere Lizenzvergabe – die juristische Ebene des Unternehmens – in 42 verschiedene Sprachen in mehr als 55 Ländern. Wir müssen kein Geld mehr dafür ausgeben, die Bücher zu produzieren und zu lagern. Wir brauchen keine riesige Lagerhalle, keine große Verkaufsmannschaft und auch keine großen Vorräte, um das Produkt in die ganze Welt zu verschiffen.

## *Der Plan mit einer einzigen Taktik und mehreren Strategien*

In meiner Ausbildung zum Militäroffizier habe ich den Unterschied zwischen Taktik und Strategie gelernt. Einfach ausgedrückt ist eine Taktik das, was man tut. Eine Strategie ist der Plan, wie man die Taktik ausführt.

Einer meiner Ausbilder in Militärwissenschaft betonte die Wichtigkeit einer einzigen Taktik und einem Schlachtplan mit mehreren Strategien, um den Krieg zu gewinnen. Er pflegte zu sagen: »Ein Kriegsherr muss sich auf ein Ziel oder eine Taktik konzentrieren. Er darf nur das eine wollen. Alles andere ist dann die Strategie, wie man diese Taktik durchführt.« Dann besprachen wir zahlreiche militärische Konflikte, die derjenige Kriegsführer gewann, der die besten Strategien hatte, die auf eine einzige Taktik hin ausgerichtet waren.

Als ich dann in die Geschäftswelt wechselte, nahm ich seine Lektionen mit. Bald merkte ich, dass die Firmen, die eine einzige Taktik mit mehreren Strategien nutzten, die Gewinner ihrer Branche waren. Domino's Pizza, zum Beispiel, begann mit einer einzigen Taktik, um die Konkurrenz auszustechen: das Versprechen, »Pizzalieferung in maximal 30 Minuten.« Das ganze Unternehmen war um dieses eine Versprechen herum aufgebaut, diese eine Taktik. Um diese zu realisieren, gab es mehrere Strategien. Kaum war Domino's auf dem Markt, begann die Firma von den Konkurrenten Marktanteile abzuziehen. Wettbewerber wie Pizza Hut waren keine Konkurrenz mehr, da sie nicht darauf ausgelegt waren, ein solches Versprechen zu erfüllen. Um Domino's den Kampf anzusagen, steigerte Pizza Hut die Aktivitäten im Bereich der Werbung – also auf der Ebene der Kommunikation –, um neue Variationen (Ebene des Produktes) zu bewerben. Der Pizza-Krieg hatte begonnen. Die Waffe von Pizza Hut hieß »bessere Produkte«, die von Domino's »garantierte kürzere Lieferzeiten«.

Viele große Firmen besitzen nur eine einzige Taktik. Jim Collins nennt es in seinem Buch Der Weg zu den Besten das »Igel-Prinzip«. So sieht er zum Beispiel die einzige Taktik von Walmart – gute Produkte zu Niedrigstpreisen – als den Grund, dass der Konzern die Konkurrenz mit ihren verschiedenen Taktiken und noch mehr Strategien aussticht. Mit anderen Worten, die Konkurrenz von Walmart hat einfach nicht ihre einzigartige Gewinnertaktik definiert. Das gesamte Geschäft von Walmart konzentriert sich auf dieses eine Versprechen, das die Kunden eindeutig mögen. Das bedeutet, dass Walmart nicht in der Produktkategorie gewinnt. Wie Domino's gewinnt der Konzern auf der System-Ebene des B-I-Dreiecks.

Vielleicht erinnern Sie sich daran, dass Thomas Edison die Schlacht um die Glühlampe auf der System-Ebene gewann, nicht auf der Ebene des Produktes. Henry Ford gewann ebenfalls auf der Ebene des Systems. Er produzierte in Masse preisgünstige Autos für die Arbeitnehmerklasse. Er versprach zu keiner Zeit die besten Autos, sondern lediglich die preisgünstigsten, und konzipierte ein Unternehmen um sein Versprechen herum. McDonald's produziert nicht die besten Hamburger. Ray Kroc baute ein Unternehmen um die Idee herum auf, das beste Franchise-Konzept an die Interessenten zu verkaufen.

Als ich mich in die Berge von Arizona zurückgezogen hatte, entwarf ich einen ganz einfachen Businessplan auf der Basis einer einzigen Taktik und dreier Strategien. Die erste Seite des einfachen, zweiseitigen Plans sah in etwa so aus:

| | |
|---|---|
| TAKTIK: | DAS CASHFLOW-SPIEL SPIELEN |
| STRATEGIEN: | 1. SCHREIBE EIN BUCH<br>2. ERSTELLE INFORMATIONSMATERIAL<br>3. SETZE DAS SPIEL IN INVESTMENT-SEMINAREN EIN |

Auf der zweiten Seite führte ich kurz aus, wie ich die drei Strategien durchzuführen gedachte.

Die einzige Taktik, die ich verfolgte war, so viele Menschen wie möglich zum Spielen zu bringen. Ich wusste, dass wenn ich ein tolles Spiel erfand und die Leute es spielten, sich ihr Leben ändern würde. Sie würden eine neue Welt voller unbekannter Möglichkeiten entdecken. Sie würden weniger gern ihr Geld blindlings Menschen anvertrauen, die sie für Experten hielten, wie zum Beispiel den Fondsmanagern, und vielleicht sogar dazu angeregt, ihr eigener Experte in finanziellen Angelegenheiten zu werden.

Das war alles. Ich wusste, wenn ich erfolgreich war, würde ich sowohl mit den Strategien als auch dieser einen Taktik Geld verdienen.

## *Eine risikoarme Idee*

Erste Lektion: Haben Sie immer eine risikoarme Idee oder Strategie in der Hinterhand, auf die Sie zurückgreifen können.

Mein reicher Vater hatte mich gelehrt, dass man immer eine risikoarme Idee braucht, wenn man ein Unternehmen gründet oder irgendwo investiert. Ein Immobilieninvestment wäre zum Beispiel dann risikoarm, wenn es mir Monat für Monat etwas einbringt. Selbst wenn das Objekt nicht im Wert steigt, würde ich doch einen Ausgleich für meine Investition erhalten.

Die Strategie, bei Investmentseminaren das Spiel einzusetzen, war meine risikoarme Idee. Da ich aus dem Seminarbusiness kam, wusste ich, dass ich meine Investitionen in die Entwicklung des Spiels einfach durch Investmentseminare wieder herausbekommen könnte, wenn die anderen beiden Strategien nicht funktionierten und niemand mein Spiel wollte.

Einfach ausgedrückt: Etwas, von dem man weiß, dass man es kann, ist eine risikoarme Idee.

## *Baue ein Unternehmen auf, das etwas kann, was kein anderes Unternehmen kann*

Zweite Lektion: Bauen Sie das Unternehmen um einen einzigartigen taktischen Vorteil herum auf. In meinem Plan war dies, das Spiel zu spielen, sodass ich praktisch die gesamte Konkurrenz ausgeschaltet hatte. Denn niemand außer uns durfte die CASHFLOW-Spiele anbieten, wir waren rechtlich abgesichert. Wie mein reicher Vater gesagt hatte: »Baue ein Unternehmen auf, das etwas kann, was niemand anders kann.«

Einfach ausgedrückt: Konzentrieren Sie sich auf Ihre Kernkompetenzen, Ihr einzigartiges Produkt.

Der Plan funktionierte. Als wir die Bücher selbst zu einem gewissen Grad erfolgreich aufgebaut hatten, vergaben wir weltweit Lizenzen an andere Verlage. Wir vergaben auch Lizenzen, bestimmte Produkte durch informative Werbeveranstaltungen zu verkaufen. Dann reisten wir mit unserem Investmentseminar durch die USA, nach Australien und Singapur. Alle drei Strategien brachten uns Einnahmen, genauso wie der Verkauf des Spiels.

Als ich über spirituelles Geld sprach, dachte ich wirklich nicht, dass wir so viel Geld alleine aus unseren Strategien verdienen würden, wie wir es dann taten. Es war wie ein Wunder.

## *Heute sind es mehr Strategien*

Heute ist die Taktik immer noch die gleiche. Alle unsere Strategien sind darauf ausgerichtet, die Leute dazu zu bringen, die CASHFLOW-Spiele zu spielen.

Inzwischen ist die Anzahl unserer Strategien gestiegen. Jetzt sieht unser Unternehmen folgendermaßen aus:

1. Bücher in 42 Sprachen

2. Spiele in 14 Sprachen

3. Networkmarketing-Unternehmen nutzen unsere Produkte

4. Ein Coaching Unternehmen

5. Ein Seminar-Unternehmen

6. Eine in den ganzen USA ausgestrahlte Radiosendung

7. CASHFLOW-Clubs in der ganzen Welt

8. Initiativen für digitale Onlinespiele

9. Initiativen wie www.richkidsmartkid.com, eine Website, auf der kostenlose Spiele und ein Lehrplan vom Kindergarten bis zum Schulabschluss angeboten werden.

Unsere Firma wächst, indem wir Partner gewinnen, die unsere Strategien bereichern. Durch das Lizenzieren und die Joint Ventures müssen wir nicht mehr Personal einstellen. Die Rich Dad Company bleibt klein, hat aber große Partner.

## *Die drei Aufgaben einer Führungskraft*

Zu Beginn dieses Kapitels habe ich eine Reihe von Aufgaben aufgezählt, die mein reicher Vater als wichtig für eine Führungskraft erachtete. Als das Produkt erst einmal entwickelt und durch Patente und Markennamen rechtlich geschützt war, konzentrierten Kim und ich uns auf die folgenden drei Aufgaben:

1. Das Unternehmen intern stärken.

2. Expandieren.

3. Den Reingewinn steigern.

## *Für kooperatives Geld arbeiten*

Während dieses sehr schnellen Wachstums schaffte die Firma die Expansion ohne Probleme. Statt durch den Erfolg zerstört zu werden, wie es bei der Geldbörsen-Firma damals passierte, stärkte das Wachstum die Rich Dad Company. Wir wuchsen durch Kooperationen und durch die Arbeit für kooperatives Geld. Jeder Dollar, der von unseren lizenzierten strategischen Partnern hereinkam, war ein kooperativer Dollar. Durch das Kooperieren anstatt des Wettbewerbs werden unsere strategischen Partner reicher und wir ebenfalls. Ich glaube, unsere Unternehmensstruktur ist ziemlich gut durchdacht. Sie ist für das Wachstum ausgelegt. Wir haben die Fähigkeiten unseres Teams gehebelt, um geistiges Eigentum zu schaffen, zu schützen und dann durch weltweites Lizenzieren noch einmal zu hebeln. Wir haben für diesen Prozess das richtige Team gefunden.

Wir hatten während unseres Wachstums nicht die Schwierigkeiten vieler kleiner Unternehmen. Wir hatten keine Cashflow-Probleme, keine Platzprobleme oder Probleme durch das Einstellen von mehr Personal. Die Größe der Firma blieb praktisch konstant, selbst als wir exponentiell wuchsen. Es war die Anzahl unserer strategischen Partner, die zunahm. Je mehr wir wuchsen, desto stärker stiegen die Einnahmen, während die Ausgaben gering blieben. Jetzt zahlten sich all die Jahre aus, in denen ich Fehler gemacht, diese korrigiert und dazugelernt hatte.

## *Kein Erhaschen von Ausblicken auf die Zukunft mehr*

Heute leben Kim und ich besser, als wir uns jemals erträumt hätten, anstatt nur einen Ausblick auf diese Traumwelt zu erhaschen. Es erscheint wie ein Wunder und es ist ein Wunder. Das Geld und unser Lebensstil sind wunderbar, aber das wahre Wunder ist die Tatsache, dass wir bei so vielen Mitmenschen so viel Veränderung bewirken. Wenn ich an meinen Vater zurückdenke, der arbeitslos vor dem Fernseher hockte, oder an die

Kinder in den Ausbeuter-Betrieben in Asien, die meine Geldbörsen herstellten, bis hin zu den CASHFLOW spielenden Familien auf dem Jangtse, dann ist das das wahre Wunder. Wie Buckminster Fuller sagen würde: »Das ist das Werk des großen Geistes.«

## *Der Unternehmer hat seinen Job getan*

Als ich den Artikel über das CASHFLOW-Spiel in der New York Times sah, wusste ich, dass wir unsere Aufgabe erledigt hatten. Kim und ich hatten das Unternehmen so weit gebracht wie nur möglich. Wir wussten, es war an der Zeit, ein neues Team zu bilden. Im Sommer 2008 übernahm das neue Team seine Aufgaben. Das Team war ausgewechselt worden, aber die Aufgaben waren noch immer die gleichen.

Als Führungskräfte ist es ihre Aufgabe,

- Mission, Ziele und Vision der Firma zu definieren,
- die besten Leute zu finden und sie zu einem Team zusammenzuschweißen,
- das Unternehmen intern zu stärken,
- zu expandieren,
- den Reingewinn zu steigern,
- in Forschung und Entwicklung zu investieren,
- in handfeste Vermögenswerte zu investieren,
- soziale Verantwortung zu übernehmen.

## RICH DAD'S LEKTION NR. 9 FÜR UNTERNEHMER

# Kämpfen Sie nicht um einen Platz auf dem Schnäppchenmarkt

## Neuntes Kapitel

# Wie findet man gute Kunden?

In meinem ersten Jahr an der Highschool ging ich mit meinem reichen Vater einmal am Eingang eines Hotels vorbei, als wir einen Mann mit lauter Stimme rufen hörten: »Ich werde Ihnen keinen einzigen weiteren Cent zahlen. Sie haben sich nicht an die Abmachung gehalten.«

Als ich aufschaute, sah ich eine vielköpfige Familie und den sehr ärgerlichen Vater, der einen Einheimischen anschrie.

»Aber Sie haben nur eine Anzahlung geleistet«, protestierte der Einheimische. »Sie schulden uns noch den Restbetrag. Sie können nicht einchecken, solange Sie diesen nicht beglichen haben. Sie hätten das bereits vor einem Monat bezahlen müssen. Sie haben Glück, dass wir Ihnen die Zimmer freigehalten haben. Es ist schließlich Hochsaison.«

»Das ist Ihr Glück, dass unsere Zimmer noch frei sind«, fauchte der Vater. »Sie hätten sonst von meinem Anwalt gehört.«

»Ich muss Sie trotzdem darum bitten, die gesamte Rechnung zu begleichen«, blieb der Einheimische standhaft.

»Ich habe doch gesagt, dass ich bezahlen werde. Haben Sie Tomaten auf den Ohren? Checken Sie uns ein und ich bezahle«, bellte der Vater. »Ich habe hier einen Scheck auf Sie ausgestellt. Geben Sie uns unsere Zimmer und wir bringen das ein für alle Mal in Ordnung.« (Das war noch, bevor es Kreditkarten gab.)

»Sie müssen in bar bezahlen. Wir nehmen keine Schecks an. Deshalb bitten wir ja um eine Vorauszahlung in voller Höhe. Dann haben wir Zeit, den Scheck einzulösen.«

»Was ist denn los mit Ihnen?«, schrie der Vater nun lauthals. »Verstehen Sie denn kein Englisch? Ich habe doch gesagt, dass ich bezahlen werde. Jetzt zeigen Sie uns schon unsere Zimmer. Muss ich erst Ihren Chef rufen, damit wir vorankommen?«

Nun begann sich eine Menschenmenge vor dem Hotel zu versammeln. Da er keine Szene machen wollte, packte der Mann den Berg an Koffern auf einen Trolley und zeigte der Familie die Zimmer.

»Er wird niemals sein Geld bekommen«, sagte mein reicher Vater, als wir weitergingen.

»Woher weißt du das?«, fragte ich.

»Vor drei Jahren hatten wir mit diesem Mann dasselbe Problem. Er wird den Scheck ausstellen und dann dafür sorgen, dass er nicht eingelöst werden kann.«

»Was passierte, nachdem er die Auszahlung blockiert hatte?«, fragte ich.

»Bis wir herausfanden, dass der Scheck geplatzt war, hatte er bereits ausgecheckt. Als er wieder zu Hause war, riefen wir ihn an – ich glaube sie wohnen in Kalifornien – und versuchten das Geld einzutreiben.«

»Was passierte dann?«

»Als wir ihm mit einer Anzeige drohten, willigte er ein, uns die Hälfte der ausstehenden Summe zu zahlen. Er behauptete, unser Service sei schlecht gewesen, und meinte, er zahle nur, was wir verdienten. Er behauptete, er wäre großzügig, uns 50 % dessen zu bezahlen, was er uns schuldete. Da es uns mehr gekostet hätte, ihn zu verklagen, erklärten wir uns einverstanden. Trotzdem dauerte es noch weitere sechs Monate, bis er endlich zahlte.«

Eine Weile gingen wir still weiter. Da mich die Angelegenheit immer noch beschäftigte, musste ich schließlich fragen: »Passiert das häufiger?«

»Ja, leider schon. Es wird immer gute und schlechte Kunden geben. Zum Glück habe ich herausgefunden, dass etwa 80 % der Kunden gut sind, 5 % sind wie dieser Mann – einfach furchtbar –, und die restlichen 15 % stehen irgendwo dazwischen. Ach ja, dieser Kerl besaß auch noch die Frechheit, uns letztes Jahr wieder anzurufen und zu versuchen, eine Tour mit uns zu buchen. Der hat Nerven!«

»Habt ihr noch einmal Geschäfte mit ihm gemacht?«

»Machst du Witze?«, lachte mein reicher Vater. »Ich hatte ihn bereits gefeuert. In unserer Buchungszentrale hatten wir ihn mit Foto und Namen auf einer Liste verewigt mit dem Titel: Keine Geschäfte mehr mit diesen Personen. Derjenige, der seinen Anruf annahm, erinnerte sich an seinen Namen und sagte ihm, wir wären ausgebucht.« (Das war, bevor es Computer gab, mit denen man Kunden einfacher verwalten kann.)

»Du feuerst Kunden?«, fragte ich erstaunt.

»Aber klar doch«, sagte mein reicher Vater. »Man feuert schlechte Kunden genauso wie einen schlechten Angestellten. Wenn man die schlechten Angestellten nicht los wird, gehen die guten Angestellten. Wenn ich nicht meine schlechten Kunden feuere, werden nicht nur meine guten Kunden gehen, sondern auch viele meiner guten Angestellten.«

»Aber können Beschwerden nicht auch berechtigt sein?«

»Ja«, antwortete mein reicher Vater. »Oft ist es unsere Schuld. Unsere Angestellten machen auch Fehler oder könnten Kunden verärgern. Unsere Systeme können zusammenbrechen. Deshalb sehen wir uns jede Beschwerde genau an und nehmen sie ernst. Genauso wie man nach rechts und links schaut, bevor man die Straße überquert, müssen wir bei Beschwerden beide Seiten prüfen – den Kunden hören und unsere Prozesse checken.«

»Ist es schwierig, jemanden zu feuern?«, fragte ich. Damals war ich gerade 17 Jahre alt, und der Gedanke, jemanden zu feuern, besonders einen Erwachsenen, machte mir Angst. So etwas wollte ich nicht tun.«

»Es ist nie angenehm«, sagte mein reicher Vater. »Es ist eine der unangenehmen, aber trotzdem wichtigen Aufgaben eines Unternehmers. Das ist eine Aufgabe aus dem Bereich »Menschen«. Menschen sind die größten Vermögenswerte, aber auch die größten Verbindlichkeiten. Eines Tages wirst du jemanden feuern müssen. Ich bin sicher, das wird eine Erfahrung werden, die du niemals vergessen wirst.«

Wir betraten ein Restaurant und suchten uns einen Tisch, um dort zu Mittag zu essen. Nachdem die Kellnerin uns Wasser eingeschenkt, die Karten überreicht und das Tagesmenü vorgestellt hatte, fuhr mein reicher Vater mit seiner Lektion über die Menschen fort. »Das gilt auch für Berater. Du musst fähig sein, schlechte Berater zu feuern. Wenn du Buchhalter oder Rechtsanwälte hast, die ihre Arbeit nicht zu deiner Zufriedenheit machen oder mit ihrer Aufgabe überfordert sind oder nur an ihren Honoraren interessiert und nicht daran, deinem Unternehmen zu helfen, wird dein Unternehmen darunter leiden. Wenn du dich nicht dieser schlechten Berater entledigst, trägst du die Verantwortung. Letztendlich ist der Preis für schlechte Ratschläge viel höher als das Honorar für eine gute Beratung. Ich hatte einmal einen Steuerberater, der mich schlecht beraten hatte, was mich schließlich 60.000 Dollar an Steuernachzahlungen und Strafgebühren kostete. Und dann noch einmal 12.000, um eine andere Buchhaltungsfirma damit zu beauftragen, das Chaos zu beseitigen.

Außerdem hat mich dieser Fehler so geärgert, dass ich monatelang nicht effektiv arbeiten konnte, und das wirkte sich negativ auf das Unternehmen aus. Als Unternehmer musst du dir bewusst sein, dass du sowohl für deine eigenen Fehler als auch für die der anderen verantwortlich bist.«

»Warst du auf deinen Buchhalter wütend?«

»Ja und nein. Ich konnte ihm ja wirklich nicht allein die Schuld geben. Damals wuchs mein Unternehmen so schnell, dass ich nicht auf die Qualität meiner Berater achtete. Damals war mir noch nicht klar, dass nicht alle Buchhalter gleich sind. Er hätte mir sagen müssen, dass er nicht mehr alles überblickte, aber er wollte das nicht zugeben. Er hatte Angst, dass ich ihn feuern würde. Mein Unternehmen war zu groß für seine Fähigkeiten geworden. Es wuchs ihm schlicht über den Kopf. Ich hätte ihn früher gehen lassen sollen, aber ich war zu beschäftigt. Außerdem mochte ich ihn und kannte seine Familie. Ich hoffte, er würde mit der Firma mitwachsen. Leider schaffte er das nicht. Schließlich musste er gehen, aber erst, als die Verluste aufgrund seiner Ratschläge sehr hoch geworden waren. Also ist das eigentlich nicht seine Schuld. Letztendlich bin ich einzig und allein für das Unternehmen verantwortlich. Deine Berater müssen mit dir wachsen, wenn dein Unternehmen expandiert, oder sie müssen gehen. Ich hatte eine wichtige Lektion gelernt.«

»War es schwierig, ihn zu feuern?«

»Es war extrem schwierig. Wenn du nicht Leute einstellen und feuern kannst, inklusive dir selbst, solltest du kein Unternehmer werden. Denke daran: Dein Erfolg als Unternehmer hängt zu einem großen Teil von deinen Fähigkeiten ab, Menschen zu führen. Wenn du gut mit Menschen umgehen kannst, wird dein Unternehmen wachsen. Wenn du das nicht kannst, wird dein Unternehmen darunter leiden. Wenn du Menschen nur einstellst, weil du sie magst oder weil sie Verwandte sind, und wenn du sie nicht feuern kannst, wenn es besser ist, dass sie gehen, dann kannst du nicht gut Menschen führen. Denke immer daran, dass du als Unternehmer flexibel genug sein musst, um mit den unterschiedlichsten Leuten arbeiten zu können. Wenn du das nicht kannst, wird dein Unternehmen darunter leiden.«

»Deshalb hast du immer zu Mike und mir gesagt, ›eine Führungspersönlichkeit hat die Aufgabe, Menschen in einem Team zur Zusammenarbeit zu bringen.‹«

»Das könnte deine wichtigste Aufgabe sein. Denke daran, dass die verschiedenen Abteilungen eines Unternehmens unterschiedliche Menschen anziehen. Verkäufer, zum Beispiel, sind anders als Angestellte in der Verwaltung. Sie sind ganz anders – fast Gegensätze – und du musst sie auch anders behandeln. Du darfst zum Beispiel niemals einen Angestellten im Verwaltungsbereich bitten, einen Verkäufer einzustellen. Er würde einen netten, ruhigen Menschen einstellen anstatt eines draufgängerischen Verkäufers, der es liebt, die Klinken zu putzen. Außerdem würde der Verwaltungstyp sicherstellen, dass der Neue Spaß daran hat, Formulare auszufüllen und den Papierkram zu erledigen.«

»Warum würde er denn so etwas tun?«

»Gleich und gleich gesellt sich gern, du kennst den Spruch. Verwaltungstypen glauben, dass der Papierkram der wichtigste Teil des Vertragsabschlusses ist. Sie haben keine Erfahrung im Verkauf und wissen nicht, wie schwierig es ist, einen Abschluss zu machen. Das wirst du schon merken, wenn du erst im wahren Leben angekommen bist. In der Regel mögen Verkäufer und Verwaltungstypen sich nicht. Und warum? Weil Verkäufer meistens den Papierkram hassen und die Verwaltungsmenschen Angst haben vor dem Verkaufen. Also versuche niemals einen Spitzenverkäufer zum Sachbearbeiter zu machen oder von einem Sachbearbeiter zu verlangen, er solle ein großartiger Verkäufer werden.«

»Ist das also der Bereich, wo es zu den größten Reibereien kommt?« fragte ich. »Zwischen Verkauf und Verwaltung?«

»Aber nein«, sagte mein reicher Vater mit Nachdruck. »In einem Unternehmen gibt es dauernd Reibereien. Es ist ein Arbeitsmodell der menschlichen Konflikte, ein ewig kochender Schmelztiegel voller Egos. Wenn du dir das B-I-Dreieck ansiehst, wirst du merken, warum das so ist. Ein Unternehmen ist ein Zusammenschluss der unterschiedlichsten Menschen, Temperamente, Talente, Ausbildungslevels, Altersgruppen, Geschlechter und Rassen. Die meisten Alltagsprobleme in der Arbeit sind zwischenmenschlicher Natur. Ein Verkäufer hat Versprechungen gemacht, welche die Firma nicht einhalten kann. Der Kunde ist ungehalten. Dein Anwalt stimmt nicht mit deinen Buchhaltern überein. Die Fließbandarbeiter werden nicht einer Meinung mit den Ingenieuren sein, die die Produktlinie entworfen haben. Es herrscht Krieg zwischen dem Management und der Belegschaft. Die Techniker streiten mit den Kreativen. Analytiker kommen nicht mit den Menschen klar, die gut mit Menschen umgehen können. Leute mit einem Universitätsabschluss sind der Meinung, sie seien klüger als Menschen ohne einen solchen. Wenn du dann noch interne Politik oder, noch schlimmer, Büroaffären hinzuzählst, dann brauchst du kein Fernsehen mehr. Eigentlich braucht ein Unternehmen gar keinen Konkurrenten, denn innerhalb der Firma gibt es so viel Konkurrenz, dass es ein Wunder ist, dass es überhaupt mit der Arbeit klappt.«

»Also deshalb muss ein Unternehmer wissen, wann er jemanden feuern muss. Wenn irgendjemand das Unternehmen aus der Balance bringt, kann das Ganze überkochen, weil die internen Reibereien zu stark werden.«

»Genau«, lächelte mein reicher Vater. »Ich bin sicher, dass du das in deiner Schulklasse jeden Tag erlebst. Da sind ja auch die unterschiedlichen Charakter auf einem Haufen.«

Ich lächelte und sagte: »Und in meinem Football-Team, und in meinem Baseball-Team, und sogar im Band-Unterricht.«

»Das ist der Grund, warum jedes Team einen Coach hat, die Band einen Bandleader, das Orchester einen Dirigenten und jedes Unternehmen eine Führungsperson. Ihre Aufgabe ist es, die Menschen zu einem Team zusammenzubringen. Einer der Gründe, warum so viele Menschen selbstständig sind oder Firmen besitzen, die nicht wachsen, liegt darin, dass die Führungsperson entweder nicht gut mit Menschen umgehen kann oder einfach nicht lernen will, wie man mit so vielen unterschiedlichen Menschen umgeht. Es wäre so einfach, Umsatz zu generieren und Geld zu verdienen, wenn da nicht die Menschen wären.«

Die Kellnerin kam zurück um unsere Bestellung aufzunehmen. Danach redete mein reicher Vater weiter. »Ich gebe dir drei Tipps, die ich zum Umgang mit Menschen in der Geschäftswelt gelernt habe. Nummer 1 ist, was ich den »Lästigkeitsfaktor« nenne. Das bedeutet, dass alle Menschen Fähigkeiten und Talente haben, aber sie sind auch schwierig. Es ist mir egal, wer sie sind, aber sie haben alle drei Elemente – ich auch. Wenn der Lästigkeitsfaktor stärker ist als ihre Fähigkeiten und Talente, ist es an der Zeit, sie gehen zu lassen oder zu versetzen.«

Schmunzelnd sagte ich: »Vielleicht kriegst du eines Tages einen Nobelpreis für die Entdeckung des Lästigkeitsfaktors.«

»Das müsste ich schon«, sagte mein reicher Vater. »In der ganzen Welt stünden die Menschen auf und würden mir applaudieren.«

»Und wie lautet der Tipp Nummer 2?«

»Lerne, dir bei der Einstellung Zeit zu lassen, aber zügig zu feuern. Das Einstellen von Menschen ist eine wichtige Angelegenheit. Lass dir dabei Zeit. Durchleuchte sie genau. Und wenn es Zeit ist, sie gehen zu lassen, bring es schnell hinter dich. Zu viele Manager geben den Leuten zu oft eine neue Chance. Wenn du jemanden aus welchen Gründen auch immer nicht feuern kannst, dann versetze und isoliere ihn. Lass nicht zu, dass er die restlichen Angestellten ansteckt. Vielleicht kannst du ihm auch helfen, eine Stelle in einer anderen Firma zu finden, wo er glücklicher und produktiver ist. Oder gib ihm eine großzügige Abfindung. Auf lange Sicht gesehen kommt das billiger. Denk auch daran, es auf eine würdevolle und legale Art und Weise zu Ende zu bringen. Oft waren die Leute glücklich über die Veränderung, wenn sie gehen mussten. Ich habe herausgefunden, dass die Leute sich nicht daneben benehmen oder geringe Leistungen zeigen, weil sie faul sind. Viele sind einfach unglücklich. Wenn du als Führungsperson einen Weg finden kannst, sie glücklich zu machen, dann tu es.«

»Du meinst, jemand kann ein guter Angestellter sein, aber die falsche Stelle haben oder in der falschen Abteilung arbeiten?

»Das passiert immer wieder. Und ich war daran beteiligt, denn schließlich war ich ja derjenige, der dem guten Angestellten die falsche Stelle gegeben hat. Ich war es, der ihn unglücklich gemacht hat.«

»Was hast du dann gemacht?«

»Na ja, vor vielen Jahren war da dieser junge Mann, ein toller Verkäufer. Er hat hart gearbeitet, seine Kunden gut behandelt und der Firma und sich selbst viel Geld eingebracht. Nach ein paar Jahren habe ich ihn dann belohnt, indem ich ihn zum Verkaufsleiter beförderte. Ich übertrug ihm die Verantwortung für zwölf andere Verkäufer. Das ging etwa ein Jahr lang gut, aber dann fing er an, zu spät zur Arbeit zu kommen, der Umsatz ging zurück und das Verkaufsteam war unglücklich.«

»Hast du ihn gefeuert?«

»Nein, aber ich war drauf und dran. Doch dann dachte ich, ich sollte noch einmal ganz offen mit ihm reden. Als wir uns dann zusammensetzten, fand ich heraus, was das Problem war. Als ich ihn beförderte, hatte ich ihn auf einen Verwaltungsposten gesetzt, und er musste Dinge tun, die er hasste – Papierkram. Natürlich bekam er einen tollen Titel, Vice President (Verkauf). Er verdiente mehr und fuhr einen Firmenwagen, aber er hasste die Berge an Papierkram und die endlosen Sitzungen. Er wollte einfach nur raus und mit den Kunden sprechen.«

»Ist er dann wieder in den Verkauf zurückgekehrt?«

»Aber klar doch! Gute Verkäufer sind schwer zu finden. Also erhöhte ich sein Gehalt, übertrug ihm ein größeres Gebiet, und den Wagen durfte er behalten. Er wurde reicher und auch die Firma machte mehr Gewinn.«

»Und was ist die dritte Lektion?«, fragte ich.

»Die dritte Lektion lautet: Menschen kommunizieren auf zwei verschiedene Arten: Wenn sie sich ärgern oder unglücklich sind, dann kommen die einen zu dir und sagen es dir direkt ins Gesicht. Sie legen die Karten auf den Tisch.«

»Und die anderen?«

»Die fallen dir in den Rücken. Sie tratschen, reden schlecht über dich, verbreiten Gerüchte oder beschweren sich bei anderen Menschen, aber niemals direkt bei dir. Diese Menschen sind im Grunde genommen Feiglinge. Ihnen fehlt der Mut, sich dir zu stellen und ehrlich zu sein. Oft schieben sie dir noch die Schuld für ihren mangelnden Mut in die Schuhe, indem sie behaupten, du wärest gemein oder würdest nicht zuhören, oder sie haben Angst, gefeuert zu werden. Sie könnten ja sogar mit ihrer Ansicht recht haben. Dennoch werden diese Menschen in der Regel hinter dem Rücken eines anderen über ihn sprechen, anstatt ihm gegenüberzutreten. So sind sie eben.«

»Und wie gehst du damit um?«

»Na ja, bei jedem Meeting erinnere ich meine Mitarbeiter daran, dass es diese zwei Arten von Kommunikation gibt. Ich sage dann: ›Es gibt Menschen, die es dir direkt ins Gesicht sagen, und andere, die hinter deinem Rücken lästern. Zu welchem Typ gehört ihr?‹ Wenn jeder in der Firma über diese beiden Kommunikationstypen Bescheid weiß, wird ein Mitarbeiter, der tratscht oder jemand anderem in den Rücken fällt, meist schnell von einem Kollegen daran erinnert. Dadurch hört zwar das Tratschen nicht völlig auf, aber es kommt nicht mehr so häufig vor, und ganz allgemein gesehen verbessert sich die Kommunikation. Ich sage ihnen auch, dass ich lieber von vorne als von hinten angegriffen werde. Ich sage ihnen also nicht, was sie tun sollen, sondern lasse ihnen die Wahl.«

»Hat dich denn schon einmal jemand von vorne angegriffen?«

»Ja, schon öfter – und ich habe es auch immer mal wieder verdient. Ich brauchte jemanden, der mich daran erinnerte, so offen für alles zu bleiben wie alle anderen auch. So schmerzhaft das für mich war, richtete es doch weniger Schaden an als ein Messer im Rücken.«

»Haben die Leute denn keine Angst, gefeuert zu werden?«

»Ach, das Risiko besteht immer«, entgegnete mein reicher Vater lächelnd.« Deshalb braucht man auch Mut und hervorragende Kommunikationsfähigkeiten, um in der Geschäftswelt erfolgreich zu sein. Häufig geht es nicht darum, was man sagt, sondern wie man es sagt. Wenn also etwas Unangenehmes gesagt werden muss, dann werde kreativ und überlege dir, wie du es so human und freundlich wie möglich rüberbringst. Und denke auch daran, dass Kommunikation nicht nur Sprechen bedeutet. Auch das Zuhören gehört dazu. Wenn zwei Menschen miteinander Ärger haben und beide drauflosreden, erzeugt das mehr Reibung und weniger Kommunikation. Gott hat uns zwei Ohren und einen Mund gegeben, um uns daran zu erinnern, dass wir mehr zuhören sollen als sprechen.«

»Also geht es im Unternehmertum sehr viel um Menschen und die notwendigen Kommunikationsfähigkeiten.«

Mein reicher Vater stimmte zu und fuhr fort: »Eine Führungsperson muss gut kommunizieren können. Wenn du ein besserer Unternehmer werden willst, musst du dich darauf konzentrieren, deine Kommunikationsfähigkeiten zu verbessern. Einer der ersten Schritte in deiner Entwicklung zur Führungspersönlichkeit ist, den Mut zu entwickeln, direkt zu kommunizieren und permanent an der Entwicklung deiner Kommunikationsfähigkeiten zu arbeiten. Wenn du gerne hinterrücks kommunizierst, bezweifle ich, dass dein Unternehmen auf einen grünen Zweig kommt. Unternehmer sind mutige Menschen, keine Feiglinge. Wenn du ständig bereit bist, deine Kommunikationsfähigkeiten zu verbessern, wird dein Unternehmen wachsen. Denk daran, dass du beim Sprechen nicht unbedingt auch kommunizierst. Und im Verkauf ist Erklären nicht gleich Verkaufen. Kommunikation ist ein viel komplizierterer Prozess als nur die Lippen zu bewegen und die Stimme einzusetzen.«

Während mein reicher Vater sich seiner Mahlzeit zuwandte, blieb ich still und dachte wieder an den aufgebrachten Vater, diesen Kunden, den mein reicher Vater »gefeuert« hatte, und fragte dann: »Und deswegen habt ihr diesem zornigen Kunden gesagt, dass ihr ausgebucht wart! Das war besser, als ihm zu sagen, was ihr von ihm haltet.«

»Ja. Als Unternehmer ist es eine deiner Aufgaben, deine Firma und die Angestellten vor geizigen Kunden zu schützen – den Kunden, die mehr verlangen als sie bereit sind zu bezahlen, diejenigen, die etwas für nichts bekommen wollen. Ich musste einen Weg finden, diesen Kunden zu feuern, ohne wieder mit ihm diskutieren zu müssen. Ich wusste, er würde mir in den Rücken fallen, falls ich das zuließ. Deshalb ist es mir wichtig, geizige Kunden zu feuern – auf eine freundliche und diskrete Art und Weise.«

»Ist das nicht grausam oder diskriminierend gegenüber armen Menschen?«

»Ich habe nicht von ›armen‹ Menschen gesprochen«, sagte mein reicher Vater mit leicht erhobener Stimme. »Ich habe das Wort ›geizig‹ benutzt. Es geht um geizige Kunden, nicht um arme Menschen. Das ist etwas ganz anderes. Es gibt reiche, geizige Menschen und arme, geizige Menschen. Geiz hat nichts mit Geld zu tun. Es ist eine geistige Einstellung. In einigen Fällen grenzt das meiner Ansicht nach an Geisteskrankheit. Ich würde auch die geizigen Menschen nicht mit den Schnäppchenjägern in einen Topf werfen. Wir alle lieben Schnäppchen. Wir tauschen gerne unser Geld gegen etwas Wertvolles, aber nur wenige von uns wollen etwas von Wert auf Kosten anderer erwerben. Ein geiziger Mensch möchte das. Ein Geizkragen ist schon fast ein Dieb und manchmal stiehlt er tatsächlich. Wenn sie nicht Geld stehlen, dann stehlen sie deine Zeit und Energie. Sie berauben dich deines Seelenfriedens. Im Vergleich zu all den Monaten der Qual, die dieser eine Kerl unserer Firma beschert hat, wäre es wahrscheinlich besser gewesen, wir hätten ihn einfach kostenlos übernachten lassen. Er hat über Monate hinweg unserem Unternehmen Energie abgezogen. Es schien ihm Spaß zu machen, uns zu ärgern. Immer wieder änderte er die Bedingungen des Deals und behauptete Dinge, die wir nie gesagt hatten. Er wollte dauernd einen noch besseren Preis, selbst nachdem er einem vereinbarten Preis zugestimmt hatte. Es schien ihm Spaß zu machen, dass wir hinter ihm her waren. Statt uns um unsere guten Kunden zu kümmern, verbrachten wir Zeit mit ihm. Einen schlechten Kunden zu haben kann uns gute Kunden kosten. Deshalb sage ich, dass man die geizigen Kunden feuern muss. Sie kosten einfach zu viel. Dies ist eine sehr wichtige Lektion, die du lernen musst, wenn du Unternehmer sein willst. Denk daran, dich immer gut um deine guten Kunden zu kümmern und die geizigen Kunden zu feuern.«

## *Wie man gute Kunden findet*

Eines der wichtigen Worte in der Geschäftswelt ist das Wort »Marge«. Es ist so wichtig wie der Begriff »Cashflow«. Beide stehen sogar in einer sehr engen Beziehung zueinander. Stark vereinfacht gesagt, ist die Marge die Differenz zwischen den Produktionskosten Ihres Produktes und dem Preis, zu dem Sie es verkaufen. Sagen wir, es kostet Sie zwei Euro, ihr

Widget herzustellen, und Sie verkaufen es für zehn Euro. Dann läge Ihre Bruttomarge bei acht Euro. Es gibt drei Gründe, warum diese Bruttomarge eines Produktes so wichtig ist.

1. Die Bruttomarge finanziert den Rest des B-I-Dreiecks.
   Wenn Sie sich das B-I-Dreieck ansehen, merken Sie, dass die Marge des Produktes genug Cashflow generieren muss, um den Rest des Dreiecks zu bedienen. Aus der Marge werden die Gehälter des Teams bezahlt, die Honorare für die rechtliche Beratung, die operativen Kosten des Systems, des Marketings und der Buchhaltung. Das sind die Fixkosten.

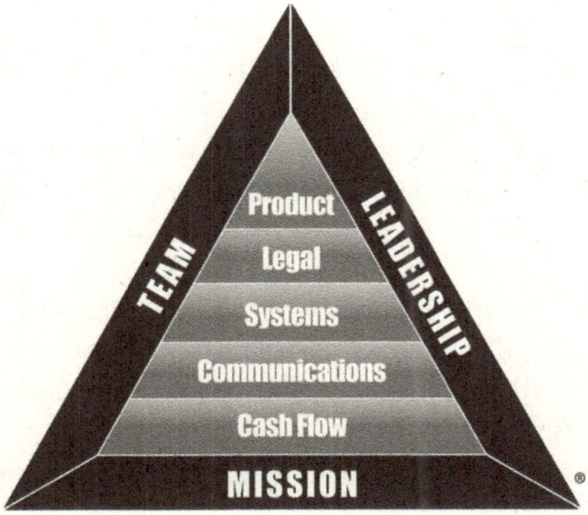


2. Die Bruttomarge bestimmt den Preis Ihres Produktes.
   Selbstverständlich bleibt eine höhere Marge, je teurer Ihr Produkt ist.

3. Das Produkt und der Preis bestimmen Ihren Kunden.
   Sehen wir uns die Automobilbranche an, um hier Klarheit zu schaffen. Ein Rolls-Royce ist bekanntlich ein sehr teures Auto. Es wird für eine bestimmte Schicht produziert. Wenn nun Rolls-Royce plötzlich bekannt gäbe, dass es ein Niedrigpreis-Modell entwickeln würde, begännen wahrscheinlich viele der reichen Kunden, sich nach einer anderen Automarke umzusehen.

## *Falsches Auto, falscher Preis, falscher Kunde*

Vor Kurzem ließ Jaguar verlauten, dass das Unternehmen sein Niedrigpreis-Modell nicht mehr produzieren werde, weil das Angebot eines solchen Modells dem Umsatz geschadet hatte. Nachdem die Firma in einem Jahr 700.000 Dollar verloren hatte, merkte man dort endlich, dass man im Hochpreissektor des Automobilmarktes bleiben sollte anstatt zu versuchen, im Mittelpreissektor Marktanteile zu gewinnen.

Heutzutage werden in einer Fabrik mehrere Marken produziert. Eine Fabrik für Jeans kann zum Beispiel Hosen für eine hochpreisige Marke sowie für eine Billigmarke herstellen. Grundsätzlich ist es ja das gleiche Produkt, doch die hochwertige Marke kann höhere Preise verlangen und nutzt für den Vertrieb andere Kanäle, wie zum Beispiel Saks Fifth Avenue. Wenn diese hochwertige Marke Hosen für den Billigsektor produzieren möchte, sollte sie am besten eine andere Marke schaffen und einen anderen Vertriebskanal nutzen, zum Beispiel Walmart. Das tun viele große Unternehmen. Sie stellen dasselbe Produkt unter verschiedenen Marken her, die in verschiedenen Preissegmenten verschiedene Kundengruppen bedienen.

Um also gute Kunden zu finden, muss man den richtigen Preis für das Produkt finden, das dann die Bedürfnisse, Wünsche und das Ego des Kunden bedient. Oft ist das Ego des Kunden viel wichtiger als seine Wünsche und Bedürfnisse.

## *Wie viel ist Ihr Produkt wert?*

Nachdem das CASHFLOW-Spiel 1996 endlich in Produktion ging und bereit für den kommerziellen Vertrieb war, stellte sich uns folgende Frage: Wie viel ist das Spiel wert? Zu welchem Preis können wir es verkaufen? Wenn Sie das Spiel bereits gesehen haben, werden Sie erkennen, was für eine Herausforderung das für uns war.

Als Kim und ich zum ersten Mal unsere fertige, kommerzielle Version des Spiels sahen, waren wir beide stolz wie frischgebackene Eltern. Wir hatten aber auch unsere Bedenken. Die Verpackung sah toll aus, aber wir waren besorgt, dass es doch zu sehr nach einem Unterhaltungsspiel aussah und nicht nach einem Lernspiel. Wir hatten uns dafür entschieden, es bunt und lustig aussehen zu lassen, da wir wollen, dass das Lernen Spaß macht. Aber als wir dann das fertige Produkt sahen, mussten wir uns fragen: Wie viel sind wohl die Leute bereit, für diesen Spaß auszugeben?

Wir wollten auch kundtun, dass es in diesem Spiel um Training, um Schulung geht, aber – ich wiederhole mich – wie viel würden die Leute dafür ausgeben? Als wir unser fertiges Produkt zum ersten Mal betrachteten, wussten Kim und ich, dass wir vor einer schwierigen Entscheidung standen.

Um herauszufinden, was der Markt wohl über unser Produkt denkt, luden wir wieder einmal eine Gruppe von Menschen ein, die uns nicht kannten, so wie wir es mit dem Beta-Test gemacht hatten, und fragten sie, was sie von der Verpackung hielten. Das Feedback war gemischt von »Sieht toll aus« bis hin zu »Sieht doof aus«.

Die Leute wussten nicht, dass wir das Spiel erfunden hatten, sodass sie ihre Meinung ziemlich offen kundtaten, was oft schmerzhaft für uns war.

Dann befragten wir sie zu ihrer Meinung nach gerechtfertigten Preis für dieses Spiel. Da sie uns ja nicht kannten, nicht wussten, wie das Spiel entstanden war, und es auch nicht gespielt hatten, lagen die von ihnen vorgeschlagenen Preise zwischen 20 und 40 Dollar. Das war noch deprimierender für uns. Zu dem Zeitpunkt lagen die Produktionskosten wegen der niedrigen Auflage ohne Versandkosten schon bei 46 Dollar pro Spiel. Da waren die Entwicklungskosten noch gar nicht eingerechnet. Wir starteten also mit einem Produkt, das bereits eine negative Marge hatte – noch bevor wir die Kosten aus dem Rest des B-I-Dreiecks draufschlugen. Als ich noch meine Nylongeldbeutel herstellte, kursierte ein Witz unter den Herstellern: »Obwohl ich pro Einheit zwei Dollar Verlust mache, werden wir das mit großen Mengen schon wieder wettmachen.«

## *Ein Berater muss her*

Wir holten uns einen Berater für die Spielzeugindustrie ins Haus, einen Experten für Brettspiele. Nachdem er selbst das Spiel ausprobiert hatte, sagte er uns seine Meinung dazu. Sein erster Kommentar war: »Das Spiel ist zu schwierig.« Er meinte: »Die Menschen sind nicht mehr so klug wie früher. Wenn man heute das Monopoly-Spiel auf dem Markt einführen würde, käme es ebenfalls nicht an, weil es als zu schwierig angesehen würde. Heutzutage müssen die Spiele so einfach sein, dass man die gesamte Spielanleitung innerhalb weniger Minuten versteht.«

Wir fragten ihn auch, für wie viel wir das Spiel anbieten könnten. Er antwortete: »Vielleicht können Sie im Handel 39 Dollar bekommen. Das bedeutet, Sie müssten es für 20 Dollar an den Händler abgeben oder sogar weniger, falls Sie es an eine große Kette wie Walmart verkaufen würden. Eventuell müssen Sie es sogar für zehn Dollar anbieten um es überhaupt in einen Laden zu bekommen.

Wenn Sie es in einen Laden schaffen, werden Sie allerdings ein noch größeres Problem mit den Käufern bekommen, die das Spiel wieder zurückbringen. Sie haben es wahrscheinlich gekauft, um Spaß zu haben, weil die Verpackung genau das verspricht, und es zu ihren anderen Spielen geräumt. Wenn sie aber herausfinden, wie schwierig es ist und dass es eigentlich ein Lernspiel ist, werden viele es wieder in den Laden zurückbringen und ihr Geld zurückverlangen. Dann könnten Sie durch diese Rückzahlungen und die beschädigten Rückläufer große Verluste machen.«

## *Auf der Suche nach neuen Antworten*

Es war klar, dass unser Spiel nicht für den öffentlichen Markt gedacht war. Wir wussten ja, dass es nicht für jeden geeignet war, sondern für diejenigen gedacht, die ihre finanzielle Bildung wichtig nahmen. Das Problem war, dass wir diese Kunden unter den vielen Menschen da draußen erst einmal aufspüren mussten.

Es war auch schwierig, das Spiel nach demografischen Kriterien zu kategorisieren. Hätten wir ein Kinderbuch geschrieben, wäre es einfach, dieses auf dem Markt zu platzieren. Wir hätten es überall dort anbieten können, wo Eltern für ihre Kinder einkaufen. Aber jeder konnte dieses Spiel spielen, Kinder wie Erwachsene, Männer wie Frauen. Es eignet sich für alle Menschen, egal ob reich oder arm, die ein Interesse an ihrer finanziellen Bildung haben. Und noch eines war uns klar: Unsere Kunden würden gerne auf finanziellem Gebiet aktiv werden. Nachdem ich jahrelang Seminare über Unternehmertum und das Investieren gehalten hatte, wusste ich, dass die meisten Menschen mehr Geld haben wollen, aber sehr wenige sich die Zeit nehmen würden, zu lernen, wie man mehr Geld verdient. Die Herausforderung war also, den Kunden zu finden, der das Lernspiel und die darin enthaltenen Informationen haben wollte.

In einem Marketingseminar hatte ich einen Leitfaden kennengelernt, der als die 5 Ps bekannt ist. Es sind die fünf Dinge, die man wissen muss, wenn man ein Produkt verkaufen will. E. Jerome McCarthy hatte dies herausgefunden. Die fünf Dinge sind:

1. Produkt
2. Person
3. Preis
4. Platz
5. Positionierung

Ein Vermarkter muss wissen, um was für ein Produkt es sich handelt, welche Personen das Produkt haben möchten, welchen Preis sie bereit sind, dafür zu zahlen, wo das Produkt platziert werden muss, damit der Kunde es findet, und wie es auf dem Markt positioniert werden soll – d.h. das größte, das kleinste, das erste, das letzte und so weiter.

Unternehmer sollten Spaß daran haben, unternehmerische Probleme zu lösen, und das habe ich normalerweise auch, aber hier war ich ratlos. Ich kannte nur die ersten zwei Ps. Eines Tages rief mich ein Freund an und teilte mir mit, dass er nach Phoenix kommen würde, um ein bestimmtes Seminar über Marketing zu besuchen. Er fragte, ob ich nicht mitkommen wolle. Diese Chance ergriff ich sofort.

Etwa 300 Teilnehmer füllten den Raum und die meisten schienen Unternehmer zu sein. Nur wenige sahen aus, als ob sie einem Konzern angehörten. Der Trainer war ein verrückter Mann, der davon sprach, wie die Werbeagenturen nur das Geld verschwenden, um teure, gut aussehende Anzeigen oder Fernsehwerbung zu platzieren, die nichts brachten. Hier konnte ich ihm nur zustimmen. Er sagte: »Der Zweck des Marketings ist es, dass bei Ihnen das Telefon klingelt. Doch bei der Nutzung dieser Agenturen klingelt Ihr Telefon nur, wenn diese anrufen, um mehr Geld zu fordern, um mehr Werbung zu kaufen, damit sie selbst noch mehr an Honoraren einstreichen können. Fragen Sie doch mal nach, ob sie den Umsatz garantieren oder die Effektivität messen können. In den meisten Fällen können oder wollen sie keine Garantie für ihre Arbeit geben. Sie wollen nichts anderes als Preise für kreative Werbung gewinnen – mit Ihrem Werbebudget.«

## *Umsatz = Einkommen*

Das Seminar entsprach genau dem, was ich gesucht hatte. Es ging um Marketing für Unternehmer, nicht für Großkonzerne, die ein Budget in Millionenhöhe zur Verfügung haben. Der Trainer hatte sehr gute Referenzen und erzählte Geschichten aus seiner eigenen Erfahrung. Weitere Punkte, die er anschnitt, waren:

- Der Unternehmer muss der beste Verkäufer im eigenen Unternehmen sein.
- Der Unternehmer muss der beste Vermarkter im eigenen Unternehmen sein.
- Die Marketingmaßnahmen müssen Umsatz produzieren, nicht nur schöne Hochglanzwerbung.

So offensichtlich diese Punkte sind, bin ich doch immer wieder überrascht, wie viele Unternehmer diese wichtigen Aufgaben an Werbeagenturen delegieren. Werbeagenturen sind eher etwas für Großkonzerne oder etablierte Unternehmen. In einem kleinen, frisch gegründeten Unternehmen muss der Unternehmer selbst sein Bestes im Verkauf und im Marketing geben. Da das Budget begrenzt ist, muss jeder ausgegebene Dollar in Umsatz konvertiert werden, da Umsatz gleichbedeutend ist mit Einkommen.

Mein reicher Vater hatte es mir eingetrichtert: »Umsatz = Einkommen.« Er hätte auch gesagt, dass der Grund, warum so viele Menschen ein niedriges Einkommen haben, darin liegt, dass sie keine guten Verkäufer sind. Ihm hätte dieses Verkaufsseminar sehr gut gefallen. Der Trainer betonte, dass der Erfolg der Marketingstrategien, die zu Umsatz führen, nachweisbar und messbar ist.

Gegen Ende des Tages erhielt ich auch die gesuchte Antwort auf mein Marketingproblem. Als es darum ging, wie der Preis eines Produktes bestimmt wird, sagte der Trainer: »Es gibt drei Preisklassen für jedes Produkt – den niedrigsten, den höchsten und den mittleren Preis. Der schlechteste Preis ist der mittlere, mit ihm wird niemand Sie kennen. Das Problem mit dem niedrigsten Preis ist, dass es immer jemanden gibt, der noch billiger sein will. Irgendjemand wird herausfinden, wie er dasselbe Produkt günstiger als Sie anbieten kann. Um den Wettbewerb um das billigste Produkt zu gewinnen, müssen Sie damit leben, immer weniger zu verdienen. Außerdem müssen Sie sich dann auch mit geizigen Kunden abgeben.«

Mit dieser Aussage fanden die Puzzleteile plötzlich ihren Platz. Ich erinnerte mich sofort an das Gespräch mit meinem reichen Vater über geizige Kunden. Als ich mich dann wieder auf das Seminar konzentrierte, legte der Trainer gerade dar, warum es sich am meisten lohnte, der Teuerste zu sein. Er sagte: »Als ich mich als Werbeberater abstrampelte, versuchte ich meine Preise niedrig zu halten. Das Problem war nur, dass meine Kunden umso geiziger wurden, je billiger ich wurde. Bald verbrachte ich mehr Zeit mit dem Aushandeln meines Honorars als mit dem Erbringen meiner Dienstleistungen. Als ich meine Preise dann ein wenig anhob, gehörte ich plötzlich zu den vielen anderen Werbeberatern im mittleren Preissegment. Auch hier verbrachte ich die meiste Zeit damit, mein Honorar zu verhandeln, anstatt über den Wert meiner Arbeit für den Kunden tun reden. Eines Tages beschloss ich, etwas Verrücktes zu tun, und hob meine Preise auf das höchste Niveau meiner Branche an. Anstatt 50 Dollar pro Stunde verlangte ich nun 25.000 pro Tag. Heute arbeite ich weniger, verdiene viel mehr und arbeite mit besseren Kunden zusammen.«

Meine Gedanken begannen sich zu überschlagen, als ich von diesem Tagessatz hörte. Ich merkte, dass ich der geizige Klient war, den er nicht haben wollte. Als ich diesen Schock über meinen eigenen Geiz überwunden hatte, wurde mir klar, dass dieser die Ursache für das Problem bei der Preisfindung für mein Brettspiel war. Ich betrachtete den Preis des Spiels anstatt seinen Wert.

»Kämpfen Sie nicht um einen Platz auf dem Schnäppchenmarkt«, hörte ich den Trainer rufen. »Dort tummeln sich die geizigen Kunden.«

Ich erinnerte mich, wie mein reicher Vater es gehasst hatte, mit geizigen Kunden zu tun zu haben. »Designe dein Produkt und seinen Preis für einen ganz besonderen Kunden«, hatte er gesagt, »dann sollte es beim Marketing möglich sein, Wege zu diesem besonderen Kunden zu finden. Sei kreativ, nicht geizig. Der Schnäppchenmarkt ist kein Ort, um gute Kunden zu finden.«

## *Das Buch bekommt oberste Priorität*

Als ich an diesem Abend nach Hause kam, sagte ich zu Kim: »Wir sollten das Brettspiel für 200 Dollar verkaufen. Wir werden es als das teuerste

Spiel der Welt positionieren. Es ist nicht einfach irgendein Spiel, es ist ein ganzes Seminar in einem Karton.«

Kim war einverstanden. Der Gedanke, ein Brettspiel für so viel Geld zu verkaufen, ließ sie nicht einmal mit der Wimper zucken, obwohl unsere Testgruppe gemeint hatte, es solle maximal 40 Dollar kosten.

Ich fuhr fort: »Unser Problem ist, dass wir Leute um Rat gefragt haben, die wahrscheinlich niemals unsere Kunden sein werden. Wir haben Leute gefragt, die auf dem Schnäppchenmarkt einkaufen gehen, nicht in der Vorstandsetage. Wir müssen Kunden finden, denen diese Art Training wichtig ist und die bereit sind, dafür zu zahlen.«

»Wir brauchen eine Strategie, um sie zu finden«, fügt Kim hinzu.

»Das Buch bekommt oberste Priorität. Anstatt uns darauf zu konzentrieren, das Spiel zu vermarkten, werden wir den Fokus auf die Vermarktung des Buches legen. Es wird uns helfen, die Kunden für unser Spiel zu finden. Es wird unsere Firmenbroschüre werden.« Zu der Zeit arbeitete ich gerade an *Rich Dad Poor Dad.*

»Dann müssen wir im Buch über das Spiel schreiben«, sagte Kim. »Und dann machen wir uns wieder auf und geben Seminare über das Investieren, um mit denselben Kunden zu arbeiten, mit denen wir schon jahrelang gearbeitet haben.«

»Das machen wir! Wir stellen das Buch fertig und gehen dann wieder raus, um Seminare für Menschen zu halten, die bereit sind, für finanzielle Bildung zu bezahlen. Das haben wir jahrelang gemacht. Das Risiko ist also ziemlich gering. Wir kennen die Branche und wir wissen, wie wir diese Kunden erreichen können. Mit anderen Worten, die Taktik bleibt gleich. Die einzige Taktik unseres Unternehmens ist es, die Menschen dazu zu bringen, das CASHFLOW-Spiel zu spielen. Jetzt konzentrieren wir uns auf die Strategien. Wenn die funktionieren, werden die Leute das Spiel spielen.«

Kim und ich waren uns einig. Wir waren ein Team mit einem gemeinsamen Plan. »Warum eigentlich 200 Dollar?«, fragte Kim. »Wie bist du auf diesen Preis gekommen?«

»Es hat eine Weile gedauert«, sagte ich. »Aber als der Trainer sagte, ›Ein höherer Preis kann dafür sorgen, dass das Produkt als wertvoller wahrgenommen wird, ging mir ein Licht auf. Ich merkte, dass ich geizig war und mein eigenes Produkt mit den Augen eines Geizkragens betrachtete, anstatt den im Spiel versteckten Wert zu sehen. Ich dachte dann an

59 Dollar, aber das klang irgendwie immer noch zu billig. Jetzt war ich im mittleren Preissegment, noch nicht an der Spitze. Dann testete ich in Gedanken 99 Dollar. Das fühlte sich gut an. Ich wusste, ich konnte es zu diesem Preis verkaufen, also war klar, dass ich noch nicht an der Spitze angekommen war. Als ich mir dann 200 Dollar vorstellte, fühlte ich mich unwohl. Jetzt hatte ich meine Komfortzone verlassen. Ich hatte den Preis gefunden.«

»Na ja, damit haben wir wenigstens eine große Gewinnspanne. Das wird uns helfen zu expandieren«, sagte Kim. »Also vermarkten wir das Buch über die üblichen Vertriebskanäle. Damit ist die Kategorie ›Platz‹ der 5 Ps abgedeckt. Anstatt den Preis unseres Spiels zu senken, damit es in diesen Vertriebskanal passt, können wir das Buch zu einem normalen Preis einsetzen und es in den Vertriebskanal für Bücher geben. Auf diese Weise wird das Buch unser Spiel verkaufen beziehungsweise uns helfen, Kunden zu finden, und die Seminare verkaufen dann das Spiel«, fasste Kim zusammen. »Aber da steht noch etwas anderes hinter dem Preis von 200 Dollar für das Spiel, nicht wahr?«

»Na ja«, begann ich zögerlich, »wenn wir es mit anderen Spielen vergleichen, ist es keine 200 Dollar wert. Aber wenn wir es mit dem Bildungsbereich vergleichen, ist das Spiel wirklich günstig. Schau doch mal, was eine Collegeausbildung kostet, sowohl an Zeit als auch Geld. Außerdem lernt man in der Schule nicht viel über Geld oder das Investieren. Bedenke auch, was es die Menschen kostet, Geld auf dem Aktienmarkt zu verlieren. Das kostet noch mehr. Den größten Kostenfaktor machen aber die ungenutzten Gelegenheiten aus. So viele Menschen wollen investieren und wissen, sie sollten es tun, aber sie schaffen es nicht, ganz einfach weil sie nicht über die finanzielle Bildung verfügen. Dieses Spiel kann nicht nur den Leuten helfen, Millionen zu verdienen, sondern auch, finanziell frei zu werden.«

»Aber, was ist mit den Leuten, die sich bei einem solchen Preis über den Tisch gezogen fühlen?«, fragte Kim.

»Das wird vielen Menschen so gehen, und sie werden wohl niemals das Spiel kaufen«, antwortete ich. »Wenn wir das Spiel für 200 Dollar verkaufen, werden die Leute länger und intensiver über den Wert des Spiels nachdenken, bevor sie es kaufen. Und genau das sollen sie. Sie sollen mehr über den wirklichen Wert als nur über den Unterhaltungswert nachdenken, und der Preis sorgt dafür.«

»Und überleg mal, wie viele Menschen wir mit einem einzigen Spiel erreichen. Ein Spiel für 200 Dollar kann Hunderte von Personen erreichen«, fügte Kim hinzu. »Nicht jeder muss das Spiel kaufen.«

»Und deshalb ist die einzige Taktik unseres Unternehmens: Die Menschen sollen das Spiel spielen– nicht unbedingt kaufen. Die Leute, denen etwas an ihrer Bildung in Finanzdingen liegt und die einen solchen Preis für das Spiel bezahlen, werden sich eher die Zeit nehmen, das Spiel zu erlernen. Und das können sie nur, wenn sie andere einladen mitzuspielen. Das Spiel erfüllt also sofort seine Mission. Je mehr Menschen das Spiel spielen und andere dazu einladen, desto niedriger werden die Kosten pro Spieler – und der Wert des Spiels steigt. Jetzt müssen wir nur noch die Leute finden, die bereit sind, dafür zu bezahlen. Wir müssen es ihnen auch schwerer machen, das Spiel zu bekommen und es überhaupt zu finden. Wir müssen es uns gut überlegen, wie wir die Leute wissen lassen, wie sie uns über die Webseite finden können«, fügte ich hinzu. »Indem wir den Zugang zum Spiel einschränken, anstatt bei den Massen zu vermarkten, werden wir den Bildungswert unterstreichen. Unsere Testgruppen hatten es als ein Spiel für den Massenmarkt angesehen, nicht als das Bildungstool, das es eigentlich ist.«

»Und was passiert, wenn das nicht funktioniert?«, fragte Kim.

»Dann brauchen wir noch mehr Ideen«, antwortete ich. »Ideen gibt es reichlich, wenn man nur kreativ ist. Unsere Strategien sind gar nicht so riskant. Mit dem Buch und den Seminaren könnten wir Cashflow generieren, sodass wir gar nicht so viele Spiele verkaufen müssen. Damit geben wir dem Spiel die Gelegenheit, sich selbst zu verkaufen, seine eigenen Fans und Vertriebskanäle zu finden. Wenn es ein wertvolles Produkt ist, wird der Plan schon funktionieren. Wenn unsere Kunden das Spiel nicht als wertvoll betrachten, machen wir die Firma dicht. Die Zeit wird es zeigen.«

Wie schon erwähnt, wurde das Spiel im November 1996 das erste Mal professionell bei einem Investment-Seminar in Las Vegas, Nevada, gespielt. Im Februar 2004, als ich den fast eine ganze Seite füllenden Artikel in der New York Times sah, wusste ich, dass das Spiel sein Publikum gefunden hatte. Bis heute haben wir Hunderttausende von Exemplaren verkauft und es gibt in der ganzen Welt CASHFLOW-Clubs, die sich regelmäßig treffen, um das Spiel zu spielen. Selten gibt es Beschwerden über den Preis. Weniger als ein Prozent der Spiele werden zurückgegeben. Wir haben die richtigen Kunden für das Spiel gefunden.

## *Entwickeln Sie Ihren Marketingplan*

Die 5 Ps sind eine einfache Anleitung für Ihren Marketingplan. Denken Sie an diese wichtigen Punkte, bevor Sie Ihre Stelle kündigen.

1. Auf jedem Markt gibt es drei Preise – den höchsten, den mittleren und den niedrigsten Preis. Entscheiden Sie, welcher Preis am besten zu Ihnen passt. Bedenken Sie, dass sich der mittlere Preis vielleicht am besten anfühlt, aber dort ist es auch am engsten. Es ist schwer, hervorragend zu sein, wenn man sich im Mittelfeld bewegt.

2. Die Spitzenreiter mit den niedrigsten Preisen senken nicht nur die Preise. Die Gewinner in der Niedrigpreiskategorie machen etwas Großartiges, das ihre Konkurrenz nicht tut. Walmart verkauft zum Beispiel dieselben Produkte wie andere Geschäfte, aber es hat ein viel besseres Handelssystem, das es ermöglicht, mit niedrigeren Margen viel Geld zu verdienen. Erinnern Sie sich, was mein reicher Vater sagte: »Jeder Depp kann seine Preise senken und pleitegehen. Man muss schon genial sein, um die Preise zu senken, die Margen zu kürzen und dabei reich zu werden.« Er sagte auch: »Wenn Sie sich entscheiden, am unteren Ende der Preisspanne zu konkurrieren, müssen Sie ein besserer Geschäftsmann sein, als wenn Sie in der obersten Liga mitspielen wollen.« Da ich kein so guter Unternehmer bin, ist es für mich einfacher, oben mitzumischen.

3. Wenn Sie das teuerste Produkt Ihrer Branche anbieten wollen, müssen Sie Ihren Kunden etwas bieten, das sie bei der Konkurrenz nicht bekommen. Wenn das, was die Unternehmen am oberen Ende der Preisspanne tun, Sie verwirrt, machen Sie Ihre Hausaufgaben. Gehen Sie zu einem Autohaus einer Luxusmarke und dann zu einem für Billigautos. Sie können auch in ein teures Hotel gehen und dann zu einem Low-Budget-Hotel. Wenn Sie sich der Unterschiede bewusst werden, finden Sie heraus, wie Sie ihr Produkt und ihre Kunden besser definieren können. Sie müssen wissen, je höher der Preis ist, desto weniger Kunden gibt es und umso genauer müssen Sie beim Marketing arbeiten. Und fragen Sie nie Leute im Schnäppchenmarkt, was sie von einen Rolls-Royce halten.

4. Versuchen Sie nicht alle Bedürfnisse jedes Kunden zu befriedigen. Wenn Sie sowohl im Luxussektor als auch im Billigsektor agieren wollen, dann melden Sie zwei Marken an. Honda hat zum Beispiel die Marke Acura und Toyota den Lexus. Für mich sehen die Autos gleich aus, aber ich kenne mich da nicht wirklich aus. Offensichtlich haben die Marketingleute bei Honda und Toyota ihre Arbeit gut gemacht, sie haben den Käufer davon überzeugt, dass sie zwei verschiedene Autos anbieten. Wie bereits erwähnt, muss das Marketing die Wünsche, Bedürfnisse und das Ego des Kunden bedienen. Häufig hat das Ego am meisten Kaufkraft.

5. Geben Sie doch einen Bonus dazu, anstatt Rabatte zu gewähren. Ich kenne Menschen, die sich das Spiel ansehen und vor dem Preis zurückschrecken. Anstatt den Preis zu senken, ziehen wir es vor, weitere Produkte dazuzulegen und dann den Preis des Gesamtpakets zu erhöhen. Wie schon mein reicher Vater sagte: »Umsatz = Einkommen«. Also suchen wir eher nach einem Weg, unsere Preise zu halten, den Wert zu steigern und den Kunden zufriedenzustellen, anstatt die Preise zu senken und die Marge zu verringern, was jeder kann.

6. Schlechte Verkäufer wollen immer wieder neue Produkte anbieten. Als ich bei Xerox war, waren es immer die schlechtesten Verkäufer, die sagten: »Wenn wir neue Produkte hätten, könnte ich mehr verkaufen.« Viele Unternehmen geraten in diese Falle. Wenn der Umsatz im Keller ist, suchen sie neue Produkte, was zu einem Phänomen namens »Expansion der Linie« führt. Passiert das zu häufig, kann das den Kunden verwirren, weil die Auswahl zu groß ist und die Produkte sich gegenseitig Konkurrenz machen. Mein reicher Vater sagte: »Anstatt nach neuen Produkten zu suchen, sollte man sich nach neuen Kunden umsehen.« Er sagte auch: »Ein kluger Unternehmer konzentriert sich darauf, seine Bestandskunden glücklich zu machen und neue Kunden zu suchen, die bereits vorhandene Produkte kaufen.«

7. Suchen Sie sich strategische Partner, die bereits an die Kunden verkaufen, die Sie ebenfalls bedienen möchten. An anderer Stelle in diesem Buch habe ich bereits die drei Arten von Geld besprochen:

kompetitives, kooperatives und spirituelles. Kooperationen einzugehen und kooperatives Geld zu verdienen ist ein guter Weg, ohne großes Risiko schneller reich zu werden.

8. Behandeln Sie Ihre besten Kunden gut. Durch das Internet ist es leichter als je zuvor, mit Ihren besten Kunden in Kontakt zu bleiben. Hier gilt: Konzentrieren Sie sich darauf, Ihre besten Kunden bei Laune zu halten, nicht weil sie noch mehr bei Ihnen kaufen werden, sondern weil sie all ihren Freunden von Ihnen erzählen. Mundpropaganda ist die beste Form des Marketings. Seien Sie kreativ, wenn es um die Pflege Ihrer besten Kunden geht. Ein Grund, warum kleine Unternehmen den Großkonzerne manchmal voraus sind, liegt darin, dass kreativer sein können – und das noch dazu schneller als die großen.

## *Fassen wir zusammen*

Denken Sie immer an die fünf Ps. Denken Sie daran, dass Ihr ganz besonderes Produkt für eine ganz besondere Person wichtig ist.

Der Preis Ihres Produktes muss die Bedürfnisse, Wünsche und das Ego dieser Person bedienen. Wenn es um das Ego geht, lieben wir alle Schnäppchen. Andererseits lassen wir aber auch gerne andere Leute wissen, dass wir viel Geld für ein Produkt ausgeben, das nur wenige Menschen sich leisten können oder wollen. Das Ego funktioniert also sowohl am oberen Ende der Preisspanne als auch am unteren.

Es ist wichtig, Ihr Produkt gezielt zu platzieren, damit der Kunde es finden kann. Denken Sie immer daran, dass ein neuer Ferrari nicht zwischen billige Gebrauchtwagen passt. Wenn Sie Ihr Produkt falsch platzieren, leidet Ihr Umsatz. Als wir *Rich Dad Poor Dad* erstmals veröffentlichten, platzierten wir es an der Tankstelle mit Autowaschanlage eines Freundes in Texas. Warum wählten wir diese Autowaschanlage? Weil dort die wohlhabenden Leute der Umgebung ihr Auto waschen und betanken ließen. Hätten wir das Buch an einer billigen Tankstelle platziert, würden die Bücher wahrscheinlich dort immer noch rumstehen.

Sie wollen nur den ersten Platz belegen. Denken Sie daran, dass wir alle wissen, dass Lindbergh der erste Mensch war, dem ein Nonstop-Alleinflug über den Atlantik gelang. Nur wenige wissen, wer der zweite war.

Wenn Sie nicht der Erste in Ihrer Kategorie sind, dann erfinden Sie eine neue Kategorie, in der Sie der Erste sein können. Als das Spiel noch unbekannt war, waren wir die Ersten, die ein Spiel in der Hochpreiskategorie platzierten. Als Avis merkte, dass es den zweiten Platz hinter Hertz belegte, suchte man sich einen anderen ersten Platz, indem die Firma propagierte, als Erster stolz darauf zu sein, Zweiter zu sein. Das führte dann wiederum zu ihrem Slogan: »Wir strengen uns mehr an!«

Es ist doch so, dass Sie hauptsächlich an erster Stelle in den Köpfen Ihrer Kunden stehen wollen. Wenn Sie zum Beispiel an einen Softdrink denken, was kommt Ihnen dann als Erstes in den Sinn? Coca-Cola oder Pepsi? Wenn Ihre ganz besonderen Kunden an Ihre Produktkategorie denken, kommt ihnen dann zuerst Ihre Marke in den Sinn oder die der Konkurrenz? Letztendlich ist es die wichtigste Aufgabe eines Unternehmers, an erster Stelle in den Köpfen seiner Kunden zu stehen.

# RICH DAD'S LEKTION NR. 10 FÜR UNTERNEHMER

# Erkennen, wann Schluss ist

Zehntes Kapitel

# Zusammenfassung

Die Tatsache, dass Sie Ihren Job nicht mögen, ist noch kein guter Grund, Unternehmer zu werden. Vielleicht klingt es nach einem guten Grund, aber er ist nicht stark genug. Da fehlt auf jeden Fall eine starke Mission. Obwohl fast jeder Unternehmer werden kann, ist das Unternehmertum doch nicht für jeden geeignet.

Es gibt eine alte Redensart, die besagt: »Gewinner geben niemals auf, und wer aufgibt, kann niemals gewinnen.« Ich persönlich stimme da nicht zu. Das ist zu einfach. Für mich gilt, dass ein Gewinner auch weiß, wann Schluss ist. Manchmal ist es einfach am besten, die Verluste zu begrenzen. Es ist besser zuzugeben, dass man in einer Sackgasse steckt oder die Leiter an der falschen Mauer gestanden hat.

Meiner Meinung nach kommt es immer wieder vor, dass man aufgibt, weil das Leben schwierig geworden ist. Auch ich habe schon oft in meinem Leben aus diesem Grund aufgegeben: Diäten, Fitnessprogramme, Freundinnen, Unternehmen, Bücher, Studien usw. Zu Neujahr habe ich immer gute Vorsätze, und dann gebe ich doch auf.

Ich weiß also aus eigener Erfahrung, was es bedeutet, aufzugeben.

Warum ich nicht aufgab, als es darum ging, Unternehmer zu werden, liegt zum einen daran, dass ich wirklich Unternehmer werden wollte. Ich wollte es unbedingt! Ich wollte die Freiheiten genießen, die Unabhängigkeit, den Reichtum und die Möglichkeiten, die ein erfolgreicher Unternehmer hat, einen Beitrag zu leisten. Obwohl ich unbedingt ein erfolgreicher Unternehmer werden wollte, gab es immer die verlockende Möglichkeit aufzugeben – diese Tür stand mir immer offen. Es wäre so einfach gewesen, als ich kein Geld hatte, aber sehr hohe Schulden. Es wäre so einfach gewesen, wenn ein Gläubiger auftauchte und sein Geld verlangte. Es wäre so einfach gewesen, wenn ein Brief vom Finanzamt kam, ich hätte noch höhere Steuernachzahlungen zu leisten. Es wäre so einfach gewesen, wenn ein Projekt fehlschlug oder ein potenzieller Partner einen Deal platzen ließ. Wenn es gerade mal wieder schwierig war, lag die Option aufzugeben immer in Reichweite – ich hätte nur »zugreifen« müssen.

In meinen Augen ist Unternehmer zu werden ein Prozess, der auch für mich noch immer nicht abgeschlossen ist. Es mag sogar sein, dass ich mein Leben lang ein Unternehmer in Ausbildung bleibe. Ich liebe die Geschäftswelt und ich liebe es, Unternehmensprobleme zu lösen. Es gab Zeiten, da musste ich meine Verluste begrenzen, ein Unternehmen schließen und eine neue Richtung einschlagen, aber was den Prozess, Unternehmer zu werden, angeht, habe ich nie aufgegeben – jedenfalls bis heute nicht. Ich liebe diesen Prozess. Dadurch kann ich mein Leben so führen, wie ich es möchte. Ja, es war immer mal wieder hart, aber das war es wert.

Und wenn es für mich schwierig war, muss das nicht heißen, dass das auch für Sie gilt. Es für jeden leichter zu machen, der am Anfang steht oder auch schon mitten drin ist, war für mich einer der Gründe, dieses Buch zu schreiben.

Bevor ich zum Ende komme, möchte ich Ihnen verraten, was mich bei der Stange gehalten hat. Es war wie ein Leuchten im Dunklen, selbst in den schwärzesten Stunden. Ich hatte einen kleinen Zettel an der Vorderseite meines Telefons im Büro meiner Geldbörsenfirma kleben. Das kleine Stück Papier stammte aus einem chinesischen Glückskeks. Darauf stand: »Du kannst immer aufgeben. Warum gerade jetzt?«

Es gab immer wieder Telefongespräche, die mir sehr gute Gründe lieferten aufzugeben. Aber immer wenn ich den Hörer auflegte, blickte ich kurz auf diese Worte aus dem Glückskeks und sagte mir: »Und wenn ich noch so gerne aufgeben möchte, heute nicht. Morgen vielleicht.« Das Gute an der Sache war, dass dieser »Morgen« nie kam.

## *Diese Tipps gebe ich Ihnen, bevor Sie Ihre Stelle aufgeben:*

- Prüfen Sie Ihre Einstellung
  Fast alles hängt von der Einstellung ab. Werden Sie keinesfalls Unternehmer, nur um Geld zu verdienen. Dazu gibt es viel einfachere Wege. Wenn Ihnen die Unternehmensführung keinen Spaß macht – und die Herausforderungen, die damit einhergehen –, wird Unternehmertum nichts für Sie sein.

- Erwerben Sie so viel Erfahrung wie möglich auf allen fünf Ebenen des B-I-Dreiecks.
  In unseren früheren Büchern rieten wir unseren Lesern, zu arbeiten um, zu lernen, nicht um Geld zu verdienen. Anstatt Aufträge wegen des Geldes anzunehmen, nehmen Sie sie an, um Erfahrungen zu sammeln. Wenn Sie zum Beispiel Erfahrungen sammeln wollen, wie ein System funktioniert, dann nehmen Sie doch eine Teilzeitstelle bei McDonald's an. Es ist schon erstaunlich, was passiert, wenn ein Kunde sagt: »Ich möchte einen Big Mac und Pommes.« In dem Moment wird ein bestens durchdachtes System in Gang gesetzt, und dieses genial konstruierte System wird hauptsächlich von Menschen betrieben, die nur einen Hauptschulabschluss haben.

- Denken Sie immer daran: Umsatz = Einkommen
  Alle Unternehmer müssen gut verkaufen können. Wenn Sie kein guter Verkäufer sind, dann sammeln Sie auf diesem Gebiet möglichst viel Erfahrung, bevor Sie Ihre Stelle kündigen. Donald Trump hat einmal gesagt: »Manche Menschen sind die geborenen Verkäufer. Der Rest von uns muss das Verkaufen erst lernen.« Ich bin kein geborener Verkäufer. Ich bin durch eine harte Schule gegangen, um das Verkaufen zu lernen. Wenn Sie ein wirklich gutes Verkaufstraining wollen, heuern Sie bei einem Networkmarketing-Unternehmen oder einer Direktvertrieb-Organisation an.

- Seien Sie optimistisch, aber auch knallhart ehrlich zu sich selbst
  In dem Buch Auf dem Weg zu den Besten von Jim Collins gibt es einen sehr guten Abschnitt über die Notwendigkeit, ehrlich zu sich selbst zu sein. Collins schreibt über seine Interviews mit Admiral Stockwell, der lange Zeit in vietnamesischer Gefangenschaft verbracht hatte. Als Jim Collins ihn fragte, welcher Typ von Mensch am ehesten in der Gefangenschaft gestorben war, antwortete der Admiral ohne zu zögern: »Die Optimisten«. Die überlebenden Kriegsgefangenen waren solche, die mit den brutalen Tatsachen ihrer Situation umgehen konnten. Allerdings müssen Sie den Unterschied zwischen knallharter Ehrlichkeit und Pessimismus kennen. Ich kenne Menschen, die Ihnen genau sagen können, warum etwas nicht geht, selbst wenn es funktioniert. Ich kenne Menschen, die so viel negative

Information wie möglich aufsaugen. Solche Menschen sind anders als die knallhart ehrlichen.

- Wissen Sie, wie Sie Ihr Geld ausgeben sollten?
Zu viele Menschen haben mit ihren Finanzen zu kämpfen, weil sie nicht wissen, wie sie das Geld ausgeben sollen. Zu viele geben es aus, aber bekommen nichts zurück. Ein Unternehmer muss wissen, wie man mit Geld umgeht und wie er mehr zurückbekommen kann. Es geht nicht darum geizig, knauserig oder sparsam zu sein, sondern darum zu wissen, wann man Geld in die Hand nehmen muss, wofür und wie viel man ausgibt. Ich habe schon so viele Unternehmer durch Sparsamkeit pleitegehen sehen. Wenn zum Beispiel die Umsätze zurückgehen, kürzen manche Unternehmer die Kosten, um zu sparen, anstatt mehr für Werbung auszugeben. In solchen Fällen geht der Umsatz noch weiter zurück. Ein Beispiel für die falsche Aktion zur falschen Zeit.

- Gründen Sie ein Unternehmen, an dem Sie üben können
Niemand kann ohne Fahrrad das Fahrradfahren lernen, und genauso kann man ohne ein Unternehmen auch nicht lernen, wie man eine Firma gründet, aufbaut und führt. Hören Sie auf zu planen und fangen Sie an zu handeln, sobald Sie sich mit den einzelnen Teilen des B-I-Dreiecks vertraut gemacht haben. Ich sage immer: »Behalten Sie Ihre Ganztagsstelle und gründen Sie ein Teilzeit-Unternehmen.«

- Seien Sie sich nicht zu schade, um Hilfe zu bitten.
Mein reicher Vater sagte oft: »Arroganz ist die Ursache von Ignoranz.« Wenn Sie etwas nicht wissen, fragen Sie jemanden, der es weiß. Aber nerven Sie nicht Ihre Umgebung mit zu vielen Bitten um Hilfe. Es gibt einen kleinen Unterschied zwischen Hilfe und Krücken.

- Suchen Sie sich einen Mentor.
Mein reicher Vater war mein Mentor. Ich hatte aber auch viele andere Mentoren. Lesen Sie Bücher über großartige Unternehmer wie Edison, Ford und Gates. Bücher können Ihre besten Mentoren sein. Einer meiner Lieblingsunternehmer ist Steve Jobs. Ich mag nicht nur seinen Stil, sondern liebe auch seine Unternehmenskultur. Eines der

wichtigsten Dinge, die ein Unternehmer aufbauen kann, ist ein Unternehmen mit einer prägenden Unternehmenskultur. Wie bereits erwähnt, arbeitet die Rich Dad Company hart daran, eine Kultur des Lernens und der freien Meinungsäußerung zu fördern und schützen.

- Treten Sie einem Unternehmernetzwerk bei
  Gleich und gleich gesellt sich gern. In jeder Stadt, in der ich bisher gelebt habe, gab es Unternehmergruppen oder -Vereinigungen. Nehmen Sie an den Treffen teil und finden Sie eine Organisation, die zu Ihren Bedürfnissen passt. Umgeben Sie sich mit anderen Unternehmern. Sie sind da, um Sie zu unterstützen und unterstützt zu werden. Nehmen Sie Kontakt mit Ihrer IHK auf und lassen Sie sich die Termine von Treffen und Seminaren geben. Dies ist eine wunderbare Anlaufstelle für Informationen und Ressourcen für Unternehmer. Eine Organisation, die mich besonders beeindruckt hat, ist die der Jungunternehmer. Zwar bin ich mittlerweile zu alt, um dieser Gruppe von jungen Männern und Frauen anzugehören, aber ich habe vor einigen ihrer Ortsgruppen schon Vorträge gehalten. Der Charakter dieser jungen Menschen hat mich immer sehr beeindruckt.

- Halten Sie sich an den Prozess
  Unternehmertum kann sehr herausfordernd sein – ganz besonders am Anfang, weswegen viele Menschen zögern, ihre Stelle aufzugeben und Unternehmer zu werden. Ich schlage vor, Sie halten sich an die Grundlagen im B-I-Dreieck und bemühen sich fleißig darum, alle acht Kategorien des Dreiecks zu beherrschen. Das braucht seine Zeit, aber wenn Sie das schaffen, kann die Belohnung sehr großzügig ausfallen. Wie mein reicher Vater zu sagen pflegte: »Unternehmertum ist ein Prozess, keine Arbeitsstelle und auch kein Beruf.« Halten Sie sich also an den Prozess und denken Sie daran, dass selbst in schlechten Zeiten dieser Prozess Ihnen einen Blick in die Zukunft gewähren wird.

In all den Jahren habe ich viele Menschen den Begriff BHAG (Big Hairy Audacious Goal) – große haarige kühne Ziele – verwenden hören. Obwohl ich es für ratsam halte, große haarige und kühne Ziele zu verfolgen, bin ich doch der Meinung, dass die Größe der Mission und der Prozess wichtiger sind als das Ziel.

Mein reicher Vater hatte dazu ein Schaubild für seinen Sohn und mich, das folgendermaßen aussah:

**MISSION ⟶ PROCESS ⟶ GOAL**

Er sagte: »Wenn ihr ein großes Ziel haben wollt, dann braucht ihr eine starke Mission, die euch durch den Prozess schiebt. Mit einer starken Mission ist alles möglich.«

Vielen Dank, dass Sie dieses Buch gelesen haben. Ich wünsche Ihnen viel Erfolg auf Ihrer Reise als Unternehmer.

Robert Kiyosaki

# Über Robert Kiyosaki

Bekannt als Autor von *Rich Dad Poor Dad*, dem meistverkauften Buch über persönliche Finanzen aller Zeiten, forderte Robert Kiyosaki Millionen von Menschen auf der ganzen Welt dazu auf, ihre Ansichten über Geld zu überdenken. Er ist Entrepreneur, Lehrer und Investor und glaubt, dass die Welt mehr Investoren benötigt, die Arbeitsplätze erschaffen.

Seine Ansichten über Geld und Investitionen, die oft dem konventionellen Wissen widersprechen, haben Robert den internationalen Ruf eingebracht, für eine klare Meinung, Unerbittlichkeit und Mut zu stehen. Er ist ein leidenschaftlicher und freimütiger Befürworter der finanziellen Bildung.

Robert und Kim Kiyosaki sind die Begründer der Rich Dad Company, einer Firma für finanzielle Bildung, und die Schöpfer der CASHFLOW-Spiele. Im Jahr 2013 hat die Firma den globalen Erfolg der Rich-Dad-Spiele auf eine neue Ebene gehoben, indem neuartige und innovative Angebote im Bereich der mobilen und Online-Spiele veröffentlicht wurden.

Robert wird als Visionär angekündigt, der die Gabe hat, komplexe Konzepte im Zusammenhang mit Geld, Investitionen, Finanzen und Wirtschaft einfach darzustellen. Er teilt seine Erfahrungen, die er auf seinem persönlichen Weg zur finanziellen Unabhängigkeit gesammelt hat, auf eine für Leser jeden Alters und jedweder Vorkenntnisse ansprechende Art und Weise mit. Seine Kernprinzipien sind: »Ihr Haus ist kein Vermögenswert«, »Investieren Sie, um einen Cashflow zu generieren« sowie »Sparer sind Verlierer«. Damit hat er einen Sturm von Kritik und Spott ausgelöst, doch auf der wirtschaftlichen Weltbühne haben diese Prinzipien sowohl beunruhigende als auch prophetische Wirkung gezeigt.

Seiner Ansicht nach ist es angesichts der Veränderungen im heutigen Informationszeitalter ein altmodischer Ratschlag, eine Universitätsausbildung zu durchlaufen, eine gute Stelle anzunehmen, Geld zu sparen, die Schulden abzubezahlen, langfristig zu investieren und zu diversifizieren. Die Rich-Dad-Philosophie und -Botschaft prangert den Status quo an. Seine Lehren ermutigen die Menschen, finanzielle Bildung zu erwerben und eine aktive Rolle beim Investieren in die eigene Zukunft zu übernehmen.

Als Autor von 19 Büchern, inklusive internationalen Bestsellern, wie Rich Dad Poor Dad, war Robert bereits in vielen internationalen Fernsehsendungen zu Gast – von CNN, BBC, Fox News, Al Jazeera, GBTV und PPBS, bis hin zu Larry King Live, Oprah, Peoples Daily, Sydney Morning Herald, The Doctors, Strait Times, Bloomberg, NPR, USA Today und Hunderten anderer.

Seine Bücher standen jahrzehntelang an der Spitze internationaler Bestsellerlisten. Er unterrichtet weiterhin und inspiriert seine Zuhörer auf der ganzen Welt.

Weitere Informationen finden Sie auf der Internetseite www.RichDad.com

# Endnoten

1 Here lies the body of Justin Grey.
He died defending his right of way.
He is right.
His case is strong.
But he's as dead as if he were wrong.

# Rich Dad Poor Dad

**Robert Kiyosaki**

Warum bleiben die Reichen reich und die Armen arm? Weil die Reichen ihren Kindern beibringen, wie sie mit Geld umgehen müssen, und die anderen nicht! Die meisten Angestellten verbringen im Laufe ihrer Ausbildung lieber Jahr um Jahr in Schule und Universität, wo sie nichts über Geld lernen, statt selbst erfolgreich zu werden.

Robert T. Kiyosaki hatte in seiner Jugend einen »Rich Dad« und einen »Poor Dad«. Nachdem er die Ratschläge des Ersteren beherzigt hatte, konnte er sich mit 47 zur Ruhe setzen. Er hatte gelernt, Geld für sich arbeiten zu lassen, statt andersherum. In *Rich Dad Poor Dad* teilt er sein Wissen und zeigt, wie jeder erfolgreich sein kann.

240 Seiten | Broschur | 14,99 € (D) | ISBN 978-3-89879-882-2

# Cashflow Quadrant: Rich dad poor dad

**Robert Kiyosaki**

CASHFLOW® Quadrant, der zweite Teil des Bestsellers Rich Dad Poor Dad von Robert T. Kiyosaki, deckt auf, warum manche Menschen weniger arbeiten, mehr Geld verdienen, weniger Steuern zahlen und sich finanziell sicherer fühlen als andere.

Bill Gates, Steve Jobs und Richard Branson haben die Schule ohne Abschluss verlassen und haben dennoch extrem erfolgreiche Unternehmen aufgebaut, für die viele der intelligentesten Absolventen der Universitäten arbeiten wollen. Statt, wie die meisten Angestellten, nur von einem Job zum nächsten zu wechseln, rät Robert T. Kiyosaki, die finanzielle Unabhängigkeit zu suchen und Geld für sich arbeiten zu lassen – als Investor.

Dieses Buch beantwortet die wichtigsten Fragen zur finanziellen Freiheit und hilft dabei, in einer Welt des immer stärkeren Wandels tiefgreifende berufliche und finanzielle Veränderungen vorzunehmen.

352 Seiten | Hardcover | 24,99 € (D) | ISBN 978-3-89879-883-9

# Rich Dad´s Investmentguide

**Robert Kiyosaki**

Wie kann ich investieren, wenn ich gar kein Geld übrig habe? Ist investieren zu riskant? Soll ich Immobilien oder besser Aktien kaufen? Robert T. Kiyosaki hat nahezu alle Fragen schon einmal gehört, wenn es darum geht, wie Menschen ihr Geld am besten investieren sollten. In *Rich Dad's Investmentguide* hat er erstmals alle Praxis-Tipps zusammengestellt.

In 18 Lektionen gibt Kiyoaski einen Einblick in das Investmentverhalten der Reichen. Er zeigt, welche Fehler es unbedingt zu vermeiden gilt, welche Kennzahlen man benutzen sollte und wie man Stück für Stück vom Arbeitnehmer zum Investor wird, der Geld für sich arbeiten lässt. *Rich Dad's Investmentguide* ist nach *Rich Dad Poor Dad* und *Cashflow Quadrant* der dritte Baustein auf dem Weg zur individuellen finanziellen Freiheit.

450 Seiten | Hardcover | 29,99 € (D) | ISBN 978-3-89879-903-4

# *Rich Dad Official CASHFLOW®-CLUBS*

**Ihr „spielerischer" Weg aus der finanziellen Tretmühle**

Die Vorteile Mitglied eines CASHFLOW®-Clubs zu werden:

**Investieren Sie Zeit, bevor Sie Geld investieren**
Die Philosophie der Rich Dad Company sagt, dass Sie nur *zwei* Dinge investieren können:
Zeit und Geld. Wir empfehlen Ihnen sich etwas Zeit zum Lernen und für Weiterbildung zu nehmen, bevor Sie Ihr Geld investieren. Die CASHFLOW®-Spiele bieten Ihnen die Möglichkeit, sich finanziell weiterzubilden und zu lernen, wie man richtig investiert – mit Spielgeld und nicht mit Ihrem „richtigen" Geld.

**Treffen Sie Gleichgesinnte weltweit**
Sie werden Gleichgesinnte treffen und neue Freundschaften auf der ganzen Welt schließen, wenn Sie einen CASHFLOW®-Club besuchen, Mitglied werden oder die CASHFLOW®-

Spiele gemeinsam spielen. Die Welt ist voll von Menschen, die eine ablehnende Haltung haben, Besserwisser sind oder eine Verlierer-Haltung haben. Die Art Mensch, die sich für einen CASHFLOW®-Club interessieren, sind aufgeschlossene, lernwillige Menschen, die ihr Leistungsvermögen erweitern möchten.

**Haben Sie Spaß am Lernen**

Lernen soll Spaß machen! Sehr oft ist das Thema finanzielle Bildung stumpf, langweilig oder sogar mit Angst besetzt. Viele Finanzexperten möchten Ihnen weismachen, wie riskant Investieren ist und dass Sie deren Beratung und Wissen trauen können. Das spiegelt die Rich Dad Philosophie nicht wider. Wir glauben, dass Lernen Spaß macht, Sie fördert und weiterbringt – Sie sollen mit Geld schlauer umgehen und zwischen guter und schlechter finanzieller Beratung unterscheiden können.

Kernphilosophie der CASHFLOW®-Clubs ist die Vermittlung von finanzieller Bildung zur Erhöhung des Wohlstands der Menschheit.

Es werden Ihnen keine Investment- oder Finanzprodukte angeboten.

**Finden Sie über unsere Website einen CASHFLOW®-Club in Ihrer Nähe: www.cashflowclubs.de/clubs**